口絵1　MUレーダ
（提供：京都大学宙空電波科学研究センター）

口絵2　人工衛星追跡所（沖縄局）の全景
（提供：宇宙開発事業団）

口絵3　火星探査機のぞみ（想像図）
　　　（提供：宇宙科学研究所）

口絵4　カーナビゲーションシステムの例
　　　（提供：松下通信工業（株））

宇宙工学シリーズ　1

宇宙における電波計測と電波航法

工学博士　髙野　　忠
工学博士　佐藤　　亨　共著
　　　　　柏本　昌美
Ph.D.　　村田　正秋

コロナ社

宇宙工学シリーズ　編集委員会

編集委員長	髙野　　忠	（文部省 宇宙科学研究所教授）
編 集 委 員	狼　　嘉彰	（慶應義塾大学教授）
（五十音順）	木田　　隆	（電気通信大学教授）
	柴藤　羊二	（宇宙開発事業団）

（所属は編集当時のものによる）

刊行のことば

　宇宙時代といわれてから久しい。ツィオルコフスキーやゴダードのロケットから始まり，最初の人工衛星スプートニクからでも40年以上の年が経っている。現在では年に約100基の人工衛星用大形ロケットが打ち上げられ，軌道上には1600個の衛星が種々のミッション（目的）のために飛び回っている。

　運搬手段（ロケット）が実用になって最初に行われたのは宇宙研究であるが，その後衛星通信やリモートセンシングなどの宇宙ビジネスが現れた。当初は最小限の設備を宇宙まで運ぶのがやっとという状態であったが，現在では人工衛星の大形化が進められ，あるいは小形機が頻繁に打ち上げられるようになった。またスペースシャトルや宇宙基地により，有人長期ミッションが可能になっている。さらに最近では，国際協力のもとに宇宙基地建設が進められるとともに，宇宙旅行や他天体の資源開発が現実の話題に上りつつある。これを可能にするためには，新しい再使用型の宇宙輸送機が必要である。またそれとともに宇宙に関する法律や保険の整備も必要となり，にわかに宇宙関係の活動領域が広まってくる。本当の宇宙時代は，これから始まるのかもしれない。

　このような宇宙活動を可能にするためには，宇宙システムを作らなければならない。宇宙システムは「システムの中のシステム」といえるくらい，複雑かつ最適化が厳しく追求される。実に多くの基本技術から成り立ち，それを遂行するチームは，航空宇宙工学，電子工学，材料工学などの出身者が集まって構成される。特にミッション計画者や衛星設計者は，これらの基本技術のすべてに見識をもっている必要があるといっても過言ではない。また宇宙活動の技術分野からいえば，ロケット，人工衛星，宇宙基地あるいは宇宙計測・航法のような基盤技術と，衛星通信やリモートセンシング，無重力利用などのような応用分野とに分けることもできる。この宇宙システムを利用するためにも，幅広

い知識・技術が必要となる。

　本「宇宙工学シリーズ」は，このような幅広い宇宙の基本技術を各分冊に分けて網羅しようというものである．しかも各分野の最前線で活躍している専門家により，執筆されている．これまでわが国では，個々の技術書・解説書は多く書かれているが，このように技術・理論の観点から宇宙工学全体を記述する企画はいまだない．さらに言えば世界的にも前例がほとんど見当たらない．

　これから，ロケットや人工衛星を作って宇宙に飛ばしたい人，それらを使って通信やリモートセンシングなどを行いたい人，宇宙そのものを研究したい人，あるいは宇宙に行きたい人など，おのおのの立場で各分冊を見ていただきたい．そして，そのような意欲的な学生や専門技術者，システム設計者の方々の役に立つことを願っている．

2000年7月

編集委員長　髙野　忠

まえがき

　電波計測と電波航法は，まとめて電波応用と呼ばれる技術分野である．本書名では内容がわかるようにこれらの術語を入れたが，一般にあまりなじみがないかもしれない．ここで宇宙での電波計測とは，「宇宙活動において電波を利用して位置や速度を計測する技術」を意味すると考えていただきたい．そのような装置として一般にもなじみがあるのは，飛行場や港でよく見かけるレーダであろう．レーダは宇宙活動において，ロケット打上げを監視・制御したり，宇宙環境をモニタするために用いられる．そのレーダシステムの一部をなすトランスポンダを人工衛星に持ち込んだものが，衛星追跡システムといえる．これにより人工衛星や人工惑星の位置や速度が正確に求められる．

　また電波航法とは，移動体に対し電波を用いて進路を示す技術である．人工衛星に対しては，前述の電波計測の結果をもとに軌道を決定し予測するまでが，これに該当しよう．また宇宙技術の成果をもとにして作られ，地上で自動車の航法に用いられるようになったものが，GPS である．最近ではカーナビという呼び名で広く知られているが，navigation（航法）という立派な術語が使われているわけである．

　このように電波計測と電波航法は宇宙活動を支える重要技術であるし，またその成果を一般に還元できる技術でもある．

　本書はこれらの分野を網羅し，かつ一般性をもたせた構成となっている．

　1章は，本書で記述する技術分野を概観する．

　2章は，レーダの基礎として電波計測の基本技術を中心に据えて，応用までを述べる．後続の章における回線 S/N の計算や位相条件の基礎などは，本章に含まれる．

　3章は人工衛星や人工惑星の位置測定について，レーダとの類似点と相違点

に注意しつつ説明する。VLBIによる角度測定についても言及する。宇宙飛しょう体の位置・速度の求め方や各種システムの実現例をあげている。

4章では，衛星を用いた位置測定法について一般的原理とともに，GPSに焦点を絞ってシステムや応用の紹介を行う。ただし地図の整合・同定という情報処理技術については，軽く触れる程度とする。

2章著者の佐藤は，レーダ信号処理の研究に携わり，MUレーダやそれを用いた宇宙ごみの観測に精通している。3章の柏本と髙野は，それぞれ実用衛星と科学衛星の追跡・管制に従事してきた。4章の村田は一貫して衛星の軌道決定，特にGPSの研究に携わってきた。これらの著者が研究開発の現場に携わった経験を基に平易に記述し，かつそこで得た逸話を挿話として入れている。したがって本書は，工学系大学院生の教科書あるいは若手研究者の参考書，さらには学部学生の入門書として適当と思っている。

終りに本書の出版に当たって，元東大教授・野村民也博士と濱崎襄二博士，および宇宙開発事業団の沢辺幹夫氏と田呂丸義隆氏，NEC(株)の佐川一美氏には，それぞれ全体および3章についてコメントなどをいただいた。ここに深く謝意を表する。また本書執筆に対し，終始励ましていただいたコロナ社の方々に深謝する。

2000年7月

著　者

目　　　　次

1．序　　論

1.1　宇宙活動を支える位置情報測定 ……………………………………… *1*
1.2　宇宙技術を応用した航法・測定技術 ………………………………… *2*

2．レ　　ー　　ダ

2.1　宇宙活動におけるレーダの役割 ……………………………………… *4*
　2.1.1　レーダ利用の歴史 ………………………………………………… *4*
　2.1.2　スペースデブリの観測 …………………………………………… *6*
2.2　レーダの基礎 …………………………………………………………… *10*
　2.2.1　電 波 の 性 質 ……………………………………………………… *10*
　2.2.2　レーダ方程式 ……………………………………………………… *15*
　2.2.3　距 離 の 測 定 ……………………………………………………… *20*
　2.2.4　速 度 の 測 定 ……………………………………………………… *27*
2.3　レーダ信号処理 ………………………………………………………… *30*
　2.3.1　信 号 の 検 出 ……………………………………………………… *30*
　2.3.2　時間周波数解析 …………………………………………………… *35*
　2.3.3　整合フィルタとあいまい度関数 ………………………………… *41*
2.4　レーダシステム ………………………………………………………… *45*
　2.4.1　レ ー ダ 方 式 ……………………………………………………… *45*
　2.4.2　ア ン テ ナ ………………………………………………………… *51*
　2.4.3　方 位 の 測 定 ……………………………………………………… *59*

2.4.4 送受信システム ……………………………………………… 62
2.4.5 レーダによるイメージング ………………………………… 66
2.5 わが国における事例 ………………………………………………… 72
2.5.1 ロケット追跡用精密測定レーダ …………………………… 72
2.5.2 MUレーダ …………………………………………………… 76

3．人工衛星の位置・速度計測

3.1 宇宙活動における役割 ……………………………………………… 85
3.2 測定原理 ……………………………………………………………… 89
3.2.1 距離測定 ……………………………………………………… 89
3.2.2 距離変化率測定 ……………………………………………… 100
3.2.3 角度測定 ……………………………………………………… 103
3.2.4 測定誤差と補正 ……………………………………………… 111
3.3 軌道決定・軌道予測 ………………………………………………… 117
3.3.1 人工衛星の軌道と記述法 …………………………………… 117
3.3.2 軌道要素と摂動による変化 ………………………………… 123
3.3.3 軌道決定・予測の方法 ……………………………………… 126
3.4 実際の位置・速度測定システム例 ………………………………… 129
3.4.1 地球周回衛星および静止衛星のための地上システム …… 129
3.4.2 火星探査機のぞみのシステム ……………………………… 134
3.4.3 技術試験衛星ETS-VIIのランデブー実験 ………………… 141

4．人工衛星を用いた測位・航法

4.1 移動体の測位・航法の動向―地上から宇宙へ― ………………… 146
4.2 GPSシステムの構成 ………………………………………………… 153
4.2.1 宇宙部分 ……………………………………………………… 153
4.2.2 地上制御部分 ………………………………………………… 166

4.2.3　利 用 者 部 分 ……………………………………… *167*
4.3　GPS測位の基礎 ……………………………………………… *170*
　4.3.1　時系と基準座標系 ……………………………………… *170*
　4.3.2　GPS観測量と観測誤差 ………………………………… *175*
　4.3.3　単独測位と精度 ………………………………………… *190*
　4.3.4　SA　と　AS …………………………………………… *194*
4.4　ディファレンシャルGPS（DGPS） …………………………… *197*
　4.4.1　コードDGPS …………………………………………… *197*
　4.4.2　搬送波位相DGPS ……………………………………… *202*
4.5　GPSの実際と応用例 ………………………………………… *216*
　4.5.1　カーナビゲーション …………………………………… *216*
　4.5.2　宇宙航空への応用 ……………………………………… *218*
4.6　衛星航法の将来 ……………………………………………… *231*
　4.6.1　GPS の 動 向 …………………………………………… *231*
　4.6.2　広域航法衛星システム—GNSS— …………………… *232*
　4.6.3　利 用 ・ 応 用 …………………………………………… *235*

略　語　集 …………………………………………………………… *237*
参 考 文 献 …………………………………………………………… *242*
索　　　引 …………………………………………………………… *247*

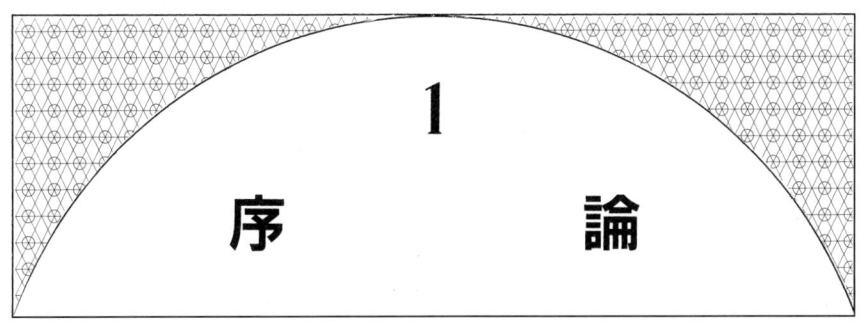

1.1 宇宙活動を支える位置情報測定

　宇宙活動においては，ロケットや人工衛星などのいわゆる宇宙飛しょう体の位置や速度を正確に把握しておく必要がある。例えば，ロケットが所定の軌道を飛んでいるか確認し，必要な指令を与えるなどのためである。最悪の場合，ロケットが軌道をそれて，そのまま飛ぶと危険が予測されれば，人為的に破壊することすらある。このような事態で，レーダはきわめて重要な役割をもっている。

　また人工衛星や宇宙探査機（宇宙研究の分野では，人工衛星と地球重力圏を飛び出す人工惑星を含めてこのように総称する）を用いた宇宙活動も，位置情報なしでは目的（mission）を達成できない。1989年ボイジャー2号探査機が約50億km彼方の海王星に到達したとき，正確に海王星近傍の軌道を通り，写真を撮りスイングバイによりつぎの目標天体に向かうことができたのも，軌道決定と制御が正確にできたからである。その基本は，電波を利用した軌道計測技術にある。そういう遠方でなく，地球近くの人工衛星においても，事態は同じである。例えば通信用の静止衛星の場合，軌道計測して制御しているから地球局からみてとまって見えるのである。もしそれらをやめれば静止衛星は，インド洋上と太平洋上にある静止衛星の墓場（J_{22}平衡点，libration point）に向かって，漂動（drift）して行ってしまう。

　電波計測手段として最も知られているレーダは，第2次世界大戦で電波兵器

として登場し，驚異的な発展を遂げた。戦後平和になった後，レーダ技術は他の分野に応用されるようになった。そのひとつが，宇宙分野である。レーダには，二次レーダあるいは協調形レーダと，一次レーダあるいは敵対形レーダがある。ロケット追跡に用いるのは，基本的に二次レーダである。標的（ロケット）にはトランスポンダ（信号の中継・応答を行う）を搭載し，地上からの電波を受信・増幅した後，地上のレーダに返送する。したがって，通信技術との類似性・親和性が強い。

その他レーダは，宇宙環境の測定手段としても使われる。例えば，大気圏構造やスペースデブリ（宇宙ごみ）を測定するために用いられる。ここでは当然トランスポンダはないので一次レーダであり，標的からの反射・散乱波をレーダが受信するものである。

人工衛星や人工惑星の位置・速度測定の場合，遠い距離による電波減衰を補うため，大形アンテナや高性能な送受信装置を用いる。機能的には二次レーダと似ているが，回線の設計は通信技術そのものである。実際搭載側，地上側の設備は，探査機通信と共通で用いられることが多い。また逆に位置を正確に決めないと，アンテナで衛星を捕捉することができない。最近は超長基線干渉計（VLBI）を角度測定に用いて，軌道決定に役立てようという研究も行われている。

宇宙飛しょう体の位置を電波計測したデータは，軌道決定や位置推定のアルゴリズムにより処理される。また時刻系や座標系の定義が，軌道を記述するため必要である。これらはGPSなどの航法技術においても重要な働きをする。

1.2 宇宙技術を応用した航法・測定技術

人工衛星の位置が正確にわかり，かつ複数の軌道上衛星が同時観測できれば，観測者と衛星との相対位置関係を知ることによって，観測者自らの位置を決定することができる。これは船舶や航空機に対し，電波の位相を用いて位置を決める航法技術（ロランやデッカ）の宇宙版ともいえるものである。その典

型例である全世界測位システム（Global Positioning System：GPS）は，世界全体を単一システムでカバーし，かつきわめて高い測定精度を実現している．

　GPSは現在では，カーナビゲーションとして一般に広く用いられている．その機能・性能は，宇宙システムと情報処理システム，データベースとが融合して生まれている．さらに現在，宇宙から生まれて地上システムに応用されたGPSは，逆に航空機や人工衛星の測位に戻って応用されようとしている．

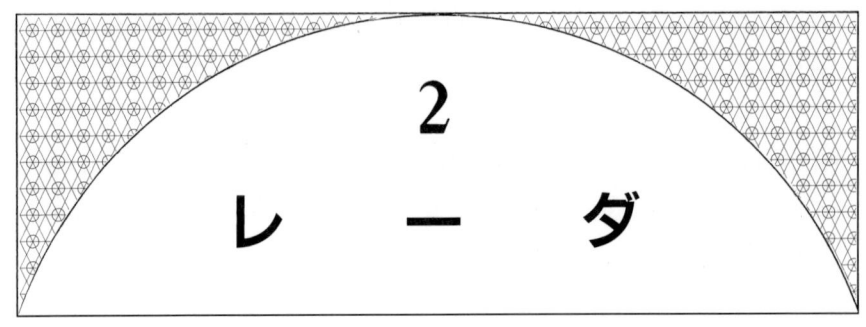

2 レーダ

2.1 宇宙活動におけるレーダの役割

　レーダ（radar：radio detection and ranging の略）は，電波を目標物に照射し，散乱波を受信することによって，目標までの距離や大きさなどの情報を得る装置である．もちろん，目標物は電波を散乱するものであればなんでもよいわけであるから，その用途は，小は LSI ウェーハ内部の欠陥（およそ 1 μm）の探査から，大は惑星（およそ 10 000 km）の観測まで，多岐にわたる．日常生活になじみの深いものは，気象レーダや野球のスピードガン，速度違反の取り締まり，といったところであろうか．対象が異なっても同じ電波を使用する以上，そこには共通の原理がある一方で，利用される技術の実際は大きく異なる面もある．ここでは宇宙活動に利用されるレーダに対象を限定し，その技術と役割を考える．

2.1.1　レーダ利用の歴史[1],[2]†

　電波技術の黎明期より，電波を用いて遠方の物体を観測することが考えられていた．1903 年には，すでに船舶の衝突防止用レーダに関する特許が申請されており，1922 年に実験が行われたという記録がある．これら初期のレーダはいずれも CW（continuous wave：連続波）方式を用いたもので，送受信波

---

　† 肩付数字は巻末の参考文献番号を示す．

2.1 宇宙活動におけるレーダの役割

の識別に複数のアンテナを用いるバイスタティックレーダ方式がとられている。

距離を測定するためのパルスレーダが最初に用いられたのは，電離層の高度決定が目的である。電波通信が発明されてまもなく，上空には電波を反射する層が存在することが明らかになった。2.2.1 項に述べるように，これは電離圏中の自由電子と電波の相互作用によるものであり，反射層の高度は，用いる周波数によって 100～300 km 程度となる。1925 年には送信したパルスが受信されるまでの遅延時間を測定する最初の実験が行われ，電離層の高度が決定された。それ以後，短波通信における電波伝搬の研究のために電離圏の研究が活発に行われてきた。

1930 年代に入ると，レーダによる航空機の観測が，まず CW 方式，ついでパルス方式で行われ，レーダは実用の時代を迎える。1939 年にはマグネトロンが発明され，大出力マイクロ波の利用が可能となってレーダの性能は飛躍的に向上した。第 2 次大戦におけるレーダの役割については改めて述べるまでもなく，レーダ技術はもっぱら軍事技術として発展してきた。この時期には，航空機の監視，追跡，火器の制御といった諸技術が各国で総力をあげて開発・研究された。例えばミサイルの迎撃という，今日でも困難とされる課題に関しても，ドイツの V-1 ロケット迎撃のために英国でレーダ誘導の高射砲が開発され，V-1 による攻撃の末期には，ほとんどのロケットの撃墜に成功するまでに性能が向上したと報告されている。ただし，これに対しては V-2 ロケットが開発され，攻撃と防御のいたちごっこが現在に至るまで続いているのは周知のことである。

宇宙におけるレーダの利用としてはロケットの誘導と追跡がまず考えられるが，これらは上記の軍事技術がそのまま平和利用に転用された例である。わが国におけるこの技術の具体例については 2.5.1 項に述べる。また，冷戦の時代に大陸間弾道弾（ICBM）検出のために米ソ両国が建設したレーダと光学測器による観測網が，次項に述べるスペースデブリの観測に重要な役割を果たしているのも，偶然ではあるが重要な利用例である。わが国では中層・超高層大気

研究という，純粋に平和利用のために建設された京都大学MUレーダが，スペースデブリ観測にも利用されている。その概要については2.5.2項に述べる。

軍事技術と独立に開発されたレーダ技術として重要なものに，2.4.5項に述べる惑星探査レーダがあげられる。これは惑星やその衛星の自転を利用してアンテナビーム幅よりはるかに高い分解能を得る技術であり，探査機が到達する以前に表面の地図を作成することに用いられた[3]。ただし，同じ技術は，その後逆合成開口レーダとして軍事面で急速に発達したという皮肉な歴史をたどっている。

2.1.2 スペースデブリの観測

多くの公害問題と同様に，宇宙開発の初期の段階で，廃棄物がいずれ大きな社会問題になることを予想した人は少数であったようである。わが国においても，30年近く前からこの問題に関する先駆的な研究が行われていた[4]にもかかわらず，関係者の間で真剣な議論が交されるようになったのは，宇宙ステーション建設が具体化し，問題がようやく現実味を帯びてきたここ数年のことにすぎない[5]。

いまのところ宇宙で廃棄物が直接大きな被害を与えたという確実な報告例は，アリアンロケットがセリーヌ衛星に衝突・破壊した例のみである。ただし，小規模な衝突の証拠は，宇宙から回収された衛星の表面などに多数残されている。また，衛星が動作を停止したことの原因としてスペースデブリとの衝突が疑われているケースもいくつかある。本項では，この宇宙の廃棄物問題について観測面に重点をおいて考える。なお，スペースデブリの問題全般についてわかりやすく解説した書物としては参考文献(6)を参照されたい。

〔1〕 **スペースデブリとは** スペースデブリ（正確には artificial space debris）とは，一般に地球周回軌道の近辺にある人工物体のうち，人工衛星として利用されているもの以外をさす。これに対して自然界に存在するものはメテオロイドと呼ばれ，彗星または小惑星を起源とする宇宙空間の固体物質と考

えられている。これが地球大気に突入して発光するのが流星である。ただし微小なものでは区別が困難な場合も多く、両者をあわせてスペースデブリと呼ぶこともある。

スペースデブリには寿命が尽きて機能を停止した衛星、衛星打上げに使われたロケットの最終段や分離した部品などのように素性のはっきりしたものから、軌道上で爆発したロケットエンジンの破片や果てはロケットからはがれたペンキの細片に至るまでさまざまなものがある。固体ロケット燃料の燃えカスもこれに含まれる。

では、これらがなぜ問題なのだろうか。問題はまずそれらの速度にある。地球周回軌道を運動する物体の速度は最低でも約 8 km/s である。したがって軌道上で二つの物体が遭遇するときの相対速度は 0〜16 km/s の範囲にある。その平均値は約 10 km/s と計算されているが、これはきわめて大きな値である。銃弾の速度はおよそ 1 km/s であり、地上では実験室の中ですらこの速度は容易に実現できない。速度が 10 倍になれば運動エネルギーは 100 倍になる。直径 1 cm のアルミ球でできたスペースデブリが衝突するときの衝撃は、時速 100 km で走る軽自動車と同程度になる。このため、微小なスペースデブリとの衝突でも衛星にとっては致命傷となる。

〔2〕 **スペースデブリの現状**　地球周回軌道に存在する人工物体のうち、およそ 10 cm 程度以上の大きさのものについては、後述のように米国宇宙指令部（US SPACECOM）が定常的な追跡・監視を行っており、現在約 7 000 個の物体がそのカタログに登録されている[7]。

このカタログには現役で働いている人工衛星も含まれているが、その数は全体のわずか 6 ％程度にすぎないので、ほとんどがスペースデブリと考えてよい。重要な問題は、カタログに登録されて位置が把握されているのはかなり大きな物体ばかりであって、衝突が起きれば致命的な被害をもたらす 1〜10 cm の大きさの物体は約 17 000 個、なんらかの被害を与える可能性のある 1 mm 以上のものでは実に 350 万個程度存在すると推定されながら、それらがどこを飛んでいるかはまったく予測できない、という点である。

2. レーダ

スペースデブリの数は，宇宙空間に置かれた1 m²の平面を1年間に通過する個数（これをデブリフラックスと呼ぶ）によって表現される。例えば1 cmの大きさに対するフラックスは，およそ $10^{-5}/m^2/year$ である。これは1 m²の断面積をもつ衛星に1 cm以上の大きさのデブリが衝突する頻度は10万年に一度と予想されることを意味する。ただし，1 mm以上だと確率は急に上がって100年に一度となる。現在稼働中の衛星が数百個あることを考えると，毎年数件の衝突が起きている勘定になる。衛星の機器の故障だと思われていたものが実はスペースデブリとの衝突が原因であった，という可能性は十分にある。

最近になってこの問題が注目されるようになった大きな理由の一つとして，宇宙ステーション計画が具体化したことがあげられる。国際協力により建設が進められている宇宙ステーション「フリーダム」は，全長108 m，太陽電池パドルを含めるとおよそ3 000 m²の面積をもち，しかも10年間の長期にわたって使用される計画である。微小なデブリに対しては防護壁で吸収することが考えられているが，現在の技術で耐えられるのは1 cmの大きさの物体との衝突までとされる。フリーダムが10年間に1 cm以上のスペースデブリと衝突する確率は30％に及び，設計寿命を支配する要因の一つになっている。

〔3〕 **観測の技術**　　ここで無造作に30％という数字を示したが，これには大きな観測誤差が含まれていることに注意が必要である。特に，問題となる1 cm付近の大きさについては一けたほどの不確定性があることがわかっている。この幅を小さくすることがスペースデブリ観測の課題の一つである。

現在，世界で唯一のデータを提供している米国宇宙指令部の観測網は，もともと冷戦時代にソ連のICBMなどを検知するために設置されたもので，人工衛星とICBMを識別する必要からすべての軌道運動物体を把握する作業を続けている。おもな設備は世界の約20か所に設置された50 MHz～10 GHzの周波数のレーダと光学望遠鏡である。

レーダは自分で発射した電波がスペースデブリから反射してくるのを受信して距離や方向を正確に測定できるが，受信信号強度は2.2.2項に述べるように距離の4乗に反比例して弱くなるので，高高度の観測には適さない。一方望遠

2.1 宇宙活動におけるレーダの役割

鏡は，太陽光がスペースデブリで反射するのを観測するため受信光の強度は距離の2乗に反比例し，遠距離の観測には適するが，視野が狭いことから見掛けの移動速度の速い低高度の観測は困難である。このため，およそ5 000 km以上の高度を望遠鏡，それ以下をレーダが分担する。おのおのの観測設備から得られたデータは本部の処理装置に送られ，カタログの軌道情報と比較してどの物体であるかを判定し，軌道情報が更新される。このような処理が1日に数万件行われている[7]。

この方法は観測可能なすべての物体の位置を予測できるという点で理想的であるが，多数の専用観測設備を維持するための膨大な経費を必要とする。また個々のレーダは10～30 cm以上の物体しか検出できない。これに対して統計的デブリ観測に用いられるレーダは，主として惑星観測などの目的で建設された大形の設備であり，最も感度の高いものは2 mm程度のスペースデブリを検出できる。ただしデブリ観測に使える時間は限られており，概略の分布を調べる目的に使用される。

わが国では京都大学宙空電波科学研究センターのMUレーダ（滋賀県信楽町）を用いた観測が行われている[8]。これについては，2.5.2項で詳述する。このほかに宇宙科学研究所においては，地球周回衛星追跡用や深宇宙探査用アンテナなどの，通信用に建設された大形アンテナを組み合わせたバイスタティックレーダ観測[9]が提唱されている。また通信総合研究所の大形光学望遠鏡を用いた静止衛星軌道の観測計画も進められており，いずれも軌道が既知の人工衛星を用いた予備観測が開始されている。静止衛星軌道は限られた領域に多数の衛星が集中しているうえ，大気との摩擦による落下がまったく期待できないので，一度汚染されると取り返しがつかない。まだこの領域でスペースデブリが観測された例はないが，精密な観測が必要とされている。

このほか科学技術庁の予算により，平成15年度の完成を目指して岡山県にわが国最初のスペースデブリ観測レーダが建設されることとなった。このレーダは検出感度は低いが，アクティブフェーズドアレー方式を採用し，単独のレーダでスペースデブリの軌道決定を行うための技術開発をめざしている。この

技術が実用化されれば，最大の課題である 10 cm 以下の寸法の物体のカタログ化が可能になると期待されている。

　また，現在のところ，適用対象が数 m 以上の大形の物体に限られてはいるが，軌道上物体の形状を 2.4.5 項に述べる逆合成開口レーダの技術で直接映像化することも試みられている。最近では，地球に衝突するのではないかと話題になった小惑星トータチスのレーダ映像が，米国ジェット推進研究所（JPL）によりこの手法で作成された。

　レーダで観測できない微小なスペースデブリについては，軌道から回収された物体の表面の微細な衝突痕を観察することによってその分布が調べられている。このような衝突痕の大きさや形状を調べることによりデブリの質量が推定される。この目的に最も適しているのは，宇宙環境試験のために 1984 年にスペースシャトルにより軌道に投入され，約 6 年後に回収された LDEF（長期暴露試験設備）衛星である。この衛星は 100 m² を超える大きな表面積をもち，長期間軌道に放置されていたので，0.5 mm 以上のクレータだけでも 606 個という非常に多数の衝突痕が得られている。また，地球に対して固定した姿勢を保ったので，進行方向に対するデブリ数の角度分布も調べられている。

2.2　レーダの基礎

2.2.1　電波の性質

　マクスウェル（J.C. Maxwell）は，電束密度 D の時間変化と磁界 H の関係（アンペール（A.M. Ampère）の法則）と，磁束密度 B の時間変化と電界 E の関係（ファラデー（M. Faraday）の電磁誘導則）を結び付け，これに電束密度と磁束密度の発散に関するガウス（C.F. Gauss）の法則を加えて，電磁波の生成を予言した。これらは一括してマクスウェルの方程式と呼ばれる。観測点に電流源や電荷が存在せず，媒質が導電性をもたない場合，その微分形は以下のようになる。

$$\nabla \times \boldsymbol{H} = \frac{\partial \boldsymbol{D}}{\partial t} \tag{2.1}$$

$$\nabla \times \boldsymbol{E} = -\frac{\partial \boldsymbol{B}}{\partial t} \tag{2.2}$$

$$\nabla \cdot \boldsymbol{D} = 0 \tag{2.3}$$

$$\nabla \cdot \boldsymbol{B} = 0 \tag{2.4}$$

さらに，媒質が等方，定常かつ均質であれば，その性質をスカラー変数で表現することが可能となる．この場合には次式が成り立つ．

$$\boldsymbol{D} = \varepsilon \boldsymbol{E} \tag{2.5}$$

$$\boldsymbol{B} = \mu \boldsymbol{H} \tag{2.6}$$

ここに ε は誘電率，μ は透磁率である．

任意の関数は正弦波の重ね合わせで記述できるというフーリエ (J.B.J. Fourier) の考えに基づき，ここでは電磁界のうち，特定の角周波数 ω をもつ成分のみを考える．また正弦波を表現するに際して，微積分の便宜のために複素関数 $e^{j\omega t}$ を用いる（j $= \sqrt{-1}$ は虚数単位）．現実の電磁界は，その実部（または虚部）のみをとったものと考えればよい．例えば電界は

$$\boldsymbol{E}(t) = \boldsymbol{E} e^{j\omega t} \tag{2.7}$$

と表現されるものと考える．このとき右辺の $\boldsymbol{E}$ は空間変化のみを表すベクトル（これをベクトル場という）である．このように表すと

$$\frac{\partial}{\partial t} \Rightarrow j\omega \tag{2.8}$$

と置き換えることができ，時間に関する微分方程式が代数方程式に簡単化される．

この場合，式 (2.1) および式 (2.2) は以下のようになる．

$$\nabla \times \boldsymbol{H} = j\omega\varepsilon\boldsymbol{E} \tag{2.9}$$

$$\nabla \times \boldsymbol{E} = -j\omega\mu\boldsymbol{H} \tag{2.10}$$

$\boldsymbol{H}$ を消去すると，電界について

$$\nabla \times \nabla \times \boldsymbol{E} = \omega^2 \varepsilon \mu \boldsymbol{E} \tag{2.11}$$

という式が得られる．ベクトル公式を用いると，この式は

$$\nabla^2 \boldsymbol{E} + k^2 \boldsymbol{E} = 0 \tag{2.12}$$

と変形できる。ただし

$$k = \omega\sqrt{\varepsilon\mu} \tag{2.13}$$

である。式（2.12）は波動方程式と呼ばれる。磁界についても同様に

$$\nabla^2 \boldsymbol{H} + k^2 \boldsymbol{H} = 0 \tag{2.14}$$

を導くことができる。

　時間に関するフーリエ解析の考え方を空間についても適用すると，任意のベクトル場は平面波の重ね合わせで記述できることがわかる。簡単のために，$\boldsymbol{E}$ が x, y に関しては一定で，z 方向にのみ変化する場合を考えると，式 (2.12) は

$$\frac{\mathrm{d}^2 \boldsymbol{E}(z)}{\mathrm{d}z^2} + k^2 \boldsymbol{E}(z) = 0 \tag{2.15}$$

となる。この解は

$$\boldsymbol{E}(z) = \boldsymbol{E}_\mathrm{f} e^{-\mathrm{j}kz} + \boldsymbol{E}_\mathrm{b} e^{\mathrm{j}kz} \tag{2.16}$$

で与えられる。この式より k は時間に関する正弦波における角周波数 ω と同じ意味をもつことがわかるので，波数と呼ばれる。波長 λ と波数の間には $k = 2\pi/\lambda$ の関係がある。式 (2.7) より，時間変化を含めて考えると

$$\boldsymbol{E}(z, t) = \boldsymbol{E}_\mathrm{f} e^{\mathrm{j}(\omega t - kz)} + \boldsymbol{E}_\mathrm{b} e^{\mathrm{j}(\omega t + kz)} \tag{2.17}$$

となる。右辺第 1 項は時間とともに位相が z 軸の正方向に進む波（前進波），同様に右辺第 2 項は後進波を表していることがわかる。等位相点の移動速度，すなわち位相速度 v_p は

$$v_p = \frac{\omega}{k} = \frac{1}{\sqrt{\mu\varepsilon}} \tag{2.18}$$

で与えられる。媒質が真空の場合，この速度は光速度に一致する。

　このような単一波数のみをもつ平面波については，空間に関する微分は

$$\nabla e^{-\mathrm{j}kz} = -\mathrm{j}k\boldsymbol{u}_z e^{-\mathrm{j}kz} = -\mathrm{j}\boldsymbol{k} e^{-\mathrm{j}kz} \quad (\boldsymbol{k} \equiv k\boldsymbol{u}_z) \tag{2.19}$$

となることがわかる。ここに $\boldsymbol{u}_z$ は，z 方向の単位ベクトルである。また $\boldsymbol{k}$ は，波の進行方向を向き大きさが波数 k のベクトルであり，波数ベクトルと

呼ばれる。同様に，任意の定ベクトル A について

$$\nabla \times (A\mathrm{e}^{-\mathrm{j}kz}) = -\mathrm{j}\boldsymbol{k} \times (A\mathrm{e}^{-\mathrm{j}kz}) \tag{2.20}$$

であることも確かめられる。すなわち，時間に関する正弦波について時間微分が定数 $\mathrm{j}\omega$ で置き換えられたように，空間に関する正弦波については

$$\nabla \Rightarrow -\mathrm{j}\boldsymbol{k} \tag{2.21}$$

のように，空間微分演算子を定ベクトルで置き換えることができ，空間についても微分方程式が代数方程式に簡略化される。

このことを式 (2.9) および (2.10) に適用すると，マクスウェルの方程式は

$$\boldsymbol{H} = \frac{\boldsymbol{k}}{\omega\mu} \times \boldsymbol{E} \tag{2.22}$$

$$\boldsymbol{E} = -\frac{\boldsymbol{k}}{\omega\varepsilon} \times \boldsymbol{H} \tag{2.23}$$

と，極度に簡単化される。これらの式から，電界 E，磁界 H は，図 2.1 に示すように，共に進行方向（波数ベクトル $\boldsymbol{k}$ の方向）に垂直な面内にあり，かつ互いに直交することがわかる。E，H および $\boldsymbol{k}$ は，この順に右ねじの関係にある。また，電界と磁界の強度比は

$$Z \equiv \frac{E}{H} = \sqrt{\frac{\mu}{\varepsilon}} \tag{2.24}$$

で与えられる。この Z を媒質の特性インピーダンスと呼ぶ。真空中では $Z \simeq 120\pi$ である。

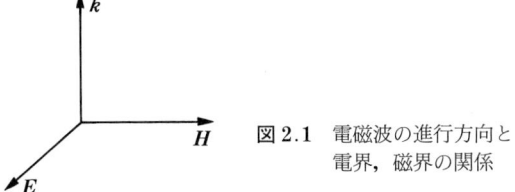

図 2.1　電磁波の進行方向と電界，磁界の関係

このように，電界および磁界のベクトルは，進行方向 z に直交する x-y 平面内にあるので，一般に x，y 方向成分の合成で表現できる。x，y 方向単位ベクトルをそれぞれ $\boldsymbol{u}_x$，$\boldsymbol{u}_y$ とすると，例えば電界は

$$\boldsymbol{E} = \boldsymbol{u}_x E_x + \boldsymbol{u}_y E_y = \boldsymbol{u}_x A_x \mathrm{e}^{\mathrm{j}(\omega t - kz)} + \boldsymbol{u}_y A_y \mathrm{e}^{\mathrm{j}(\omega t - kz + \theta)} \tag{2.25}$$

と表すことができる。ここに θ は x, y 成分の間の位相差である。これまで時間の原点は自由に選べるものとして，位相の初期値は無視してきたが，x, y 成分は独立に選ぶことができるので，両者の位相差のみは考慮する必要がある。現実の電界として上式の実部（または虚部）のみを考えると，E_x と E_y の間には

$$\left(\frac{E_x}{A_x}\right)^2 + \left(\frac{E_y}{A_y}\right)^2 - 2\frac{E_x E_y}{A_x A_y}\cos\theta = \sin^2\theta \tag{2.26}$$

の関係が成り立つ。これは楕円の方程式であり，x-y 平面内で電界ベクトルの軌跡が楕円を描くことを表す。これを楕円偏波と呼ぶ。

特殊な場合として，$A_x = 0$，$A_y = 0$，$\theta = 0$，$\theta = \pi$ のいずれかの場合に軌跡は直線となり，これを直線偏波と呼ぶ。また，$A_x = A_y$ かつ $\theta = \pm\pi/2$ の場合を円偏波と呼ぶ。円偏波の場合は，さらに回転方向によって右旋円偏波（$\theta = -\pi/2$）と左旋円偏波（$\theta = \pi/2$）に分類される。このように電波工学では，慣例として光学の場合とは逆に，電磁波の進行方向を向いた（z 軸の負の方向からながめた）場合の回転方向によって右旋，左旋を定義する。これは電波は主として送信者の立場で考えるのに対して，光は受信者の立場で観察することによるものと思われる。

光の場合と同様に，異なる媒質の境界に電波が入射すると屈折や反射が起きる。その条件は，境界面における電磁界の接線成分の連続性より導かれ，媒質1と媒質2が平面で接する場合には

$$\boldsymbol{u}_n \times (\boldsymbol{E}_1 - \boldsymbol{E}_2) = 0 \tag{2.27}$$
$$\boldsymbol{u}_n \times (\boldsymbol{H}_1 - \boldsymbol{H}_2) = 0 \tag{2.28}$$

で与えられる。ここに，$\boldsymbol{u}_n$ は境界面に対する法線ベクトルである。例えば電界が入射面に垂直な場合には，電界に対する境界条件は

$$E_\mathrm{i}\mathrm{e}^{-\mathrm{j}k_1 x \sin\theta_\mathrm{i}} + E_\mathrm{r}\mathrm{e}^{-\mathrm{j}k_1 x \sin\theta_\mathrm{r}} = E_\mathrm{t}\mathrm{e}^{-\mathrm{j}k_2 x \sin\theta_\mathrm{t}} \tag{2.29}$$

となる。ここに添字 i，r，t はそれぞれ入射波，反射波，透過波を表す。この式が位置 x に無関係に成り立つためには

$$\theta_i = \theta_r \tag{2.30}$$

$$k_1 \sin \theta_i = k_2 \sin \theta_t \tag{2.31}$$

が必要である．これをスネル（Snell）の法則と呼ぶ．媒質 1 に対する媒質 2 の相対屈折率は $n = k_2/k_1$ で与えられる．

　屈折や反射は，大気と水面や地面などの異なる物質の境界のみでなく，大気中でも屈折率の変化があれば起きる．この屈折率の変化は大気圧や水蒸気，自由電子などによって生じる．例えば電離圏大気中では，電磁波と自由電子の相互作用により誘電率が真空中と異なる値をとる．この場合の屈折率は

$$n \simeq \sqrt{1 - \frac{f_p^2}{f^2}} \tag{2.32}$$

で与えられる．ここに f_p はプラズマ周波数と呼ばれ

$$f_p = \frac{1}{2\pi} \sqrt{\frac{N_e q^2}{\varepsilon_0 m}} \tag{2.33}$$

である．ただし，ε_0 は真空の誘電率，N_e は単位体積中の電子密度，q, m はそれぞれ，電子の電荷と静止質量を表す．プラズマ周波数は，$f_p \simeq 9\sqrt{N_e}$〔Hz〕となり，電離圏で電子密度が最大となる高度 300 km 付近で，10 MHz 程度の値をとる．式 (2.32) からわかるように，入射電波の周波数がプラズマ周波数に等しくなると屈折率が 0 となり，全反射が起きる．したがって，電離圏の最大電子密度に相当するプラズマ周波数の電波は電離圏のどこかで反射されるが，それより高い周波数の電波は電離圏を突き抜ける．2.1.1 項に述べた電離圏のパルスレーダによる観測は，この原理を用いたものである．

2.2.2 レーダ方程式

　レーダで目標が観測できるためには，散乱波の強度が雑音より十分強いことが必要である．そこで，レーダで送受信する電波の強度の関係について考える．送信電力 P_t をあらゆる方向に均一に照射する（これを無指向性という）アンテナから送信すると，送信点から距離 r にある標的における電波の密度（単位面積当りの電力）P_i は

$$P_\mathrm{i} = \frac{P_\mathrm{t}}{4\pi r^2} \tag{2.34}$$

で与えられる。しかしアンテナは，通常特定の方向に強い電波を集中して照射するように設計される。その集中度は，無指向性アンテナの場合との電波強度比 G で表現され，指向性利得と呼ばれる。この値は，テレビの受信に使われる八木アンテナで3～10，大形のパラボラアンテナでは10 000を超えるものもある。利得 G のアンテナを送信に用いると，上式は

$$P_\mathrm{i} = \frac{P_\mathrm{t} G_\mathrm{t}}{4\pi r^2} \tag{2.35}$$

となる。

レーダにとって，目標の最も重要な性質は，どれだけよく電波を散乱するか，である。これは観測方向に散乱される電力と入射電力密度 P_i の比で表され，面積の単位をもつことから，レーダ散乱断面積と呼ばれる。レーダ散乱断面積 σ の物体とは，同じ面積に入射した電波をすべて損失なく再放射する物体と考えればよい。目標物体を完全導体球と仮定した場合，その散乱断面積は，半径 a がレーダ波長より十分小さい場合

$$\sigma = 9\pi k^4 a^6 \tag{2.36}$$

で与えられる。ここに k は波数である。逆に，レーダ波長に比べて十分大きい完全導体球の場合，σ はその物理的断面積に一致する。飛行機では，小形のもので数 m^2，ジャンボ機で数十 m^2 といった値をもつが，電波吸収体を貼り付けたり，あるいは側方のみに散乱するようにして，送信方向に電波をほとんど返さなくしたものが，湾岸戦争で有名になったステルス機である。

あるレーダ散乱断面積 σ をもつ目標によって散乱された電波を送信時と同じアンテナで受信する場合，受信点における電力密度 P_s は

$$P_\mathrm{s} = \frac{P_\mathrm{i}}{4\pi r^2}\sigma \tag{2.37}$$

となる。

受信時のアンテナの特性は，どれだけの面積に降り注ぐ電力を集めることができるか，という値，すなわち有効開口面積 A_e で示される。これを使うと，

受信される電力は

$$P_r = P_s A_e L \tag{2.38}$$

で与えられる。L はシステムの効率（≤ 1）である。これらの式をまとめると，結局

$$P_r = \frac{P_t G_t A_e L}{(4\pi)^2 r^4} \sigma \tag{2.39}$$

という形で送受信電力の関係が示される。この式はレーダの設計の基礎となる式なので，レーダ方程式と呼ばれる。

ここで，同じアンテナの性能を表す量として，送信時は指向性利得 G，受信時は有効開口面積 A_e という二つの量が現れたが，アンテナには送信と受信で同じ特性をもつ可逆性があり，両者は

$$G_t = \frac{4\pi A_e}{\lambda^2} \tag{2.40}$$

という関係式で結ばれている。すなわち，アンテナの指向性は，アンテナの大きさと波長の比で定まる。例えば，後述する京都大学信楽 MU 観測所のレーダは直径 100 m という大規模なアンテナをもつが，46.5 MHz という，レーダとしては低い周波数を使用しているため，その直径は波長（6.5 m）との比では 16 倍にすぎない。この比は，衛星放送の受信用アンテナの最小クラス（直径約 40 cm）と衛星放送の波長（2.5 cm）の比にほぼ等しい。すなわち，利得についていえば信楽の 100 m のアンテナは卓上形衛星放送受信アンテナと同じである。

式 (2.40) を使うと，式 (2.39) は

$$P_r = \frac{P_t A_e^2 L}{4\pi \lambda^2 r^4} \sigma \tag{2.41}$$

または

$$P_r = \frac{P_t G_t^2 \lambda^2 L}{(4\pi)^3 r^4} \sigma \tag{2.42}$$

と書き換えることができる。この受信電力が，受信機の雑音強度より十分大きい，というのが測定が可能であるための条件であり，これを満たすように P_t

と A_e を選ぶことが設計の重点となる．受信機雑音電力は

$$P_n = KTB \tag{2.43}$$

で与えられる．ここに K はボルツマン（Boltzmann）定数（$=1.38\times10^{-23}$ J/K），T はシステム雑音温度，B は受信機帯域幅である．したがって，信号が検出可能な最小 SN 比を $(S/N)_{\min}$ とすると，観測可能な最大距離は

$$r_{\max} = \left[\frac{P_t G_t^2 \lambda^2 L\sigma}{(4\pi)^3 KTB(S/N)_{\min}}\right]^{1/4} \tag{2.44}$$

で与えられる．

また，式 (2.41) から，P_r は距離の 4 乗に反比例することがわかる．これは送信電波が球面状に広がっていく効果と，散乱波がやはり球面状に広がる効果の積によるものである．同様に，A_e は，送信時に電波を標的方向に集中させる働きと，受信時に散乱波を集める働きの両方に寄与するので，2 乗の依存性をもつ．

一方，検出可能な最小物体の半径は，波長より小さい導体球の場合には式 (2.41) および式 (2.36) から

$$a_{\min} = \left[\frac{KTB(S/N)_{\min}}{36\pi^4 P_t A_e^2 L}\right]^{1/6} \lambda r^{2/3} \tag{2.45}$$

となる．この式は，観測可能な最小寸法は，送信電力やアンテナ開口面積にはあまり強く依存しないのに対して，レーダ波長には直接比例することを示す．すなわち，周波数が高いほど微小物体の検出に適していることがわかる．

これに対して，電離圏プラズマや大気を観測するレーダの場合，標的は 1 か所に集中しているわけではなく，レーダのアンテナビーム幅とパルス長で定まる観測体積より広い範囲に分布しているのが普通である．散乱体が空間に一様に分布しているときの受信信号電力は

$$P_r = \frac{P_t A_e \pi a^2 \Delta r L}{64 r^2}\eta \tag{2.46}$$

のようになる．ここに Δr は次節に述べる距離分解能であり，η は単位体積中に含まれる散乱体の散乱断面積の和として定義される体積反射率である．また a はアンテナ開口面における電流分布の一様性を表す定数で，1 に近い．

式 (2.39) と式 (2.46) を比較すると，分布した標的では，送信波がいくら広がっても必ず標的に当たるため，距離依存性は散乱時の -2 乗のみ，またアンテナ開口面積への依存性も受信時の 1 乗のみとなっていることがわかる。このことが，金属物体などに比べればはるかに微弱な散乱に依存する大気観測レーダを用いて，比較的遠方までの観測が可能であることのおもな理由である。

式 (2.46) 中の体積反射率 η は，一般に

$$\eta = \frac{k^4}{\pi} \frac{1}{V} \left| \int_V \Delta n e^{j2kr} dV \right|^2 \tag{2.47}$$

と表現することができる。ここに V は散乱体積，Δn は屈折率の変動成分である。すなわち，どういう原因によるものであれ，屈折率の空間的な揺らぎが存在した場合に，そのうちレーダ波長の半分の周期性をもつ成分からの散乱のみが，受信アンテナにおいて同位相で加算され，受信信号に寄与することがわかる。このような散乱をブラッグ散乱と呼ぶ。空間にランダムに分布する雨粒や雲，霧などの水滴や，電離圏大気中の自由電子などが Δn に寄与するのはいうまでもないが，このほかに大気乱流などによる屈折率の乱れも，それに適した比較的長い波長のレーダを用いれば観測することができる。

上記の議論は，電力のみを考えたものであるが，電波には前項に述べたように偏波という性質があり，これを目標の識別に用いることができる。式 (2.37) を，式 (2.25) の表現を用いて各偏波の送受信電界強度について表すと

$$\begin{bmatrix} E_x^s \\ E_y^s \end{bmatrix} = \frac{e^{-jkr}}{\sqrt{4\pi} r} \begin{bmatrix} \sigma_{xx} & \sigma_{xy} \\ \sigma_{yx} & \sigma_{yy} \end{bmatrix} \begin{bmatrix} E_x^i \\ E_y^i \end{bmatrix} \tag{2.48}$$

となる。ここで

$$[\sigma] = \begin{bmatrix} \sigma_{xx} & \sigma_{xy} \\ \sigma_{yx} & \sigma_{yy} \end{bmatrix} \tag{2.49}$$

は偏波を考慮した散乱の強さを表す指標であり，散乱行列 (scattering matrix) と呼ばれる。送受信を同一のアンテナで行う場合には，送受信を入れ換えても受信強度が変わらないという電磁界の相反定理により

$$\sigma_{xy} = \sigma_{yx} \tag{2.50}$$

が成り立つので，独立な量は三つである．散乱行列を測定するには，水平偏波と垂直偏波を交互に送信し，それぞれの場合について同時に水平，垂直偏波を受信すればよい．例えば導体球や平板の場合は

$$[\sigma] = \begin{bmatrix} \sqrt{\sigma} & 0 \\ 0 & \sqrt{\sigma} \end{bmatrix} \tag{2.51}$$

となり，また水平に置かれたダイポールでは

$$[\sigma] = \begin{bmatrix} \sqrt{\sigma} & 0 \\ 0 & 0 \end{bmatrix} \tag{2.52}$$

となる．このほか，物体の形状によって散乱行列はさまざまな特徴を示す．したがって，散乱行列の各成分から目標の概略の形状や姿勢を判別することが可能となるほか，偏波について特定の性質をもった目標のみを抽出することにも利用できる[10]．この手法をレーダポーラリメトリ（radar polarimetry）と呼ぶ．

2.2.3 距離の測定

〔1〕 **距離分解能** レーダで目標までの距離を測定するためにはさまざまな方法が用いられるが，最も直観的なのが，短いパルスを送信してエコーが返ってくるまでの時間を測定する方法である．この方法を用いて1925年に，すでに電離層の高度が測定されている．これがパルスレーダの最初の例である．

空気中の電波の伝搬速度は，通常は光速度 c にほぼ等しいので，エコーの遅延時間 t_d から，目標までの距離は

$$r = \frac{ct_d}{2} \tag{2.53}$$

によって簡単に求められる．実際には一つの送信パルスに対してさまざまな距離の目標からの信号が受信される．そこで受信信号強度を遅延時間の関数として表示すると，散乱強度の距離特性 $P(r)$ が得られる．このような表示をAスコープと呼び，最も基本的なレーダの表示方法である．

2.2 レーダの基礎

レーダアンテナビームを方位 θ 方向に回転させながら観測する多くの監視レーダの場合は，2 次元画面上に極座標表示を用いて $P(r, \theta)$ を輝度変調で表示する方法が一般的である．これを PPI (plan position indicator) と呼ぶ．また，アンテナビームを仰角方向に走査する場合は同様の 2 次元表示が距離と高度に関する RHI (range-height indicator) となる．さらに方位角とともに仰角方向についても走査する 3 次元走査レーダの場合は，受信信号を 3 次元座標に対応するメモリに格納したうえで，指定した高度面に対する 2 次元極座標表示を行う CAPPI (constant altitude PPI) が多く用いられる．

パルスレーダでは，一定のパルス間隔 T で送受信を繰り返すのが通例であるので，観測できる最大距離は，式 (2.44) で与えられる感度上の制約とは別に

$$r_{\max} \leq \frac{cT}{2} \tag{2.54}$$

によっても制限される．これより遠い距離からのエコーが無視できない場合には，図 2.2 に示すように，複数のレンジからのエコーが同時に受信され，区別ができなくなる．この現象をレンジエリアシング (range aliasing) と呼ぶ．したがって，パルス間隔はレンジエリアシングが問題とならない程度に大きく設定する必要がある．

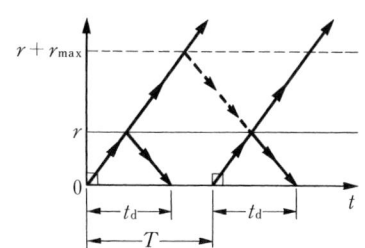

図 2.2 最大観測距離とレンジエリアシング

一方，観測可能な最小距離は，同一のアンテナを送受信に用いる場合，理想的には送信が終了する時間により定まり

$$r_{\min} = \frac{c \Delta t}{2} \tag{2.55}$$

となる．ここに Δt はパルス長である．ただし，実際にはアンテナを送信機から受信機に切り換えるには有限の時間が必要であり，その時間を Δt に加算する必要がある．パルス長とパルス間隔の比 $\Delta t/T$ をデューティ比と呼ぶ．平均送信電力は，ピーク送信電力とデューティ比の積で与えられる．

図 2.3 からわかるように，ある瞬間に受信される信号は

$$\Delta r = \frac{c\Delta t}{2} \tag{2.56}$$

の距離範囲から返ってきた信号を含むことになる．この Δr を距離分解能と呼ぶ．これを小さくするにはパルス長を短くすればよいが，パルス長とパルスの占有帯域幅 B には

$$B \simeq \frac{1}{\Delta t} \tag{2.57}$$

の関係があるので

$$\Delta r \simeq \frac{c}{2B} \tag{2.58}$$

となり，距離分解能は占有帯域幅に反比例する．同じ電力を使う場合，帯域幅が広くなると，それだけ信号対雑音比（SN 比）が小さくなって探知距離が減少してしまう．したがって分解能と探知距離は相反することになる．

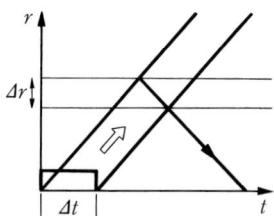

図 2.3 パルス長と距離分解能の関係

上記の距離分解能の考察は，実は厳密ではない．かりに目標物体の大きさ（距離方向の広がり）が Δr より十分小さいことがわかっていれば，受信される信号 $g(t)$ は，送信信号 $f(t)$ を時間 t_d だけ遅延させ，振幅を減衰させた波形となる．

$$g(t) = Af(t - t_d) \tag{2.59}$$

したがって，送信波形と受信波形を比較すれば遅延時間を正確に決定することができることになる。これには，両者の相互相関関数

$$\rho_{fg}(\tau) \equiv \int_{-\infty}^{\infty} f(t)^* g(t+\tau) \mathrm{d}t = A\rho_f(\tau - t_\mathrm{d}) \tag{2.60}$$

を計算し，その値が最大となる τ の値を求めればよい。ここに $f(t)$ は位相を含めて複素数と考え，* は複素共役を表すものとする。$\rho_f(\tau)$ は送信信号の自己相関関数

$$\rho_f(\tau) = \int_{-\infty}^{\infty} f(t)^* f(t+\tau) \mathrm{d}t \tag{2.61}$$

であり，その定義より $f(t)$ の形にかかわらずつねに $\tau = 0$ で最大値をとる。またその値は送信電力 P_t に等しい。

しかし，現実には受信信号には雑音が含まれ，また上式の積分は有限の長さについてしか行うことができない。この場合の推定誤差の目安として，$\rho_f(\tau)$ が最大値の 1/2 となる距離を距離分解能と定義する。送信波形が長さ $\varDelta t$ の方形波の場合，$\rho_f(\tau)$ は幅 $2\varDelta t$ の三角形となり，距離分解能は $\varDelta r$ となる。

〔2〕 **パルス圧縮**　パルス長を保ったまま距離分解能を向上させるためには，送信波形を工夫してその相関関数の幅を狭めればよいことがわかる。これには，送信信号になんらかの変調を加えて帯域を広げることが必要となる。一般に帯域幅を N 倍にすると相関関数の時間幅はおよそ $1/N$ となるので，距離分解能も $1/N$ となる。ただし，帯域の増加に伴って背景雑音電力も N 倍になるため，SN 比が向上するわけではない。すなわち，変調の効果は，もとの送信電力を長さが $1/N$ の短いパルスに集中させたことと等価である。このように長いパルスに変調を加えて距離分解能を改善する手法をパルス圧縮 (pulse compression) と呼ぶ。

パルス方式のレーダでは，多くの場合，送信機出力は平均送信電力とともにピーク送信電力についても制約されている。パルス圧縮は，特にピーク電力の制約がシステム性能を決定する条件のもとで，平均電力のみを上げることで等価的にピーク送信出力を上げるのと同様の効果をもたらす技術である。

パルス圧縮の最も単純な方式は，送信信号周波数 ω を

$$\omega = \omega_0 + \frac{\omega_c}{t_d} t \qquad (0 \leq t \leq t_d) \tag{2.62}$$

のようにパルス送信中に直線的に変化させるものである．これをチャープ (chirp) 方式と呼び，アナログ回路で比較的容易に実現できるので，古くから利用されている．式 (2.61) の自己相関の操作は，2.3.3 項に述べるように，$f(-t)$ の特性をもつ受信フィルタを通すことに相当する．すなわち，この場合の受信機は，時間とともに周波数が直線的に減少する特性とする．チャープ方式では，送信信号の周波数スペクトルは，幅 ω_c の方形となるので，自己相関関数は

$$\rho_f(\tau) = P_t \frac{\sin(\pi \omega_c \tau)}{\pi \omega_c \tau} \tag{2.63}$$

となり，距離分解能はほぼ $1/\omega_c$ となるが，時間的には振動形となる．

　自己相関関数が $\tau = 0$ から離れた領域で 0 でない値をもつと，目標から離れた距離に存在する微弱な目標からのエコーとの識別ができなくなる．これは，アンテナのサイドローブと同様の影響をもつことから，レンジサイドローブと呼ばれる．したがって，送信信号波形としては，その相関関数の幅が小さいことと同時に，レンジサイドローブがなるべく小さいことが要求される．チャープ方式の場合は，周波数変調と同時に，振幅にも滑らかな重みを与えることで自己相関関数の振動を抑え，レンジサイドローブを抑圧することが可能である．

　レーダにおいても，最近は信号処理を可能な限りディジタル化する傾向が強い．自己相関の処理をディジタル信号処理で行う場合には，離散的な変調を用いることが有利であり，その代表的なものとして 2 値位相変調が多く用いられる．これは，パルスを N ビットの区間に分割し，それぞれの区間をあらかじめ定められた符号に従って 0 または π の位相で変調するものである．この方式は，送信時には位相を変えるかわりに，振幅を $+1$ と -1 で変調することで容易に実現できる．受信時にも，同期検波を行うことにより ± 1 の振幅をもっ

た信号が復元できる。

変調符号を

$$a_i = \left\{ \begin{array}{c} 1 \\ -1 \end{array} \right\} \quad (i = 1, \cdots, N) \tag{2.64}$$

とすると，符号の自己相関関数は

$$\rho_j = \rho_{-j} = \sum_{i=1}^{N-j} a_i a_{i+j} \quad (j = 0, \cdots, N-1) \tag{2.65}$$

で与えられる。上式で $j \neq 0$ における値がレンジサイドローブの強度を与える。その絶対値の理論的最小は，j が奇数の場合には1，偶数の場合には0であることが明らかである。この条件を満たす符号は，バーカー（Barker）符号と呼ばれ，比較的小さな N についてはすべての組合せを調べることで容易に探すことができる。**表 2.1** にそれらを示す。この符号は $N \leqq 13$ について存在することが知られている。

表 2.1　バーカー符号

N	a_i	$\rho_j \ (j = 0, \cdots, N-1)$
2	++	2 +
2	+−	2 −
3	++−	3 0 −
4	++−+	4 − 0 +
4	+++−	4 + 0 −
5	+++−+	5 0 + 0 +
7	+++−−+−	7 0 − 0 − 0 −
11	+++−−−+−−+−	11 0 − 0 − 0 − 0 − 0 −
13	+++++−−++−+−+	13 0 + 0 + 0 + 0 + 0 + 0 +

単一の2値位相変調を用いる限り，これよりよい特性の符号は存在しないが，後述のように，目標の時間的変化が小さい場合には，複数のパルスからのエコーを足し合わせるコヒーレント積分が利用できる。この場合には，加算される各パルスに同じ符号を用いる必要はなく，複数の符号を利用することによってさらにレンジサイドローブを抑圧することが可能となる。長さ N の二つの符号 a_i と b_i を考え，それぞれの自己相関関数を A_j と B_j とする。このとき，これらを加えたものが

$$A_j + B_j = \begin{cases} 2N & (j=0) \\ 0 & (j \neq 0) \end{cases} \qquad (2.66)$$

という条件を満たすとき，これらを相補（complementary）符号と呼ぶ。この条件は，まったくレンジサイドローブをもたないことを意味し，理想的なパルス圧縮となる。例えば $N=2$ の場合について，$a_i = \{1, 1\}$，$b_i = \{1, -1\}$ が相補符号を構成することが容易に確かめられる。

相補符号には，つぎのような重要な性質がある。長さ N の相補符号をもとに，長さ $2N$ の符号の組

$$\begin{aligned} c_i &= a_i + b_{i-N} \\ d_i &= a_i - b_{i-N} \end{aligned} \quad (1 \leq i \leq 2N) \qquad (2.67)$$

を作る。ただし

$$a_i, b_i = 0 \quad (i < 1, i > N) \qquad (2.68)$$

とする。すなわち，a_i の後ろに b_i を連結したものを c_i とし，a_i の後ろに b_i の符号を反転して連結したものを d_i とする。このとき，これらの符号の自己相関関数は，それぞれ

$$C_j = A_j + B_j + \sum_{i=1}^{2N-j}(a_i b_{i+j-N} + a_{i+j} b_{i-N}) \qquad (2.69)$$

$$D_j = A_j + B_j - \sum_{i=1}^{2N-j}(a_i b_{i+j-N} + a_{i+j} b_{i-N}) \qquad (2.70)$$

となるので，これより明らかに c_i と d_i は長さ $2N$ の相補符号を構成する。この操作を繰り返すことにより，上記の $N=2$ の場合から出発して長さ $N=2^m$ の相補符号を作ることができる。ほかに $N=5$ についても相補符号の存在が知られているので，これをもとにすると $N=5 \cdot 2^m$ の符号を作ることもできる。図 2.4 に，$N=32$ の場合について相補符号を構成する各符号とその自己相関関数，および合成された自己相関関数の例を示す[11]。

ただし上記の議論は，目標が完全に静止している場合にのみ成立する。目標が運動している場合の特性の劣化については 2.3.3 項で議論するが，相補符号は複数のパルスにわたる時間についての相関が必要であり，単一のパルスで圧縮の行えるバーカー符号などに比べて劣化が激しい。したがって，この符号が

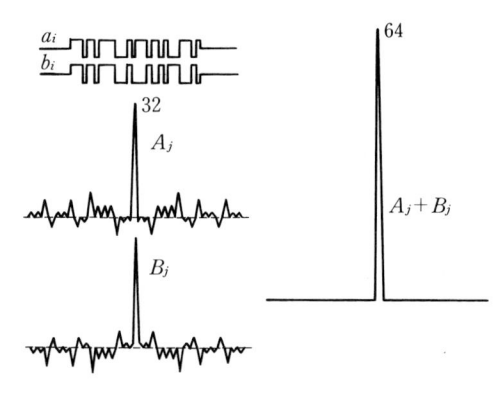

図 2.4 相補符号の自己相関関数の例 ($N=32$)

有効であるのは，中層大気レーダ観測など，ドップラー偏移の比較的小さな目標に限られる。

離散的変調には，このほかにディジタル通信に用いられる多値振幅変調や多相変調などが存在する。これらをそれぞれレーダのパルス圧縮に利用することも可能であり，バーカー符号より優れたレンジサイドローブ抑圧特性をもつものも知られているが，送受信システムの線形性や位相特性に対する要求が厳しくなり，システムは複雑となる。

2.2.4 速度の測定

レーダで測定される重要な量の一つに目標の運動速度がある。もちろん，十分高い距離分解能が得られる場合には，目標の位置を時々刻々追跡すれば，その変化率から速度を知ることができる。しかし，通常はドップラー効果を利用するのが簡便かつ高精度である。音波の場合と同様，電波でも目標が移動していると，返ってくるエコーの周波数は送信した周波数とは異なるものになる。目標の移動速度は，通常光速度よりは十分遅いので，ドップラー効果による送受信信号周波数の差，すなわちドップラー偏移は

$$f_\mathrm{d} = \frac{2f}{c} v_\mathrm{d} \tag{2.71}$$

で与えられる。ここに v_d は視線方向速度あるいはドップラー速度と呼ばれ，

目標の運動速度ベクトル v を，レーダと目標を結ぶ直線上に射影した成分の大きさである．すなわち，この方法で測定できるのは，レーダに向かって，あるいはレーダから離れる方向に運動している物体のみであって，レーダビームを横切る方向の速度は測定できないことになる．

ドップラー偏移 f_d の大きさは，パルスの帯域幅 B より小さいのがふつうであるから，単一のパルスの送受信でこれを精度よく測定するのは一般に困難である．多くの場合，f_d は複数の受信パルスの位相差から推定する．連続した二つのパルスで受信される信号の位相差を ϕ とすると，標本化定理より，ドップラー周波数に関するエリアシングを生じないためには

$$|\phi| = 2\pi f_d T < \pi \tag{2.72}$$

の条件を満たす必要がある．上式と式 (2.71)，(2.54) より

$$r_{\max} |v_d| < \frac{c^2}{8f} \tag{2.73}$$

という制約が生じる．例えば $f = 1\,\mathrm{GHz}$，$r_{\max} = 100\,\mathrm{km}$ とすると，$|v_d| <$ 112m/s となり，人工衛星の観測などではこの条件を満たさないことが多い．ただし，軌道情報などからドップラー周波数および距離に関する不確定性を除くことができれば，これは問題とはならない．

目標が一定の散乱断面積をもち，直線運動をしている場合は，受信信号は送信信号を単純に f_d だけシフトしたものとなる．しかし，実際には姿勢の変動などにより受信信号は時間とともに複雑に変動することがある．この場合には，同一のレンジにおける T ごとの受信信号を離散的時系列とみなして周波数解析することにより，目標の特性を調べることが行われる．このとき，距離方向のサンプリングに関する時間（レンジ時間 $< T$）と，T ごとのサンプリングに関する時間（ドップラー時間）の二つの時間軸を考えていることに注意が必要である．このことについては 2.3.2 項でさらに議論する．

目標の変動が比較的ゆるやかである場合には，多数のパルス間隔の時系列を離散フーリエ変換し，2乗することでパワースペクトルが推定できる．しかし，変動の時間スケールが T に比べて十分長くない場合には，受信信号から

自己相関関数を直接計算することが行われる。あるレンジにおけるパルス間隔 T ごとの受信信号時系列を f_i とすると，自己相関関数は

$$\rho(nT) = \sum_i f_i f_{(i+n)} \tag{2.74}$$

で与えられる。自己相関関数を用いる利点は，目標がランダムな変動を含む場合に，比較的少数のサンプルで重要な統計量が直接，かつ安定に推定できることである。例えば $\rho(0)$ は平均電力を与え，$\rho(T)$ から以下のように平均ドップラー偏移が推定できる。

目標が一定の平均視線方向速度で運動しつつランダムに変動する場合，その自己相関関数は

$$\rho(\tau) = \rho_0(\tau) e^{j\omega_d \tau} \tag{2.75}$$

の形で表される。ここに ω_d は平均ドップラー角周波数偏移であり，$\rho_0(\tau)$ は実関数とする。このとき，ω_d は

$$\omega_d = \frac{1}{T} \tan^{-1} \frac{\Im[\rho(T)]}{T\Re[\rho(T)]} \tag{2.76}$$

により推定できる。ここに $\Re$ および $\Im$ は，それぞれ実部および虚部を取り出す操作を表す。さらに $\omega_d T \ll 1$ が成り立つ場合には，$\rho(T) \sim \rho_0(T)$ であることを用いて，最小2乗推定により

$$\omega_d = \frac{\sum_i \Im[\rho(iT)] \Re[\rho(iT)]}{\sum_i iT \Re[\rho(iT)]^2} \tag{2.77}$$

とするほうが精度の高い推定が行える。

物体がレーダに対して3次元的に相対運動している場合，視線方向速度は次式で与えられる。

$$v_d = \boldsymbol{v} \cdot \boldsymbol{i} = v_x \cos\theta_x + v_y \cos\theta_y + v_z \cos\theta_z \tag{2.78}$$

ここに $\boldsymbol{v} = (v_x, v_y, v_z)$ は標的の運動速度ベクトル，$\boldsymbol{i}$ はレーダビーム方向の単位ベクトル，θ_x，θ_y，θ_z は，それぞれ $\boldsymbol{i}$ 方向と x，y，z 軸とのなす角度である。したがって，$\boldsymbol{v}$ の全成分を推定するためには，少なくとも3回観測方向を変えて測定を行う必要がある。これには，複数の送受信アンテナの組合せによるマルチスタティックアンテナ方式を用いることもできるが，装置が大掛か

りになる。

　電離圏プラズマや大気観測などでは，運動速度の水平成分（これは通常風速の水平成分に一致する）が空間的に一様であることを仮定して，単一のアンテナビームを同一平面内にない 3 方向 $\boldsymbol{i}_1$, $\boldsymbol{i}_2$ および $\boldsymbol{i}_3$ に向けて観測を行い，各方向で得られた視線速度から連立方程式を解いて

$$\boldsymbol{v} = \begin{bmatrix} \cos\theta_{x1}, & \cos\theta_{y1}, & \cos\theta_{z1} \\ \cos\theta_{x2}, & \cos\theta_{y2}, & \cos\theta_{z2} \\ \cos\theta_{x3}, & \cos\theta_{y3}, & \cos\theta_{z3} \end{bmatrix}^{-1} \begin{bmatrix} v_{d1} \\ v_{d2} \\ v_{d3} \end{bmatrix} \tag{2.79}$$

により $\boldsymbol{v}$ を推定する方法が用いられる。

2.3　レーダ信号処理

2.3.1　信号の検出

　前節では，所望の目標からの信号と，不要な雑音は別のものとして取り扱った。しかし，この両者を識別することは必ずしも容易ではなく，信号と雑音を分離することがレーダ信号処理の最も重要な課題の一つである。

　レーダにおける不要信号は，外来や受信機による雑音と，送信した信号が所望の目標以外の物体によって散乱されて混入するクラッタ（clutter）に大別される。所望信号とクラッタの違いは，散乱体が観測したい目標であるか，そうでないかという，いわば主観的なものにすぎない。例えば，航空機監視レーダにとって，雨粒や雲からのエコーは気象クラッタと呼ばれる不要信号であるが，気象レーダにおいてはまったく逆に航空機からのクラッタが不要信号と見なされる。したがってクラッタの識別のためには，孤立した物体であるか分布したものであるか，また運動しているか静止しているかなど，それぞれの目標の特徴に着目した信号処理が必要である。これは同時に存在する複数種類の信号の検出を行うことと同じである。

　これに対して雑音は，レーダからの送信信号の有無に関係なく存在するという性質，すなわち送信信号と相関をもたないことを利用して識別が可能であ

る。しかし，雑音にも銀河雑音や受信機内部雑音のように，時間的に定常で受信機の帯域内でほぼ平坦なスペクトルをもつもの（白色雑音）と，特定の周波数成分やインパルス的な時間変化をもつものなどさまざまの種類があり，場合によってはクラッタと同様に高度な信号処理を必要とすることがある。

ここでは最も簡単な場合として，白色ガウス雑音と正弦波信号の識別について考える。白色ガウス雑音は，その電圧 v が平均 0，分散 σ^2 の正規分布に従い，時間的には互いに独立な信号である。すなわち，その確率密度分布は

$$p_\mathrm{n}(v) = \frac{1}{\sqrt{2\pi}\sigma} \exp\left(\frac{-v^2}{2\sigma^2}\right) \tag{2.80}$$

で与えられる。受信機の帯域が中心周波数に比べて狭い場合，この信号は振幅 a が正規分布，位相 θ が一様分布に従う正弦波 $a\exp\mathrm{j}(\omega t + \theta)$ のランダムな重ね合わせと考えることができる。この信号の包絡線検波出力電圧 R の確率密度分布は，R が複素平面における原点からの距離にあたることから

$$p_\mathrm{n}(R) = \frac{R}{\sigma^2} \exp\left(\frac{-R^2}{2\sigma^2}\right) \tag{2.81}$$

となる。この分布関数はレイリー（Rayleigh）分布と呼ばれる。

白色ガウス雑音に振幅 A の正弦波信号が加わった場合の包絡線検波出力電圧の分布は，同様の考察により

$$p_\mathrm{s}(R) = \frac{R}{\sigma^2} \exp\left(-\frac{R^2+A^2}{2\sigma^2}\right) I_0\left(\frac{RA}{\sigma^2}\right) \tag{2.82}$$

となることが導かれる。ここに I_0 は 0 次変形ベッセル関数である。式 (2.82) はライス（Rice）分布と呼ばれる。図 2.5 に，$p_\mathrm{n}(R)$ および $p_\mathrm{s}(R)$ の一例（$A=2\sigma$）を示す。

通常レーダ受信機で信号の有無を識別するためには，検波出力電圧について

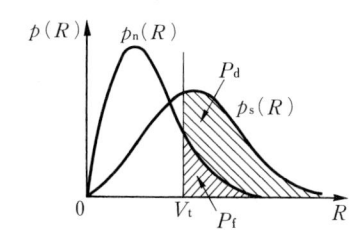

図 2.5 雑音および信号＋雑音の振幅確率分布

あるしきい値 V_t を定め，それ以上の振幅が検出されれば信号が受信されたと考える．その確率は，図 2.5 の V_t より右の部分の面積で与えられる．信号が存在する場合にそれが正しく検出される確率

$$P_d = \int_{V_t}^{\infty} p_s(R) dR \tag{2.83}$$

を検出確率（detection probability）と呼ぶ．一方，実際には信号が受信されていないにもかかわらず，誤って検出される確率

$$P_f = \int_{V_t}^{\infty} p_n(R) dR \tag{2.84}$$

を誤警報確率（false alarm probability）と呼ぶ．しきい値を低くすると検出確率は 1 に近づくが，誤警報確率も上昇する．

所望の目標からの受信信号強度は事前にはわからないのが普通であるから，検出確率を事前に知ることはできない．しかし，雑音については，その性質と強度を調べておくことにより，しきい値 V_t と誤警報確率 P_f の関係を知ることが可能である．例えば白色ガウス雑音の場合は，式（2.81）と式（2.84）より

$$P_f = \exp\left(\frac{-V_t^2}{2\sigma^2}\right) \tag{2.85}$$

となり，平均雑音強度から推定できる．雑音強度自体は，周囲の状況や受信機の温度などによって変動するので，信号が存在しないと判断される場合の受信機出力を常時監視し，その値に応じて V_t を調整することにより，誤警報確率を一定に保つことができる．このような機能を CFAR（constant false alarm rate）と呼ぶ．

これまでは，信号と雑音の強度のみに着目して識別を行うことを考えてきた．しかし，前述のように雑音には送信信号と相関をもたないという性質があり，これを利用してさらに信号検出能力を向上させることが可能である．このうち最も簡単なものが周波数帯域の圧縮である．2.2.3 項で議論したように，距離分解能を向上させるためには受信機の帯域幅 B を十分大きくとる必要がある．一方所望信号の帯域幅は，多くの場合目標とレーダの相対速度で定まるドップラー偏移 f_d により制限される．式（2.58）と式（2.71）から両者の比

は

$$\frac{B}{|f_\mathrm{d}|} \simeq \frac{c^2}{4f|v_\mathrm{d}|\varDelta r} \tag{2.86}$$

で与えられる．この比は通常 1 より十分大きい．例えば特にドップラー偏移が大きくなる人工衛星観測を想定して $\varDelta r = 10\,\mathrm{m}$，$v_\mathrm{d} = 10\,\mathrm{km/s}$，$f = 3\,\mathrm{GHz}$ としても $B/f_\mathrm{d} = 75$ である．したがって，受信信号を各レンジごとの時系列に分解した後，信号の帯域幅に合わせて低域通過フィルタを通すことで雑音を低減して SN 比を向上させることができる．

ただし，実際には各レンジごとの受信信号は連続信号ではなく，送信パルス間隔 T ごとにサンプルされた離散系列となる．また，低域通過フィルタとしては，単純な N_c 点の加算が行われることが多い．加算点数は，$N_\mathrm{c} T \lesssim 1/4|f_\mathrm{d}|$ となるように選ぶ．これは所望信号の位相回転を $\pm \pi/4$ 程度以下に抑えることを意味する．この操作により帯域幅は $1/N_\mathrm{c}$ となり，したがって SN 比は N_c 倍に向上する．この処理は，受信信号の位相を保って平均（積分）することから，コヒーレント積分（coherent integration）と呼ばれる．コヒーレント積分は必要な処理量が少なく SN 比改善に有効であるが，その処理は，入力系列と幅 $N_\mathrm{c} T$ の方形窓を畳み込み，その後 N_c 点ごとに間引きを行うことと等価であり，周波数特性は方形窓のフーリエ変換である $\sin x/x$ 型であって必ずしもよくはない．この処理は，包絡線検波を用いる場合は当然検波前に行う必要があるが，直交検波を用いる場合は検波後のベースバンド信号について行うこともできる．ただし，加算点数に関する制約は同じである．

誤警報確率をさらに低減するには，包絡線検波後の振幅または直交検波後 2 乗和をとった電力の時系列をさらに平均し，雑音振幅の統計的揺らぎを減少させることが有効である．例えば標準偏差 σ の白色ガウス雑音の場合，これを直交検波して両成分の 2 乗和をとった信号は，自由度 2 の χ^2 分布に従う．これは平均と標準偏差が共に σ^2 のランダム信号である．その時系列の各サンプルは互いに独立であるから，これを N_i 点平均すると，分散はもとの $1/N_\mathrm{i}$ に減少する．ただし，この場合の平均点数は，$N_\mathrm{i} N_\mathrm{c} T$ が信号電力が一定とみなせ

る時間以下となるように選ぶ必要がある。

　アンテナビームを走査する場合や，目標が移動する場合は，目標がアンテナビームを横切る時間がその上限となることが多い。このように振幅または電力を平均する操作を，位相情報を用いないという意味でインコヒーレント積分 (incoherent integration) またはノンコヒーレント積分 (non-coherent integration) と呼ぶ。コヒーレント積分とインコヒーレント積分の効果を図 2.6 に模式的に示す。コヒーレント積分が雑音電力を低減する効果があるのに対して，インコヒーレント積分は SN 比自体を改善するのではなく，雑音の振幅の揺らぎを抑えることで誤警報確率を下げる効果をもつことに注意が必要である。

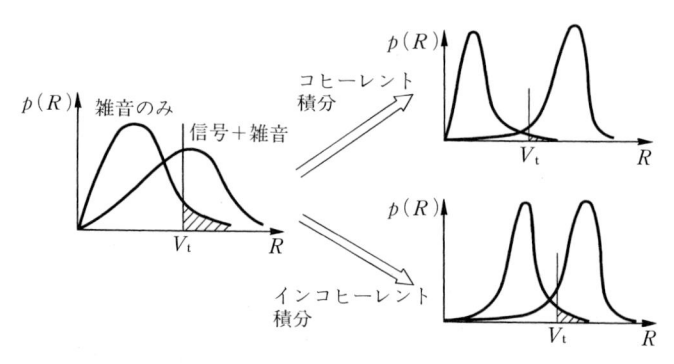

図 2.6　コヒーレント積分とインコヒーレント積分の効果

　飛しょう体や自動車，船舶などの移動体を観測するレーダにおいては，地表や海面がおもなクラッタ源であるが，これらはほぼ静止しているという共通の特徴がある。このような場合にドップラー偏移をもつ目標からのエコーのみを抽出する処理を MTI (moving target indication) と呼ぶ。最も簡単な MTI 処理は，連続する 2 パルスの出力の差分をとる操作により実現できる。ただし，その周波数特性は伝達関数が

$$|H(\omega)| = 2|\sin(\omega T)| \tag{2.87}$$

となり，確かに $\omega = 0$ では出力が 0 となるが，その近傍では出力が周波数とともに直線的に大きくなるため，クラッタに時間的変動がわずかでもあると完

全には抑圧できない。また，それ以外の周波数においても周期的に応答が0に落ち込むので，信号にも影響がある。このため，対象となるクラッタの変動特性に応じて，さまざまなディジタルフィルタが用いられる。

2.3.2 時間周波数解析

〔1〕 **瞬時周波数と解析信号** 周波数が時間とともに変化する信号において，ある瞬間の周波数は信号の位相の時間変化率として定義される。しかし，位相は複素信号に対してのみ考えられるものであるから，実時間信号を対象とするときは，これをまず複素信号に変換することが必要となる。与えられた実関数から，これを実部とする複素関数を定義する方法は無数にあるが，正弦波 $\cos(\omega_0 t)$ が $e^{-j\omega_0 t}$ に対応するように変換を選ぶのが便利である。ここで

$$\cos(\omega_0 t) = \frac{e^{j\omega_0 t} + e^{-j\omega_0 t}}{2}$$

であることに注目すれば，このための変換は，与えられた信号のフーリエ変換の負の周波数成分を除去し，正の周波数成分を2倍すれば得られることがわかる。すなわち

$$\begin{aligned}z(t) &= \frac{2}{2\pi}\int_0^\infty S(\omega)e^{j\omega t}d\omega \\ &= \frac{1}{\pi}\int_0^\infty \int s(t')e^{j\omega(t-t')}dt'd\omega\end{aligned} \tag{2.88}$$

ここで

$$\int_0^\infty e^{j\omega t}d\omega = \pi\delta(t) + \frac{j}{t} \tag{2.89}$$

を用いると

$$z(t) = s(t) + \frac{j}{\pi}\int \frac{s'(t)}{t-t'}dt' \tag{2.90}$$

が得られる。この $z(t)$ を解析信号と呼ぶ[12]。

右辺第2項は $s(t)$ のヒルベルト（Hilbert）変換であるから，解析信号とは与えられた信号にそのヒルベルト変換を虚部として加えたもの，と定義できる。ただし離散データの場合は，データをFFTによりフーリエ変換し，負周

波数成分を0に置き換え，正周波数成分を2倍してから逆フーリエ変換するのが簡単である。

この解析信号を用いれば，瞬時周波数は位相の時間変化率 $\dfrac{\mathrm{d}}{\mathrm{d}t}\angle z(t)$ で与えられる。また，解析信号の絶対値 $|z(t)|$ は各瞬間の振幅を表し，瞬時包絡線と呼ばれる。図2.7の破線は，実線で与えた信号の瞬時包絡線である。

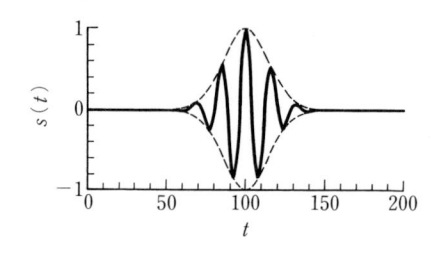

図2.7 解析信号を用いて求めた瞬時包絡線の例（破線）

〔2〕 **短時間フーリエ変換（STFT）** 上記の方法は，対象とする信号がゆるやかに周波数が変化する正弦波を振幅変調したものなどの場合には有効であり分解能も高いが，信号が複数の周波数成分をもつ場合などには適用できない。

このような場合に最も普通に用いられるのが短時間フーリエ変換法（short-time Fourier transform：以下STFT法と略す）である。これは与えられた信号を短い区間ごとに離散フーリエ変換する方法であり，時間・周波数スペクトルは次式で与えられる。

$$S(t,\omega) = \int s(t')g^{*}(t'-t)\mathrm{e}^{-\mathrm{j}\omega t'}\mathrm{d}t' \tag{2.91}$$

ここに $g(t)$ は窓関数である。STFT法で得られる時間・周波数スペクトルは複素関数であり，その位相は絶対時間 t に依存して変化する。通常はこれを2乗した spectrogram と呼ばれる時変パワースペクトル

$$P(t,\omega) = |S(t,\omega)|^{2} \tag{2.92}$$

が用いられる。

窓関数としては方形窓が最も簡単であり，その幅を T とすると上式は

$$S(t,\omega) = \int_{t-T/2}^{t+T/2} s(t')\mathrm{e}^{-\mathrm{j}\omega t'}\mathrm{d}t' \tag{2.93}$$

となる.フーリエ変換には FFT（fast Fourier transform）を用いる.この方法で得られる周波数分解能は $\Delta\omega = 2\pi/T$ であり,時間分解能 T に反比例する.

図 2.8 は,異なる周波数の二つの正弦波を異なる区間に与えた信号（以下 two-tone 信号と呼ぶ）の例である.T が大きくなるに従って周波数分解能は向上するが,時間方向に像が広がっていくのがわかる.ここに示す計算例では,いずれもデータ長は 400 点とし,比較をしやすくするため,FFT に用いるデータ長（$=T_0$）は 200 点に固定してある[†].図は時間方向の 8 点ごとに,その点を中心として求めたパワースペクトルの正の周波数領域に対応する 100 点ずつを描いてある.

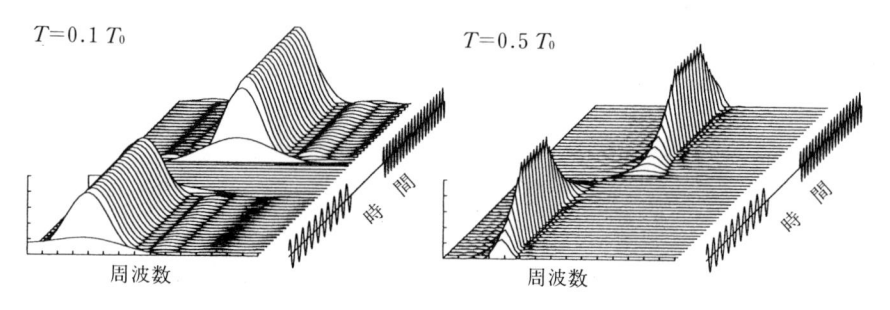

$T=0.1\,T_0$ $T=0.5\,T_0$

図 2.8　two-tone 信号から STFT 法により求めた spectrogram

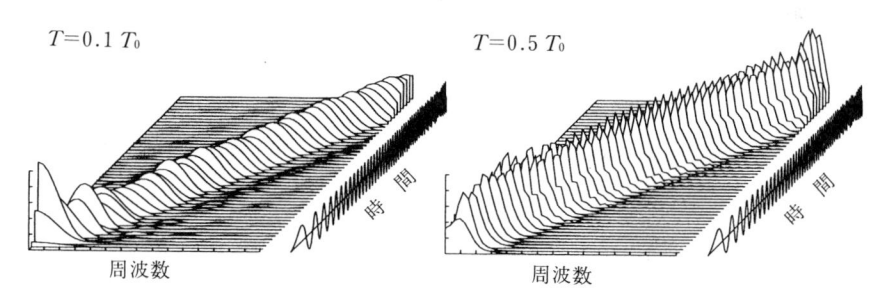

$T=0.1\,T_0$ $T=0.5\,T_0$

図 2.9　チャープ信号から STFT 法により求めた spectrogram

[†] FFT というと 2 のべき乗の点数,という観念が強いが,大きな素数を含まない任意の点数に対するアルゴリズムが古くから知られている[13].

図 2.9 は，チャープ（chirp）信号（周波数が時間とともに直線的に変化する信号）の場合について，方形窓の幅 T を変えて計算を行った例である。この場合は T が増加すると信号周波数の変化幅もそれに比例して増大するため，周波数分解能は向上しない。特に $T \sim T_0$ では FM 波特有の多数の側帯波が現れ，周波数分解能はむしろ低下する。

〔3〕 **ウィグナー（Wigner）分布**　後に議論するように，STFT 法における時間分解能と周波数分解能の不確定性は，周波数領域における 2 乗の演算に対応する時間領域での自己相関（すなわち時間平均）に起因すると考えることができる。ウィグナー分布は，時間平均の操作を伴わない時変自己相関関数のフーリエ変換というべきもので，次式で与えられる[12]。

$$P(t,\omega) = \int s\left(t+\frac{\tau}{2}\right)s^*\left(t-\frac{\tau}{2}\right)e^{-j\omega\tau}d\tau \tag{2.94}$$

ここで「分布」という名前は，これが本来確率変数に対して考えられたものであるため，確定的な信号には適切でないが，その場合でも「ウィグナー変換」とは呼ばないのが通例である。

図 2.10 はチャープ信号にウィグナー分布を適用した例を示す。STFT 法の場合よりはるかに高い時間・周波数分解能が得られることがわかる。ここで注意すべきことは，離散信号の場合，$\tau/2$ に相当するサンプル点が普通は得られないことである。したがって，上式を変形して

$$P(t,\omega) = 2\int s(t-\tau)s^*(t-\tau)e^{-j2\omega\tau}d\tau \tag{2.95}$$

とし，FFT により得られたスペクトルを 1 点おきにサンプルする方法がとられる。この場合，もとの時系列のサンプル間隔は通常のナイキスト

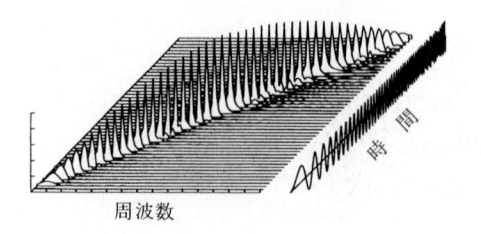

図 2.10　チャープ信号にウィグナー分布を適用した例

2.3 レーダ信号処理

(Nyquist) 間隔の半分以下に選んでおく必要がある。

また，式 (2.94) のフーリエ変換を離散的に行う場合，そのまま計算を行うと実信号の正負の周波数成分が干渉して図 2.11 のように不要成分が現れる。これを回避するため，図 2.10 では，$s(t)$ のかわりに解析信号 $z(t)$ を用いている。以下，特に断らない限り計算例はすべて同様である。

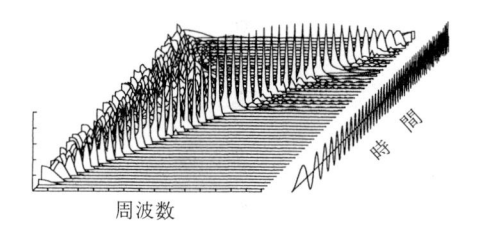

図 2.11 解析信号を用いずにウィグナー分布を適用した場合

ウィグナー分布のもう一つの特徴は，周辺分布を満たす，すなわち

$$\int P(t, \omega) d\omega = |s(t)|^2 \tag{2.96}$$

$$\int P(t, \omega) dt = |S(\omega)|^2 \tag{2.97}$$

が成り立つ，ということである。これは得られた時間・周波数分布から電力やパワースペクトル密度を定量的に評価する場合には重要な性質である。

ウィグナー分布の問題点は，信号に複数の周波数成分が含まれる場合に干渉による偽の成分が現れることである。これは必ずしも同時に二つの周波数成分が含まれる場合に限らず，異なる時間に存在する場合にもあてはまることに注意が必要である。図 2.12 は，図 2.8 の two-tone 信号にウィグナー分布を適用した例である。信号の存在しない時間に二つの信号の中間の周波数をもつ偽像が現れている。

ウィグナー分布における偽像の問題が，平滑化をまったく行わないことによるのは明白である。ウィグナー分布を平滑化するには，平滑化関数 $\varPhi(t, \omega)$ を用いて，時間と周波数に関する畳込みを行えばよい。

$$\overline{P}(t, \omega) = \int\int \varPhi(t - t', \omega - \omega') P(t', \omega') dt' d\omega' \tag{2.98}$$

平滑化されたウィグナー分布 $\overline{P}(t, \omega)$ の 2 次元フーリエ変換対を一般化あい

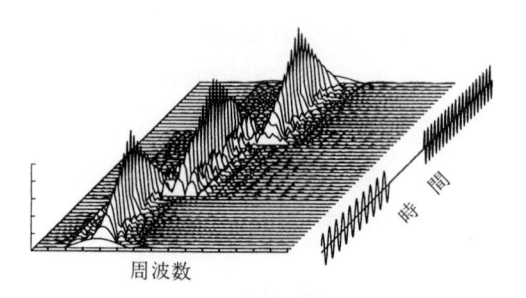

図 2.12 ウィグナー分布による偽像の出現例

まい度（ambiguity）関数と呼ぶ[16]。

$$\overline{A}(\theta, \tau) = \phi(\theta, \tau) A(\theta, \tau) \tag{2.99}$$

ただし

$$\phi(\theta, \tau) = \frac{1}{2\pi} \int\int \Phi(t, w) e^{-j(\theta t - \tau \omega)} dt d\omega \tag{2.100}$$

は平滑化関数の 2 次元フーリエ変換対であり，核（kernel）関数と呼ばれる[12],[15]。また，あいまい度関数は

$$A(\theta, \tau) \equiv \int s\left(t + \frac{\tau}{2}\right) s^*\left(t - \frac{\tau}{2}\right) e^{-j\theta t} dt \tag{2.101}$$

で定義される。

　式 (2.99) は，あいまい度関数を核関数で重み付けすることを表す。したがって問題は最適な平滑化関数，または核関数を求めることに帰着する。最適な核関数とは，あいまい度平面において信号自身の占める領域を完全に含み，偽像の領域では 0 となる関数である。核関数の広がりが大きいと，信号成分をよく表現するため高い分解能が得られるが，偽像を含みやすくなる。逆に核関数がデルタ関数に近づくと，偽像は排除されるが，分解能は低下する。ウィグナー分布は $\phi(\theta, \tau) = 1$ の場合に相当する。

　$\overline{P}(t, \omega)$ を $\phi(\theta, \tau)$ を用いて表すと

$$\overline{P}(t, \omega) = \frac{1}{2\pi} \int\int\int e^{-j\theta(t-t')-j\omega t} \phi(\theta, \tau) s\left(t' + \frac{\tau}{2}\right) s^*\left(t' - \frac{\tau}{2}\right) dt' d\tau d\theta \tag{2.102}$$

となる．時変自己相関関数

$$\rho(t,\tau) \equiv \frac{1}{2\pi} \int \overline{P}(t,\omega) \mathrm{e}^{\mathrm{j}\omega t} \mathrm{d}\omega \tag{2.103}$$

を用いると

$$\overline{P}(t,\omega) = \int \rho(t,\tau) \mathrm{e}^{-\mathrm{j}\omega t} \mathrm{d}\tau \tag{2.104}$$

$$\rho(t,\tau) = \frac{1}{2\pi} \iint \mathrm{e}^{-\mathrm{j}\theta(t-t')} \phi(\theta,\tau) s\left(t' + \frac{\tau}{2}\right) s^*\left(t' - \frac{\tau}{2}\right) \mathrm{d}t' \mathrm{d}\theta \tag{2.105}$$

と表現できる[12]．式 (2.104) は FFT により計算できるので，実際の計算では $\rho(t,\tau)$ を求めればよい．

2.3.3 整合フィルタとあいまい度関数

信号と雑音が混在するとき，2.3.1項で議論したように，SN比を改善するには受信周波数帯域を信号の周波数帯域に合わせて圧縮することが有効である．ここでは，この考えをさらに進めて，出力SN比を最大化する受信フィルタについて考察する．フィルタの伝達関数を $H(\omega)$ とすると，出力SN比は

$$(S/N) = \frac{\left|\frac{1}{2\pi}\int_{-\infty}^{\infty} S(\omega)H(\omega)\mathrm{d}\omega\right|^2}{\frac{N_0}{2\pi}\int_{-\infty}^{\infty} |H(\omega)|^2 \mathrm{d}\omega} \tag{2.106}$$

で与えられる．ここに N_0 は雑音電力密度である．上式の分子は，パーセバル (Parseval) の公式より，時刻 0 におけるフィルタ出力信号の瞬時電力 $|s_h(0)|^2$ に等しく，分母は出力雑音電力である．ここで，シュワルツ (Schwarz) の不等式

$$\left|\int_{-\infty}^{\infty} S(\omega)H(\omega)\mathrm{d}\omega\right|^2 \leq \int_{-\infty}^{\infty} |S(\omega)|^2 \mathrm{d}\omega \cdot \int_{-\infty}^{\infty} |H(\omega)|^2 \mathrm{d}\omega \tag{2.107}$$

より

$$(S/N) \leq \frac{\int_{-\infty}^{\infty} |S(\omega)|^2 \mathrm{d}\omega}{N_0} \tag{2.108}$$

であることが導かれる．式（2.107）において左辺が最大となるのは

$$H(\omega) = S^*(\omega) \tag{2.109}$$

が成り立つ場合である．すなわち，最適な受信フィルタとは，所望信号スペクトルの複素共役のスペクトル特性をもつフィルタであることがわかる．このフィルタを整合フィルタ（matched filter）と呼ぶ．整合フィルタは，単に所望信号を含む帯域を切り出すのではなく，所望信号の強度に応じて周波数に重みをつけて受信信号を処理することがSN比の観点からは最適であることを示している．整合フィルタのインパルス応答は

$$h(t) = \frac{1}{2\pi}\int_{-\infty}^{\infty} S^*(\omega) e^{j\omega t} d\omega = s^*(-t) \tag{2.110}$$

であるから，信号を時間と位相について反転した関数となる．

整合フィルタの出力は $s(t)$ と $h(t)$ の畳込み積分で与えられるから

$$g(t) = \int_{-\infty}^{\infty} s(t-x)h(x)dx = \int_{-\infty}^{\infty} s(t')^* s(t'+t)dt' = \rho(t) \tag{2.111}$$

となり，所望信号の自己相関関数で与えられることがわかる．目標がある視線方向速度 v_d で運動している場合には，整合フィルタの出力はドップラー偏移 ω_d が加わり

$$g(t) = \int_{-\infty}^{\infty} s(t')^* s(t'+t) e^{j\omega_d t} dt' = A(-\omega_d, t) \tag{2.112}$$

となって，あいまい度関数により表される[14]．これはあいまい度関数が，自己相関関数を時間・周波数表現に拡張したものであることからも理解される．

ウィグナー分布とあいまい度関数の違いは，前者が時間遅れ τ について積分したものであるのに対して，後者は時間 t について積分している点である．まず式（2.101）において $\theta = 0$ とすると

$$\begin{aligned} A(0, \tau) &= \int s(t+\frac{\tau}{2}) s^*(t-\frac{\tau}{2}) dt \\ &= \int s^*(t) s(t+\tau) dt \\ &= \rho(\tau) \end{aligned} \tag{2.113}$$

となり，τ 軸に沿っては自己相関関数を与える．つぎに $\tau = 0$ とすると

$$A(\theta, 0) = \int |s(t)|^2 e^{-j\theta t} dt$$
$$= \int S^*(\omega) S(\omega + \theta) d\omega \qquad (2.114)$$

が得られる．これは周波数領域における自己相関関数にほかならない．θ は τ と双対の関係にある変数で，周波数遅れと呼ばれる．これらの関係から $A(\theta, \tau)$ が，与えられた信号 $s(t)$ の時間・周波数領域における2次元の自己相関を表す関数であることがわかる．

式 (2.101) の定義から，$A(-\theta, -\tau) = A^*(\theta, \tau)$ であるので，その特性を調べるには半平面について考えれば十分である．図 2.13 は，前出の two-tone 信号およびチャープ信号に対して，$|A(\theta, \tau)|$ を $\tau \geq 0$ の領域について描いたものである．two-tone 信号では各周波数の信号の自己相関成分，すなわち所望信号成分が τ 軸に沿って現れ，両者の干渉項が図の右上付近に現れている

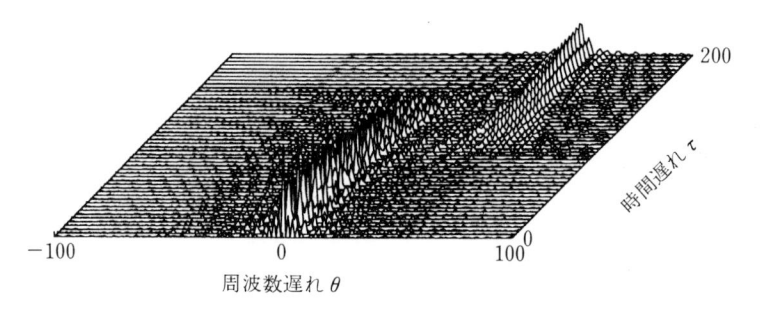

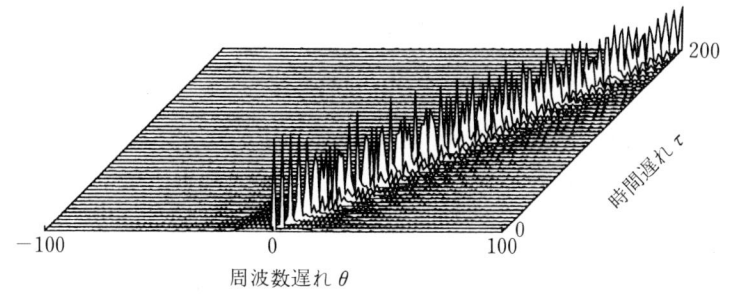

図 2.13 two-tone 信号（上）およびチャープ信号（下）のあいまい度関数

のがわかる。チャープ信号の場合は，自己相関成分のみが原点から対角線に沿って広がる。

ウィグナー分布とあいまい度関数の間には

$$A(\theta, \tau) = \frac{1}{2\pi} \iint P(t, \omega) e^{-j(\theta t - \tau \omega)} dt d\omega \tag{2.115}$$

という関係が成り立つことが知られている[15]。すなわち，あいまい度関数はウィグナー分布を時間と周波数に関してフーリエ変換したものである。

2.2.3項では，パルス圧縮符号の特性を自己相関関数によって評価したが，信号がドップラー偏移を伴う場合は，上述のようにあいまい度関数によって評価する必要がある。すなわち，時間軸に沿っては優れた特性をもつパルス圧縮符号でも，周波数軸を含めた2次元空間で原点から離れた領域に大きな出力をもつ場合には，ドップラー偏移によって特性が劣化することを意味する。所望信号のドップラー周波数スペクトルを $S(\omega_d)$ とすると，パルス圧縮符号を用いた場合の受信電力は

$$P(t) = \int_{-\infty}^{\infty} |S(\omega_d) A(\omega_d, t)|^2 d\omega_d \tag{2.116}$$

で与えられる。この場合に，レンジサイドローブ抑圧比を

$$\varGamma \equiv \frac{P_S}{P_C} \tag{2.117}$$

で定義する[17]。ここに

$$P_S = \int_{-\infty}^{\infty} \int_{-\Delta t}^{\Delta t} |S(\omega_d) A(\omega_d, t)|^2 dt d\omega_d \tag{2.118}$$

$$P_C = \left[\int_{-\infty}^{\infty} \int_{-\infty}^{-\Delta t} + \int_{-\infty}^{\infty} \int_{\Delta t}^{\infty} \right] |S(\omega_d) A(\omega_d, t)|^2 dt d\omega_d \tag{2.119}$$

は，それぞれ信号領域とレンジサイドローブ領域の電力であり，Δt はパルス圧縮符号の1ビット（これをサブパルスと呼ぶ）の長さである。

例えば，相補符号はドップラー偏移がない場合（すなわち $S(\omega_d) = \delta(\omega_d)$ となる場合）には無限大の抑圧比をもつが，そのあいまい度関数は

$$A(\omega_d, t) = A_A(\omega_d, t) e^{-j\frac{\omega_d T}{2}} + A_B(\omega_d, t) e^{j\frac{\omega_d T}{2}} \tag{2.120}$$

で与えられる。ここに $A_A(\omega_d, t)$ および $A_B(\omega_d, t)$ はそれぞれ相補符号を構成

する二つの符号のあいまい度関数である。この式から容易にわかるように，パルス間隔 T が増大すると二つの符号のあいまい度関数は異なる位相をもって加算されるようになり，レンジサイドローブが相殺されなくなる。これに対して，バーカー符号などの単一パルスで圧縮の可能な符号の場合は，位相回転はパルス長 $N\Delta t (\ll T)$ の範囲についてのみ考えればよく，ドップラー偏移の影響は小さい。

相補符号のドップラー偏移による特性劣化を補償する方法として，1組ではなく，多数の相補符号の組を用いる方法が提案されている[18]。式（2.67）を用いて相補符号を連結する際，二つの符号の前後の入れ替えや一方の符号の反転を行っても相補性は保たれるため，多数の異なる符号の組を生成することが可能である。これらの異なる相補符号の組を時間的にさまざまに配列し，その中で $\varGamma$ が大きなものを選ぶことにより，特性劣化を著しく改善することができる。

2.4 レーダシステム

2.4.1 レーダ方式

これまでに述べてきたレーダは，送信した電波が目標で散乱されたものを受信することを想定している。自然に存在する物体や人工物であっても，観測者の制御の範囲外の物体を観測する場合には，これが唯一の観測方法である。このように，目標を観測するための電波源として目標からの散乱波を利用するレーダを一次レーダ（primary radar）と呼ぶ。これに対して，航空機の誘導のために用いられるレーダのように，目標とレーダを一つのシステムとして設計することができる場合には，レーダからの送信波を目標が受信し，増幅して再送する方式をとることができる。このようなレーダを二次レーダ（secondary radar）と呼ぶ。また，目標に搭載された送受信機をレーダトランスポンダ（radar transponder）と呼ぶ。

二次レーダの利点は受信信号強度が大きく，比較的小形の装置で遠距離の目標の観測ができることである。多くの場合，トランスポンダは受信した信号を周波数変換して別の搬送周波数で送信する。したがって，レーダの側でもこれに対応して送受信に異なる周波数を用いる必要がある。またトランスポンダは，受信した信号をそのまま再送信するのではなく，目標の識別符号その他の情報を追加して再送信することが普通である。

ここでは，図 2.14 に示す状況について受信信号強度を考える。この場合にも，目標の位置における入射電力密度は式 (2.35) で与えられる。目標のもつレーダトランスポンダの受信アンテナ有効開口面積を A_e' とすると，入力電力は P_iA_e' であり，トランスポンダの増幅器の利得と送信アンテナ利得をそれぞれ G_0，G' とすると，受信点における電力密度は

$$P_s = \frac{P_i A_e' G' G_0}{4\pi r^2} \tag{2.121}$$

となる。この式と式 (2.37) を比較すると，トランスポンダは

$$\sigma_{\text{eff}} = A_e' G' G_0 \tag{2.122}$$

という等価散乱断面積をもつ散乱体と考えることができ，これを用いてレーダ方程式から受信信号強度を計算できる。一般に A_e' は目標自体の散乱断面積より小さく，したがってアンテナ利得 G' もあまり大きくないので，二次レーダの効果は，ほぼトランスポンダの増幅器利得 G_0 によって定まる。

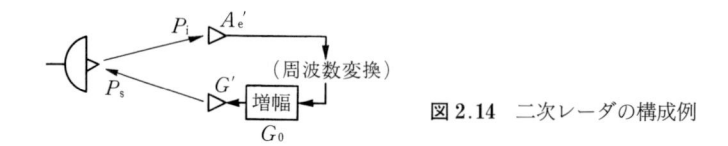

図 2.14 二次レーダの構成例

前節までに述べてきたように，レーダにおいて距離測定の基本となるのは，短いパルスを送信し，受信信号が観測されるまでの時間遅れを測定するパルスレーダ方式である。これを時間領域における方法とすると，これと相対の関係をなす方法として，周波数領域における方法がある。これは，パルス圧縮におけるチャープ方式と同様に直線的な周波数変調を行うものであるが，パルスで

はなく連続波を用いる点が異なる。この方式を FM-CW 方式と呼ぶ。

FM-CW 方式のシステム構成を図 2.15 に示す。単位時間当りの周波数変化率を a とすると，送信信号周波数は

$$f_\text{t}(t) = f_0 + at \qquad (0 \leq t \leq T) \tag{2.123}$$

となる。このとき，距離 r から散乱されてくる受信信号の周波数は

$$f_\text{r}(t) = f_0 + a\left(t - \frac{2r}{c}\right) \tag{2.124}$$

で与えられる。受信機ではその時点での送信周波数をもつ基準信号を用いて周波数変換を行うので，受信機出力信号の周波数は

$$f_\text{out} = f_\text{t}(t) - f_\text{r}(t) = \frac{2a}{c}r \tag{2.125}$$

で与えられる。したがって，この信号を周波数変調波として復調すれば，目標までの距離に比例する出力が得られる。実際には異なる距離からの信号が同時に受信されるので，受信機出力はさまざまな周波数成分を含む。そこでこれをフーリエ変換し，パワースペクトルを求めると，周波数軸が上式に従って距離に対応し，パルス方式と同様に，各距離における散乱強度を示す A スコープ表示が得られる。

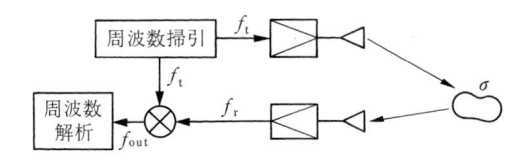

図 2.15 FM-CW 方式のシステム構成

FM-CW 方式における距離分解能 Δr は，周波数スペクトルの分解能 Δf によって定まる。これは周波数掃引を行う時間長 T の逆数で与えられるから，結局

$$\Delta r = \frac{c}{2a}\Delta f = \frac{c}{2B} \tag{2.126}$$

となり，パルス方式の場合の式 (2.58) と同じ形となる。ここに $B(= aT)$ は周波数掃引幅である。すなわち，FM-CW 方式の場合も，パルス方式と同じ

く距離分解能は占有周波数帯域幅によって制約される。

　また，SN 比や最大観測距離についても FM-CW 方式とパルス方式は，両者の平均電力と占有帯域幅が等しければ同等であることが示される。これは FM-CW 方式がパルス圧縮と同様の働きをもつことを考えれば当然の結果であって，パルス方式におけるピーク送信電力を全観測時間に分散させたと考えることができる。

　先に述べたように，パルス圧縮の存在理由は高いピーク送信電力を得るための困難を回避できることであったから，その意味で FM-CW 方式は送信機の出力に関して理想的な方式であるといえる。ただし，この方式の問題点は，送信と受信をつねに同時に行う必要があることである。レーダの送信機出力電力と受信機入力電力は 100 dB 以上の違いがあることも普通であるから，両者が同時に存在する場合にこれらを分離することは必ずしも容易ではなく，受信可能な最小電力が雑音電力ではなく，送信信号の漏れ込みによって決定されることが多い。このため FM-CW 方式は，主として送受信信号の強度比があまり大きくならない近距離の目標の観測に用いられる。

　ドップラー偏移をもつ目標の場合，FM-CW 方式では，その大きさに対応するだけ目標が誤った距離に存在すると認識される。しかし，実際の周波数掃引は図 2.16 に示すように周波数の上下方向に対称に繰り返すことが多い。この場合，目標が静止していれば図のように f_{out} は正負対称の変化を示し，その直流成分は 0 であるが，目標が一定のドップラー偏移をもつ場合は，その値に

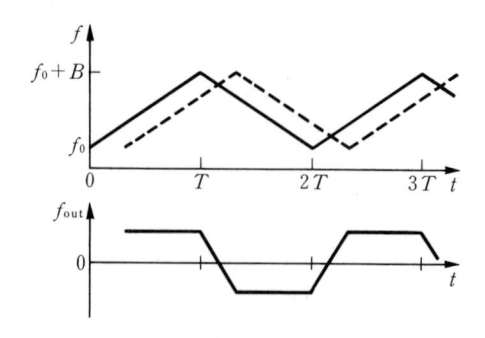

図 2.16　FM-CW 方式における周波数掃引の例

2.4 レーダシステム

等しいオフセットを生じる。したがって単一の目標を観測する場合にはドップラー偏移を正しく推定し，その値で見掛けの距離を補正することが可能である。

前節までの議論では，おもに送受信に同一のアンテナを用いる場合を想定してきた。この構成をモノスタティック（monostatic）レーダと呼ぶ。送受信に異なるアンテナを用いる場合でも，送受信アンテナを隣接して設置する場合はモノスタティックレーダに分類される。それに対して，送信アンテナと受信アンテナを異なる場所に設置する場合をバイスタティック（bistatic）レーダと呼ぶ。バイスタティックレーダの構成を図 2.17 に示す。この場合には，式 (2.39) のレーダ方程式は

$$P_r = \frac{P_t G_t A_e L}{(4\pi)^2 r_t^2 r_r^2} \sigma \tag{2.127}$$

と書き換えられる。ここに r_t および r_r は，それぞれ送信アンテナと目標および目標と受信アンテナの間の距離である。また，G_t は送信アンテナの利得，A_e は受信アンテナの有効開口面積である。バイスタティックレーダでは，送受信の同期をとるために，制御信号を送受信機の間で正確に伝送する必要があり，その遅れを補償する必要がある。

さらに，速度測定に関しては，式 (2.78) における視線方向単位ベクトル i

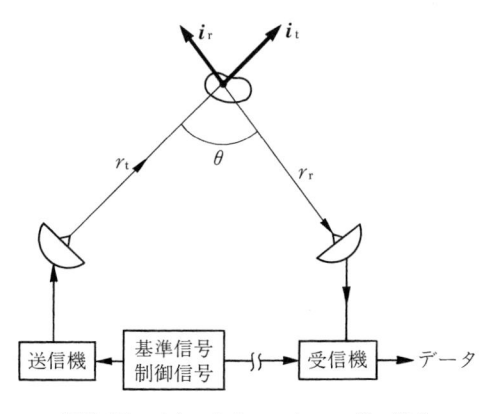

図 2.17 バイスタティックレーダの構成

を

$$i' = \frac{1}{2}(i_t + i_r) \qquad (2.128)$$

で置き換える必要がある。ここに i_t および i_r は，それぞれ送信アンテナおよび受信アンテナから目標を見た方向の単位ベクトルである。2.2.4 項に述べたように，受信を同一直線上にない3か所以上で行えば，独立な3方向の視線方向速度を推定することが可能となり，目標の3次元的運動ベクトルを決定できる。一般に2か所以上の異なる場所で受信を行う場合をマルチスタティック (multistatic) レーダと呼ぶ。

マルチスタティックレーダにおいては，モノスタティックレーダの場合と異なり，目標が送信アンテナビームと受信アンテナビームが重なる限られた空間領域に存在する場合にのみ観測が可能である。したがって，距離方向についてもビーム走査が必要となり，広範囲を観測するには時間がかかるという問題がある。これを解消するため，受信アンテナビームを扁平な断面形状とし，送信アンテナビームの広い距離範囲を同時に観測できるようにすることも多い。

しかし，観測領域が距離方向に制限される場合には，周波数変調を用いない連続波を用いて目標を観測できるという利点もある。ただし，送受信アンテナビームの交差領域は，一般に距離が遠くなると距離方向に広がるので，それだけでは十分な距離分解能がとれないのが通常である。その場合にはパルス圧縮を併用するが，ある限られた範囲についてのみあいまいさのない識別ができればよいので，2.2.3 項で述べた方式とは異なるパルス圧縮符号を利用することも可能となる。

その代表的なものは，M-系列（maximum-length sequence）と呼ばれる符号である[19]。この符号は図 2.18 に示すように，N ビットのシフトレジスタの複数ビットからの出力の排他的論理和を入力にフィードバックすることによって得られる符号で，$M = 2^N - 1$ ビットの周期で同じ符号列を反復する。この周期は，N ビットのレジスタから生成できる最長のものであることから，この名前がある。この系列を用いて連続波を2値位相変調すると，その自己相関

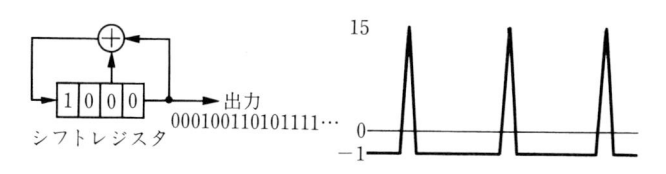

図 2.18 M-系列符号（$N=4$ の場合）の生成方法とその自己相関関数

関数は，図に示すように周期 M ビットで高さ M のピークを生じ，それ以外のレンジサイドローブはすべて -1 となる．この周期 M が送受信ビームの交差領域の距離方向の長さより長くなるようにレジスタのビット数とサブパルス長を設定すれば効率的なパルス圧縮が可能となる．

2.4.2 ア ン テ ナ[20]~[22]

ここまでは，レーダに用いられるアンテナについては，具体的に考えなかった．一般に，レーダではどの方向からエコーが返ってきたかを識別して，目標の方向を定めることが重要である．前に述べた指向性利得 G は，特定の方向に電波を集中する能力を示すので，当然これが高いほど，送信される電波は細いビームを形成する．

まず最も単純なアンテナとして微小電流素子を考える．これは波長 λ に比べて十分短い長さ l に電流 $I = I_0 e^{jwt}$ が流れていると考えたものである．このとき，電流方向を z 軸にとり，z 軸からの角度を θ とすると，この素子が十分遠方の距離 r に作る電界は θ 方向の成分のみをもち

$$E_\theta = j\frac{IlZ}{2\lambda r}\sin\theta e^{-jkr} \tag{2.129}$$

で与えられる．一般の電流分布 $I(z)(-L \leq z \leq L)$ をもつ直線状アンテナの場合は，この微小電流素子の集合と考えられるので，それが作る電界は図 2.19 に示すように

$$E_\theta = j\frac{Z}{2\lambda}\frac{e^{-jkr}}{r}\sin\theta\int_{-L}^{L}I(z)e^{jkz\cos\theta}\,dz \tag{2.130}$$

となる．ここで $u = k\cos\theta$ とおくと，放射電界の角度依存性，すなわち指

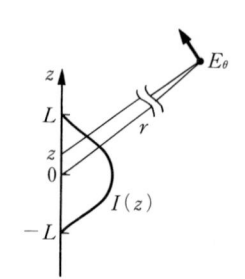

向特性は

$$E_\theta(u) \propto \int_{-L}^{L} I(z) e^{jzu} dz \tag{2.131}$$

という形で表される。これは電流分布 $I(z)$ のフーリエ（逆）変換にほかならない。したがって，アンテナの指向特性は，その電流分布が与えられれば容易に計算できる。図 2.20 に一様電流分布の場合の特性を示す。図より明らかなように，放射電界は電流に直交する方向に最大（メインローブ）をもつが，それ以外にも複数の方向でそれより小さい電力の極大をもつ。これらをサイドローブと呼ぶ。

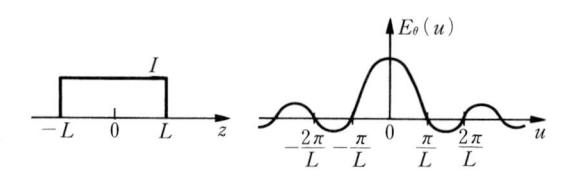

図 2.20 一様な線状電流分布と放射電界の指向特性

2 次元の開口面上の電流分布または電界，磁界の分布 $f(x, y)$ が与えられた場合にも，同様にその指向特性は

$$D = \iint f(x, y) e^{jk(x\cos\theta_x + y\cos\theta_y)} dx dy \tag{2.132}$$

により計算される。ここで θ_x および θ_y は，それぞれ x 軸および y 軸方向と観測方向のなす角度である。この場合も指向特性は開口面分布の 2 次元フーリエ変換により求められる。

例えば，直径 $D(\gg \lambda)$ の円形の開口上で一様な波源分布をもつアンテナの半

値ビーム全幅（放射電力がビーム中央の半分になる点の角度幅）は

$$\theta_h \simeq \frac{1.02\lambda}{D} \tag{2.133}$$

となることが示される（単位は rad，1 rad＝57.3度）．つまりビーム幅は，アンテナ直径とレーダ波長の比のほぼ逆数となり，波長に比べて大きなアンテナほどシャープなビームをもつことがわかる．

　また，サイドローブレベルも波源分布によって定まる．1次元の一様分布および2次元の方形開口上の一様分布の場合，最大のサイドローブの放射電力は，メインローブに比べて 13.3 dB 低いが，円形開口ではこの比は 17.6 dB となり，サイドローブレベルは方形開口より低いことがわかる．フーリエ変換の関係から明らかなように，サイドローブは波源分布がその端部で急激に遮断されることによる振動であるから，波源分布に重みをつけ，周辺部をなだらかに減衰させればサイドローブレベルを抑えることができる．ただし，その場合のビーム幅は，等価的な波源の大きさが小さくなることに対応してそれだけ広くなる．

　大形（波長に比べて大きい，という意味で）のアンテナには回転放物面アンテナ（パラボラアンテナ）などの開口面アンテナがよく用いられる．パラボラアンテナでは，回転放物面の焦点に置いた一次放射器から放射される電波は，主反射面で反射した後，その開口平面の位置ですべて位相が同じになる．したがって，この開口面上に上述の波源分布 $f(x, y)$ が与えられたのと同じ効果がある．この場合には主反射面を一次放射器からの電波が照射する形態をとるので，主反射面より外への照射（これをスピルオーバーと呼ぶ）を抑えるためにも波源分布には重みを与える必要がある．

　パラボラアンテナでは，大形になると給電線が放射をさえぎることや支持構造の重量の問題などが生じる．そこで，一次放射器のかわりに副反射面を設置し，主反射面の後方に一次放射器を置く構造のアンテナもよく用いられる．この方式には，副反射面を主反射面の焦点の前後どちらに置くかでカセグレン形とグレゴリアン形の2種類がある．また，これらのいずれの形式でも，副反射

面が主反射面からの放射をさえぎることにより側方に不要放射が生じる問題がある。これを解決するためには，主反射面を回転対称とせず，その一部分のみを用いて一次放射器あるいは副反射面を主反射面からの放射をさえぎらない位置に置くオフセット形アンテナが用いられる。これらの断面形状を図 2.21 に模式的に示す。ただし，オフセット形の場合は，その非対称性のため，偏波特性は回転対称構造のアンテナより劣化する。

パラボラ　　カセグレン　　グレゴリアン　　オフセットパラボラ

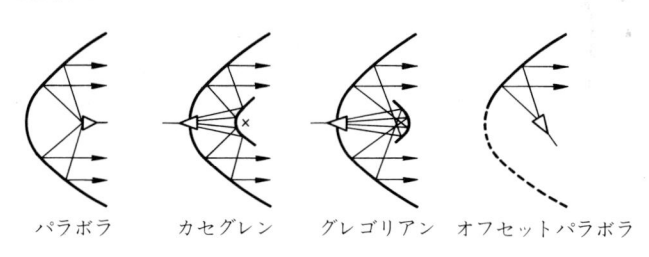

図 2.21　各種の開口面アンテナの構造

　大きな有効開口面積を作るもう一つの方法として，小さなアンテナを多数並べる方法がある。これをアレーアンテナという。この場合の個々のアンテナ（素子アンテナと呼ばれる）にはどんなアンテナを用いてもよく，ダイポールアンテナ，八木アンテナ，ホーンアンテナ，パッチアンテナなど，さまざまな素子を用いたアレーアンテナが製作されている。また，導波管に周期的にスロットを作り，そこからの漏れを放射素子として利用する構造のアレーアンテナも存在する。

　各素子アンテナを配置し，接続するときに注意しなければならないのが，位相の関係である。例えば二つの素子アンテナが出す電波の電磁界が，目標の位置で逆位相になると，互いに打ち消しあってしまう。したがって，所望の方向で位相がそろって電磁界が足し合わされるように各素子アンテナを動作させる必要がある。逆にいうと，各素子アンテナから放射される電波が同位相となる方向にビームが形成される，ということである。これを模式的に示したのが図 2.22 と図 2.23 である。

　図 2.22 では，全素子を同じ位相で（これは，全素子から電波が同じ時間に

2.4 レーダシステム

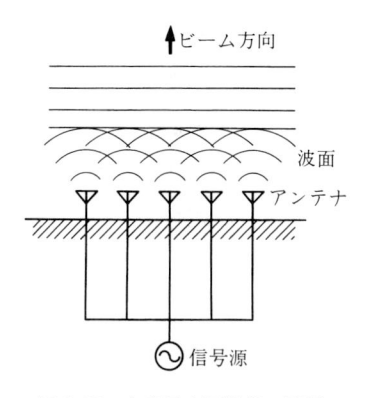

図 2.22 全素子を同位相で励振した場合の波面

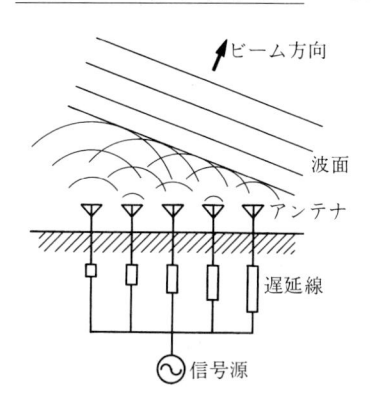

図 2.23 位相を順に変えて励振した場合の波面

出る,と考えてもよい)励振している.各素子から出る電波は球面(図では円形)を描いて広がるが,それらが干渉しあってアンテナ面に平行な波面を形成し,垂直上方に伝搬していく.これに対して図2.23では,各素子から少しずつ時間をずらして(すなわち位相を変えて)電波を放射する.その結果,波面は傾いた方向に形成され,これと垂直な方向に電波が伝搬していく.これは,アンテナ面自体を傾けるのと同様の効果がある.この関係は,受信の場合も同様である.このように,素子間の位相を制御してアンテナビームの方向を変えるものをフェーズドアレーアンテナと呼ぶ.特に,素子の位相制御を電子的に行うものは,非常に高速にアンテナビーム方向を変えることができ,レーダ用アンテナとしては強力な機能である.

つぎにアレーアンテナの特性について考える.ここでは簡単のため,同一の素子を直線上に配列した1次元アレーのみを考える.平面状あるいは曲面状の2次元アレーアンテナの場合も,計算が複雑になる以外には本質的に同じ議論が適用できる.アレーを構成する素子の指向特性を $D_e(\theta)$ とすると,この素子を直線上に N 個配置したアレーアンテナの指向特性は

$$D(\theta) = D_e(\theta) \sum_{i=1}^{N} a_i e^{j\psi_i} \tag{2.134}$$

で与えられる.ここに a_i は各素子の励振振幅であり,その位相は

$$\psi_i = kd_i \cos\theta + \delta_i \tag{2.135}$$

となる．ただし d_i は各素子の位置，δ_i は励振位相を表す．この式は，アレーアンテナの特性が，素子特性とアレーの効果を表す項の積で表されることを示す．後者をアレーファクタと呼び，以下 $A(\theta)$ と表記する．アレーファクタは，用いる素子の種類や特性と無関係なアレーアンテナに固有の特性を表す．ただし，実際のアレーアンテナでは，同一の素子を用いる場合でも，アンテナ素子相互間に誘起される電流の影響（これを相互結合という）が，アレーの中央部と周辺部では異なることなどによる不均一があり，式 (2.134) は厳密には成立しない．

最も簡単な場合として，素子が等間隔 d で配置され，励振振幅が等しい場合を考える．さらに励振位相は，隣接する素子間の位相差が一定値 δ で直線的に変化するものとする．この場合，位相項は

$$\psi_i = \left(i - \frac{N-1}{2}\right)\psi \tag{2.136}$$

と書くことができる．ただし

$$\psi = kd\cos\theta + \delta \tag{2.137}$$

である．このとき正規化されたアレーファクタは

$$A(\psi) = \frac{1}{N}\sum_{i=1}^{N} e^{j\left(i-\frac{N-1}{2}\right)\psi} = \frac{\sin\left(\frac{N\psi}{2}\right)}{N\sin\left(\frac{\psi}{2}\right)} \tag{2.138}$$

となる．これをいくつかの N について図 **2.24** に示す．図中 $\psi=0$ がメインローブを表し，それ以外のピークがサイドローブである．N を大きくすると，アレーファクタは一様励振直線状電流分布の特性に近づく．アレーアンテナの場合も，開口面アンテナの場合と同様に，サイドローブレベルを下げるには素子の励振分布に重みを与えることが有効である．大規模なアレーアンテナでは，素子の励振振幅は一定に保ち，周辺部では素子を徐々に間引いて等価的に励振振幅を下げる方法も用いられる．

式 (2.138) より明らかなように，アレーファクタは ψ について周期 2π の

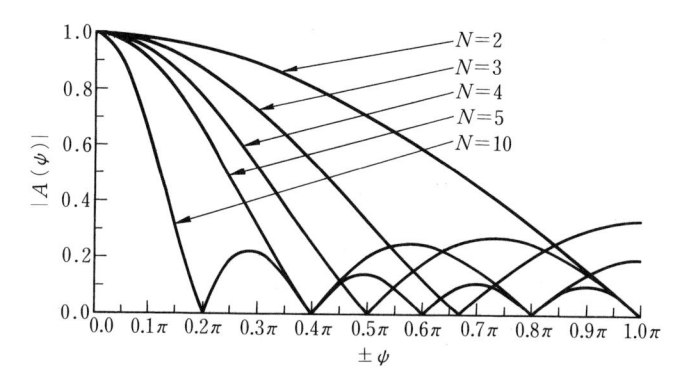

図 2.24 等間隔均一励振アレーのアレーファクタ

周期関数である。ただし，実際に観測されるのは，$-1 \leq \cos\theta \leq 1$ の条件より

$$-kd + \delta \leq \psi \leq kd + \delta \tag{2.139}$$

の範囲に限られる。この領域を可視域（visible region）という。上式より，$kd \geq 2\pi$ の場合にはつねに可視域に複数のメインローブが含まれることになる。これは素子間隔を1波長より長くとると，複数の方向ですべての素子からの放射が同位相で加算される条件が成り立つことを意味する。この場合に所望の方向以外に現れるメインローブをグレーティングローブ（grating lobe）と呼ぶ。

逆に $kd < \pi$ の場合にはグレーティングローブは現れない。その中間の場合は励振位相 δ の値によって状況が異なり，δ が大きいほどグレーティングローブが発生しやすくなる。アレーファクタと実際のアンテナパターンの関係を図式的に示したのが図 2.25 である。素子間隔 d の増加とともに可視域が広がる様子がわかる。フェーズドアレーアンテナでは，必要とされる最大走査角に従って素子間隔を設定し，グレーティングローブが発生しないようにする必要がある。

つぎに，アレーの各素子に微小なランダム位相誤差 Δ_i がある場合の影響について考える。この場合のアレーファクタは，例えば均一励振の場合

$$A(\psi) = \frac{1}{N}\sum_{i=1}^{N}e^{j\psi_i} \cdot e^{j\Delta_i} \tag{2.140}$$

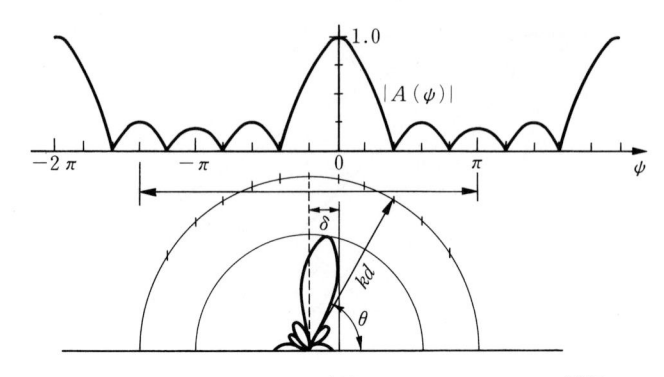

図 2.25 アレーファクタと実際のアンテナパターンの関係

となる。誤差がない場合のアレーファクタを $A_0(\psi)$ とすると，変化分は

$$\Delta_A(\psi) = A(\psi) - A_0(\psi) \simeq \frac{\mathrm{j}}{N} \mathrm{e}^{\mathrm{j}\psi_i} \cdot \Delta_i \tag{2.141}$$

である。Δ_i を平均 0 分散 σ^2 の互いに独立なランダム変数とすると，$\Delta_A(\psi)$ の分散は

$$\langle \Delta_A^2(\psi) \rangle = \frac{1}{N^2} \sum_{i=1}^{N} \sum_{j=1}^{N} \langle \Delta_i \Delta_j \rangle \mathrm{e}^{\mathrm{j}(\psi_i - \psi_j)}$$

$$= \frac{1}{N^2} \sum_{i=1}^{N} \langle \Delta_i^2 \rangle$$

$$= \frac{\sigma^2}{N} \tag{2.142}$$

で与えられる。ここに〈　〉はアンサンブル平均を表す。すなわち，サイドローブレベルは，一様に $\sigma/\sqrt{N}$ だけ上昇することを意味する。振幅誤差についても

$$A_i = A_{i0}(1 + \Delta_i) \tag{2.143}$$

とおけば，上式は同様に成り立つ。

アレーアンテナでは各素子の受信信号を合成することでアレー全体のパターンが決定される。したがって，合成方法を変えれば，同時に異なる受信アンテナパターンを得ることが可能である。この考えを実現したものがディジタルビームフォーミング（digital beam forming：DBF）アンテナである。この場合

はすべての素子（またはいくつかの素子を集めた素子グループ単位）にそれぞれ受信機を設け，その出力をディジタル化したうえで所望の振幅と位相を与えて合成することで多数のビーム方向を同時に観測することができる。

ただし，この方法は送信ビームには適用できないので，モノスタティックレーダの場合は，送信ビーム方向から離れた広い範囲を走査してもあまり意味がない。しかし，送信アンテナビームのサイドローブ方向に極小をもつ受信アンテナパターンを合成するなどの方法でクラッタなどの不要信号の混入を抑えることが可能である。

2.4.3 方位の測定

前項で議論したアンテナビーム半値幅は，2.2.3項で述べた距離分解能と同じ意味で，レーダの角度方向の分解能を表す指標となる。したがって，一般にアンテナを用いた方位決定の精度も，この半値幅により制約される。ただし，飛しょう体追尾レーダのように，目標が点状物体であり，ビーム半値幅の中に複数の目標が含まれないと仮定できる条件のもとでは，距離決定の場合と同様に，目標の方向をより正確に決定することも可能である。ここではその方法の原理について簡単に説明し，各手法の詳細は3.2.3項に述べる。

一つの方法は順次ビーム走査（sequential beam lobing）法と呼ばれる手法である。これは，目標の角度方向の移動速度より十分高速にアンテナビーム方向を変化させ，受信信号強度の変化から方向を決定する方法である。簡単のためモノスタティックレーダによる1次元の方向決定について考え，目標の方向を θ とする。このとき，メインビームを $\Delta\theta$ の方向に走査したアンテナビーム1と，$-\Delta\theta$ の方向に向けたアンテナビーム2によりこの目標を観測した場合の受信電力の比は，目標の距離や散乱断面積に無関係に

$$R = \frac{D^4(\theta - \Delta\theta)}{D^4(\theta + \Delta\theta)} \tag{2.144}$$

で与えられる。ここで4乗となるのは，送信と受信の電力パターンが積算されるためである。この比 R をあらかじめ θ の関数として計算しておけば，方向

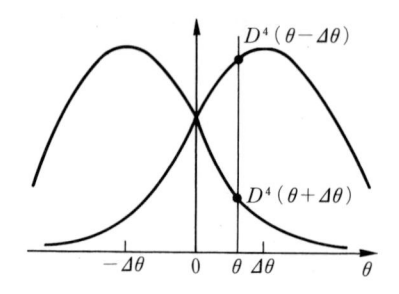

図 2.26 順次ビーム走査法による角度決定の原理

θ を決定できる。図 2.26 にその原理を示す。

決定を正確に行うには，目標が両方のビームのメインローブ領域に入っている必要があるので，$\Delta\theta$ はビーム半値幅の半分程度に選ぶのが感度がよい。2次元的に方向を決定するには少なくとも3方向のアンテナビームを用いる必要がある。開口面アンテナを用いた順次ビーム走査法の場合は，ビーム方向を高速に変化させるのが容易ではないので，（1）ビームを円すい状に走査して出力信号の対称性から正面方向を割り出すコニカルスキャン法，（2）ビームをステップ状に振って最大点を追いかけるステップトラック法のいずれかが用いられる。ただし，いずれの場合も複数方向を観測するために時間がかかり，その間に目標が移動すると誤差を生じるという問題がある。

しかし，電子的にビーム方向を走査できるフェーズドアレー方式のアンテナでは，パルスごとにビーム方向を切り換えることで簡単に複数ビームによる観測が行える。特に SN 比改善のためにコヒーレント積分もしくはインコヒーレント積分を必要とする場合には，パルスごとに観測方向を切り換えながら積分を行うことで実質的に複数方向を並列に観測することが可能である。

これに対して，単一のパルスで方向決定を行うのがモノパルス（monopulse）法である。この方法では，一つの送信ビームに対してメインローブ方向を少しずつ変えた複数の受信アンテナビームを用意し，これらの受信強度から目標の方向を決定する。具体的には，図 2.27 に示すように，二つの受信アンテナ出力の差パターンと和パターンを作り，その電圧比をとる。それぞれのビーム方向のオフセットを，順次ビーム走査法の場合と同じく $\Delta\theta$ とすると，この

2.4 レーダシステム

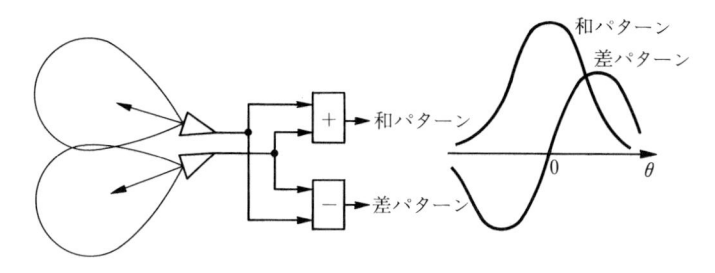

図 2.27 モノパルス法による角度決定の原理

比は，送信アンテナパターンの寄与を無視すると

$$R = \frac{D(\theta - \Delta\theta) - D(\theta + \Delta\theta)}{D(\theta - \Delta\theta) + D(\theta + \Delta\theta)} \quad (2.145)$$

となる．この比は目標が送信ビーム中心方向にあるときに0となり，θ の正，負の方向にずれると，それぞれ正，負の値をとる．2次元的に方向を決定するには，多くの場合は4ビーム方向を用いて方位，仰角方向のそれぞれに上式を適用する．この方法は，振幅および位相特性のそろった複数の受信機を必要とするが，単一のパルスの観測によって方向を決定できる利点をもつ．上記の方法は，複数の一次放射器をもつ開口面アンテナにおいておもに用いられるが，アレーアンテナの場合は，アレーをその中心で二つに分割し，両者を同位相で合成したものを和パターン，逆位相で合成したものを差パターンとすることでモノパルス法が実現される．

モノパルス法では，差パターン出力は目標が送信ビームの中心方向に存在するときに出力が0となる特性をもつので，SN比が低い場合には送信ビーム中心付近に感度の低下する領域ができる．これに対して順次ビーム走査法はメインローブのみを用いるため，その問題がなく，低いSN比のもとでも比較的高精度に方向決定が行える．ただし，順次ビーム走査法は送信パルスごとに複数の方向を観測するため，各ビーム方向のコヒーレント（またはインコヒーレント）積分回数がモノパルス法の場合の1/3に制限される．このことによる推定精度の低下は，モノパルス法においてアンテナを分割することによる利得の低下とほぼ同等であり，このような場合には両者に本質的な優劣はないといえる．

2.4.4 送受信システム[1],[2],[23]

レーダで用いられる送受信システムは，その用途や方式によりさまざまであるが，一般的な構成は図 2.28 に示すようなものである．現在のレーダは，ドップラー偏移の検出やコヒーレント積分処理などを可能とするよう，送受信信号の位相同期を保つのが普通である．このようなシステムをコヒーレントレーダと呼び，この能力をもたないものを区別のためにインコヒーレントレーダと呼ぶことがある．

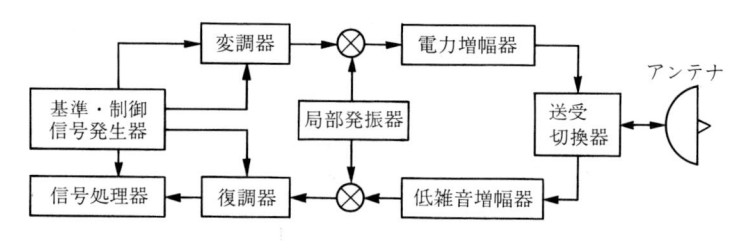

図 2.28 一般的なレーダ送受信システムの構成

ちなみに，電離圏プラズマからの散乱を観測するレーダを，その散乱機構からインコヒーレント散乱レーダと呼ぶが，これはドップラースペクトルを測定する能力をもったコヒーレントレーダの一種である．コヒーレントレーダの中間周波数発信器および局部発信器を，それぞれ習慣的に COHO (coherent oscillator) および STALO (stable local oscillator) と呼ぶ．レーダに使用される周波数帯には表 2.2 に示すものがあり，それぞれ固有の名称で呼ばれている．送信機は，増幅器形と電力発振器形に大別できる．

表 2.2 レーダに使用される周波数帯とその名称

帯域名称	周波数範囲	帯域名称	周波数範囲
HF	3～30 MHz	K_u	12～18 GHz
VHF	30～300 MHz	K	18～27 GHz
UHF	300 MHz～1 GHz	K_a	27～40 GHz
L	1～2 GHz	V	40～75 GHz
S	2～4 GHz	W	75～110 GHz
C	4～8 GHz	mm	110～300 GHz
X	8～12 GHz		

図2.28は増幅器形の送信機を用いた構成であり，基準信号発生器から送られる中間周波数の信号と，これと局部発信器の信号を混合して得られる送信周波数の信号をそれぞれ順に増幅して所望の送信電力を得る．終段の電力増幅器には，おもに多段キャビティ形クライストロン，空洞結合形進行波管，CFA (cross-field amplifier) などのマイクロ波真空管が用いられるほか，フェーズドアレーレーダでは半導体増幅器が用いられる．クライストロンは最も高いピーク出力電力が得られ，10 MW を超える出力をもつものもあるが，狭帯域であり，効率が低いほか，装置も大形となる．TWT (Travelling Wave Tube；進行波管) は出力は数百 kW 以下に制限されるが，比較的広帯域であり，送信管の中では高いデューティ比に耐えられる．CFAは効率が高く平均電力も高いが，利得がほかの送信管に比べて低い．

半導体増幅器は，複数素子を電力合成してもピーク出力が数十 kW 程度に制限されるが，長寿命かつ広帯域である．したがって，多数の送信機出力を空間で合成し大電力を得るフェーズドアレーレーダに適している．最終段の電力増幅素子には，S帯以下ではシリコンバイポーラトランジスタ，C帯以上ではガリウムひ素FETが多く用いられる．また，送信管のデューティ比がせいぜい数%であるのに対して，半導体増幅器はCW動作も可能であるので，圧縮比の高いパルス圧縮が利用できる．

電力発振器形送信機は，発信器で直接送信周波数の大電力を生成するもので，レーダ送信機にはおもにマグネトロンが利用される．ただし，マグネトロンは位相制御が困難であるので，コヒーレントレーダに利用する場合には，受信機を送信管出力に位相同期させることが必要である．これには，アナログ的に同期をとる方法もあるが，送受信の時間差における位相変化が問題になる場合には，送信パルス期間の信号をサンプルしておき，これを位相変調と考えて受信時に復調する方法がとられる．

送受信アンテナを兼用するモノスタティックレーダでは，送受切換器が不可欠である．送受切換器は，サーキュレータ方式とTR (transmit-receive) スイッチ方式に大別される．サーキュレータは，直流磁場を加えたフェライトが

異方性媒質となることを利用してポート間に方向性をもたせた結合素子であり，代表的なものは図 2.29 に示す 4 端子サーキュレータである。理想的には，端子 1 より入力された信号は端子 2 にのみ出力され，同様に端子 2 →端子 3，端子 3 →端子 4，端子 4 →端子 1 の方向にのみ信号が伝達される。端子 4 には送受信機間の分離度を高めるために整合終端が接続される。サーキュレータは，送信機からの出力をアンテナに送ると同時にアンテナで受信された信号を受信機に送ることができる素子であり，CW 動作を行うレーダでは不可欠である。ただし，アンテナと送電線のインピーダンス整合がよくないと，送信機からの信号がアンテナ端子で反射し，受信機に漏れ込むという問題を生じる。

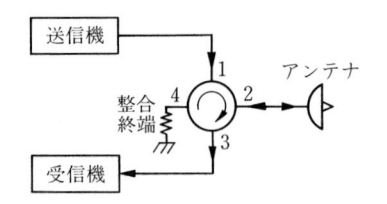

図 2.29　4 端子サーキュレータを用いた送受切換器

　TR スイッチ方式の送受切換器の代表的な構成を図 2.30 に示す。図の 3 dB 方向性結合器は，入力信号を位相が互いに 90 度異なる二つの出力に等分割する。送信時は，図中の二つのダイオードに順バイアスを加えて短絡させる。ダイオードで反射した送信信号は再度方向性結合器を通り，アンテナ端子に同位相で合成され，送信機側には戻らない。受信時にはダイオードに逆バイアスを加えて開放すると，アンテナからの受信信号が二つの方向性結合器を通って受信機側端子に出力される。受信時に送信機で発生する雑音は，同様にダミー負荷に送られる。この場合のダイオードとして通常のダイオードを用いると，送

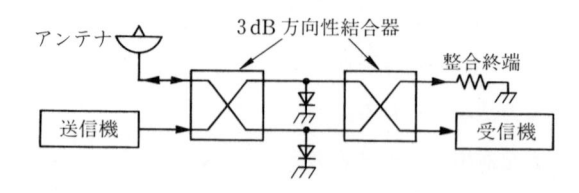

図 2.30　TR スイッチと 3 dB 方向性結合器を用いた送受切換器

信機出力の電圧振幅より大きなバイアスを必要とするので，低電圧の直流バイアスで大電力の高周波の切換が行える PIN ダイオードが用いられる。また，ダイオードのかわりに TR 管も多く用いられる。これは送信機の高電圧が加わると放電して短絡し，受信時には開放された伝送線路として動作する素子で，バイアスによる送受信制御を必要とせず，また耐電圧も高いが，短絡状態から開放状態への切換時間がやや長いという問題がある。

マイクロ波帯では，受信時の雑音としては受信機の内部雑音が支配的である。受信機の雑音特性は，入出力の SN 比の比で定義される雑音指数（noise figure）

$$F = \frac{(S/N)_{\text{in}}}{(S/N)_{\text{out}}} \tag{2.146}$$

によって定められる。各段の利得と雑音指数がそれぞれ G_i および F_i で与えられる多段増幅器の雑音指数は

$$F = F_1 + \frac{F_2 - 1}{G_1} + \frac{F_3 - 1}{G_1 G_2} + \cdots \tag{2.147}$$

となり，ほとんど初段増幅器の雑音指数に支配される。したがって，微弱な受信信号を増幅する初段の高周波増幅器には特に低雑音性が要求される。これにも半導体増幅器が有力であり，中でも HEMT (high electron mobility transistor) 増幅器は高い周波数域で優れた低雑音特性をもつ。混合器に用いられるダイオードとしては，ガリウムひ素ショットキーダイオードが低雑音である。最近の受信機では，各部の MMIC (monolithic microwave integrated circuit) 化によって小形化と低電力化が進められている。MMIC 化は，フェーズドアレーレーダや DBF のように多数のマイクロ波素子を並列動作させる場合に，位相や振幅特性をそろえるためにも有効な技術である。

フェーズドアレーでは，位相を制御する移相器 (phase shiftor) が重要な素子である。大電力を分配する方式の場合は，フェライトの透磁率が直流磁場の関数であることを利用し，媒質中の電波の伝搬速度を制御するフェライトラッチング移相器がよく用いられる。これは直流磁場のオン・オフによって入出力

位相がそれぞれ π, $\pi/2$, $\pi/4$, …だけ変化するように調整された，長さの異なる多段のフェライト移相器を縦続接続したもので，最小位相差の任意整数倍の位相を実現できる。

一般に，この種の離散的位相を実現するディジタル移相器を用いる場合の位相量子化誤差は，アンテナ素子のランダム位相誤差と考えることができ，式(2.142) に示される影響を与える。したがって，要求されるサイドローブレベル抑圧比によって，同式から必要なディジタル移相器のビット数が決定される。ディジタル移相器としては，ほかに半波長，1/4 波長，1/8 波長，…の長さの遅延線をダイオードスイッチにより挿入するかどうかを切り換える方式がある。これはマイクロストリップ線路によって実現しやすいので，低電力段で位相を制御する固体化フェーズドアレーレーダに適している。連続的に位相を変化できる移相器としては，逆バイアス電圧を加えたバラクタダイオードが可変容量として動作する性質を用いたものがある。

2.4.5 レーダによるイメージング

宇宙からの地表面の観測は，リモートセンシングの主要な分野の一つであり，本シリーズでも別巻に詳しく解説されている。本項では，おもに地上からの飛しょう体のイメージングについて考えるが，最初に飛しょう体からの地表の観測について簡単に述べる。

リモートセンシングにレーダを用いる場合，アンテナの角度分解能が光学観測の分解能より著しく低いため，単純に観測を行ったのでは必要とされる空間分解能が得られない。また，観測対象が広く分布しているため，2.4.2項に述べた方位決定法を利用することもできない。ただし，飛しょう体から地表を観測する場合には，目標はほぼ静止していると考えることができるので，レーダ自身の運動を利用して解像度を向上させることができる。この技術を開口合成法と呼び，それを用いたレーダを合成開口レーダ（synthetic aperture radar：SAR）という[24]。

合成開口レーダは，小さな開口長のアンテナを用いて観測された受信信号

を，時間的に合成して等価的に長い開口長を得る方法である．この原理とその分解能をドップラー偏移の考えを用いて考察する．図 2.31 に示すように，速度 v で等速直線運動をしている飛しょう体から，進行方向と直交する方向に幅 β のアンテナビームを向けて観測するものとする．このとき，進行方向から角度 θ の方向に存在する目標からのエコーは

$$f_d = \frac{2fv}{c}\cos\theta \tag{2.148}$$

のドップラー偏移を受ける．したがって，受信信号をスペクトル解析し，周波数成分ごとに分解すれば，高い角度分解能を得ることができる．この効果はドップラーシャープニング（Doppler sharpening）と呼ばれ，合成開口法によって得られる改善はこれと本質的に同じものであることが知られている．

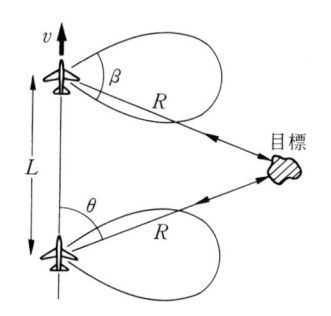

図 2.31 合成開口レーダの原理

スペクトル解析の周波数分解能を Δf_d とすれば，これと角度分解能 $\Delta\theta$ の間には，$\theta \sim \pi/2$ 付近では

$$\Delta f_d \simeq \frac{2fv}{c}[\cos\theta - \cos(\theta + \Delta\theta)] \simeq \frac{2fv}{c}\Delta\theta \tag{2.149}$$

の関係がある．2.3.2 項で述べたように，周波数分解能はほぼデータの時間長 T の逆数で制約されるので，合成開口の空間長を L とすると

$$L = vT \simeq \frac{v}{\Delta f_d} \simeq \frac{c}{2f\Delta\theta} \tag{2.150}$$

となる．一方，最大の合成開口長は，同一の目標がアンテナビームで照射される時間で制約されるので，$\beta \ll 1$ とすると図 2.31 より

$$L \leq 2R \sin\frac{\beta}{2} \simeq R\beta \tag{2.151}$$

となる．また，アンテナの実開口寸法を D とすると，式 (2.133) より

$$\beta \simeq \frac{\lambda}{D} \tag{2.152}$$

であるから，これらの関係をまとめると，進行方向の距離分解能は

$$\varDelta x = R\varDelta\theta \geq \frac{D}{2} \tag{2.153}$$

という簡単な式で与えられる．すなわち，アンテナの実開口長が小さいほど高い分解能が得られるということである．これは通常のアンテナにおける分解能とまったく逆の関係であるが，アンテナが小さいほどビーム幅が広がり，長い区間にわたって開口合成が行えることを示している．当然ながら，これとは独立に，十分な SN 比を得るためのレーダ方程式による制約が加わる．

通常の SAR の観測では，地表面形状は既知として，レーダで観測される距離を地表面に投影することで 2 次元の画像化が行われる．しかし，複数の合成開口レーダによる観測を合成することで，3 次元の画像化も可能である．この技術を InSAR (interferometric SAR) と呼ぶ[28]．ただし，この場合には複数の飛しょう体の飛行軌跡を正確に記録しておく必要がある．図 **2.32** に示すように，飛しょう体の進行方向に直交する面内を考える．飛しょう体 1 から見た飛しょう体 2 の方向および距離を，それぞれ γ および B とする．このとき，目標の高度は

$$h = H + r\cos(\gamma + \theta) \tag{2.154}$$

で与えられる．ここに，H は飛しょう体 1 の高度，r は飛しょう体 1 と目標

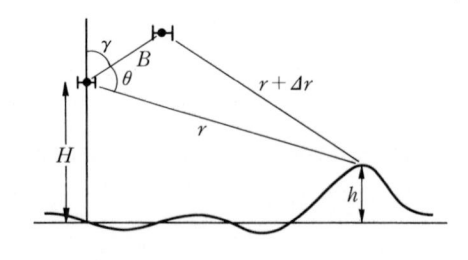

図 **2.32** InSAR による 3 次元画像化の原理

の距離，θ は両飛しょう体間の基線から目標への角度である．角度 θ は

$$\theta = \cos^{-1}\left[\frac{B^2 + r^2 - (r + \Delta r)^2}{2Br}\right] \qquad (2.155)$$

により求められる．ただし，Δr は両飛しょう体から目標までの距離差であり，通常の距離分解能より高い精度で決定する必要がある．これには，それぞれの観測により得られる受信信号の位相差 $\Delta\phi$ を用いる．

$$\Delta r = \frac{\lambda}{4\pi}\Delta\phi \qquad (2.156)$$

位相差には 2π の不確定性があるので，例えばこれを $\pm\pi$ の範囲に制限して決定した各地点の高度 h を平面上に表示すると，ちょうど地図の等高線のように位相の不連続に伴う不連続が等高線として現れる．実際の高度に変換するには，連続した地点の高度が連続するように位相を決定すればよい．さらにこの InSAR 観測を，同一の地点について異なる時期に行い，両者の差をとれば，地表のずれを計測することも可能である．各地で大地震の前後などにおける観測の比較が行われ，地震の研究に役立てられている．

地上から飛しょう体を観測する場合，SAR とはまったく逆に，目標となる飛しょう体の運動を利用して分解能を向上させることが可能である．ただしこの場合には，おもに目標の回転運動に伴うドップラー効果を利用する．この技術は，最初惑星や惑星の衛星表面の地図を作成するために開発され[3]，range-Doppler interferometry (RDI) と呼ばれた[25]が，航空機や船舶などの形状を推定する目的で近年著しい発達を見せ，その分野では逆合成開口レーダ (inverse synthetic aparture radar : ISAR) と呼ばれる[26]．

RDI (または ISAR) は回転している物体の異なる部分からのエコーが異なるドップラー偏移を有することを利用して目標物体を 2 次元画像化する方法である．図 2.33 のように，中心 O のまわりに角速度 ω_0 で回転している物体を考える．中心 O から半径 r 離れた点 P のドップラー偏移は

$$f_\mathrm{d} = -\frac{2\omega_0}{\lambda}r\cos\theta = -\frac{2\omega_0}{\lambda}a \qquad (2.157)$$

で与えられる．ここに a は点 P のクロスレンジ方向の距離である．クロスレ

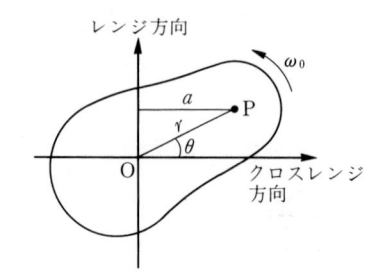

図 2.33 逆合成開口レーダにおける画像化の原理

ンジ方向の分解能を Δa とすると，ドップラー周波数の分解能は

$$\Delta f_\mathrm{d} = \frac{2\omega_0}{\lambda}\Delta a \tag{2.158}$$

となる。この周波数分解能は，SAR の場合と同じく観測時間長 T の逆数で定まる。したがって

$$\Delta a \simeq \frac{\lambda}{2\omega_0 T} \tag{2.159}$$

となる。

一方，物体の最大半径を r_max とすると，その点が時間 T の間に移動する距離が Δa の下限となるから

$$\Delta a \geq r_\mathrm{max}\omega_0 T \tag{2.160}$$

の制約がある。結局，これらより

$$\Delta a \geq \sqrt{\frac{\lambda r_\mathrm{max}}{2}} \tag{2.161}$$

がクロスレンジ方向分解能を定める。

この手法をスペースデブリ観測に適用した例としては，ドイツの Research Society for Applied Science（FGAN）の X-バンドレーダを用いて Salyut-7/Kosmos-1686 を観測した例[27]や，地球観測衛星みどりの故障原因の特定のために行われた観測の例などが有名である。

RDI ではレンジ方向とクロスレンジ方向の 2 次元画像を得ることが可能であるが，レンジ方向の分解能 Δr は

$$\Delta r = \frac{c\Delta t}{2} \sim \frac{c}{2B} \tag{2.162}$$

で与えられ，雑音電力は帯域幅 B に比例するので，Δr は SN 比に比例する．したがって，例えばスペースデブリなどの小物体についてレンジ方向の寸法を直接計測することは実用上困難である．

しかし，図 2.34 のように，レンジ方向の分解能が不十分であっても，デブリを 1 自転周期以上にわたって観測できれば，クロスレンジ方向のみの 1 次元像から 2 次元画像を得ることができる．その方法を RDI 法に対して SRDI (single range Doppler interferometry) 法と呼ぶ[29]．

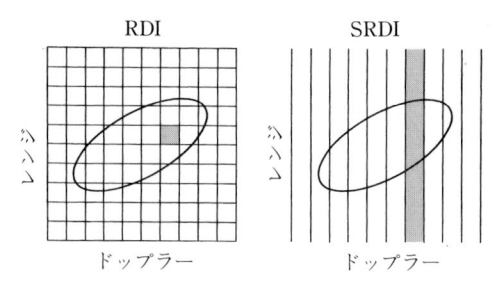

図 2.34 RDI (ISAR) 法と SRDI 法の比較

ただし，これらの方法では，回転角速度 ω_0 は直接計測できないことに注意が必要である．すなわち，RDI および SRDI の一つの画像からは，大きな物体がゆっくり回転していることと小さな物体が高速に回転していることを識別することができない．RDI の場合はレンジ方向は直接に計測が可能であるから，ある程度の回転角の差をもつ二つの 2 次元画像をパターン認識の手法を用いて比較することにより，自転周期を決定できる．しかし SRDI では，これを解決するには物体の 1 自転周期以上にわたって観測を継続し，自己相関をとって周期を決定する必要がある．ここでは，物体の自転周期は既知とし，1 回転周期にわたるデータが取得されているものと仮定する．

SRDI においては，物体の回転に伴うドップラースペクトルを回転角 θ の関数として計算する必要がある．物体の回転中心から距離 r，角度 θ_0 の位置に置かれた点波源からの散乱波は

$$E(\theta) = E_0 \exp\left[-j\frac{4\pi r}{\lambda}\sin(\theta + \theta_0)\right] \tag{2.163}$$

で与えられる。したがって，この点波源のドップラー偏移は

$$f_d(\theta) = -\frac{2\omega_0}{\lambda}r\cos(\theta + \theta_0) \tag{2.164}$$

となる。すなわち受信される信号は，瞬時周波数が上式で与えられるような周波数変調波である。これから最大周波数偏移の値とその出現角度を求めれば，目標の回転中心に対する相対位置が定まり，そのエコー強度から，散乱断面積がわかる。この場合のように，一つの点波源の場合には，2.3.2項に述べた解析信号の方法で瞬時周波数が正確に推定できるが，実際の目標はこのような点の集合であり，受信信号には多数の周波数成分が混在する。したがって，時間（この場合は角度）周波数解析の手法により瞬時周波数の分布を推定することが必要である。

2.5 わが国における事例

2.5.1 ロケット追跡用精密測定レーダ

本レーダはロケット打上げに際して，ロケットを追跡し飛しょう経路を精密標定するものである。同時に，ロケット制御用のコマンド情報を伝送する機能も有する。ロケットとレーダの間の回線は，所定の距離内で切れることは許されない。これらの理由から，地上のレーダに対しロケット側にはトランスポンダを積んでおり，いわゆる二次レーダである。トランスポンダは，受信波からコマンド情報を抽出した後，周波数変換してレーダに返送する。

宇宙科学研究所の精密測定レーダ（略称精測レーダ）の外観を図 2.35 に示す。アンテナは，主系の 7 mϕ パラボラおよび捕捉系の 0.5 mϕ ホーン（送信）と 0.9 mϕ アレー（受信）からなる。打上げ初期のロケットを捕捉する時間では，ロケットが比較的近距離を飛んでいるので，受信レベルが高いかわりに，角度変化が大きい。したがって，アンテナは低利得でもビーム幅が広いほ

図 2.35　ロケット追跡用精密測定レーダ
(提供：宇宙科学研究所)

うがよく（これらは実は同義である），捕捉系の小さいアンテナを用いる．ロケットが遠距離に達すると，捕捉系により捕捉された状態で高利得の主系アンテナに切り換えられる．

　アンテナを含めたシステム構成を図 2.36 に示す．計測信号の授受に関しては，まず距離測定用のパルス（0.35 μs 幅）により，5 GHz 帯のマイクロ波を直接振幅変調する．これをクライストロンで 1 MW まで増幅し，アンテナから放射する．この間受信系の回路は送受分離管により遮断されて，送信の大電力電波から保護される．電波は自由空間を伝搬した後，ロケット搭載アンテナにより受信される．そしてトランスポンダによって，増幅と周波数変換が行われ，地上レーダに返送される．

　地上レーダは，受信した微弱電波を FET を用いた低雑音増幅機（LNA）で増幅した後，周波数変換，復調を行う．距離測定は，送信パルスと受信パルスの時間差を計測して行う．距離測定用パルスは，0.35 μs 幅のパルスを一定間隔（3 μs または 5 μs）で二つ並べたいわゆるダブルパルスである．これによりパルスの誤り判定を防ぎ，確実な測定を行える．受信信号の S/N で決まる最大測定距離は，レーダ断面積 σ が 1 m² の標的に対し，8 000 km 以上である．

74　2. レ　ー　ダ

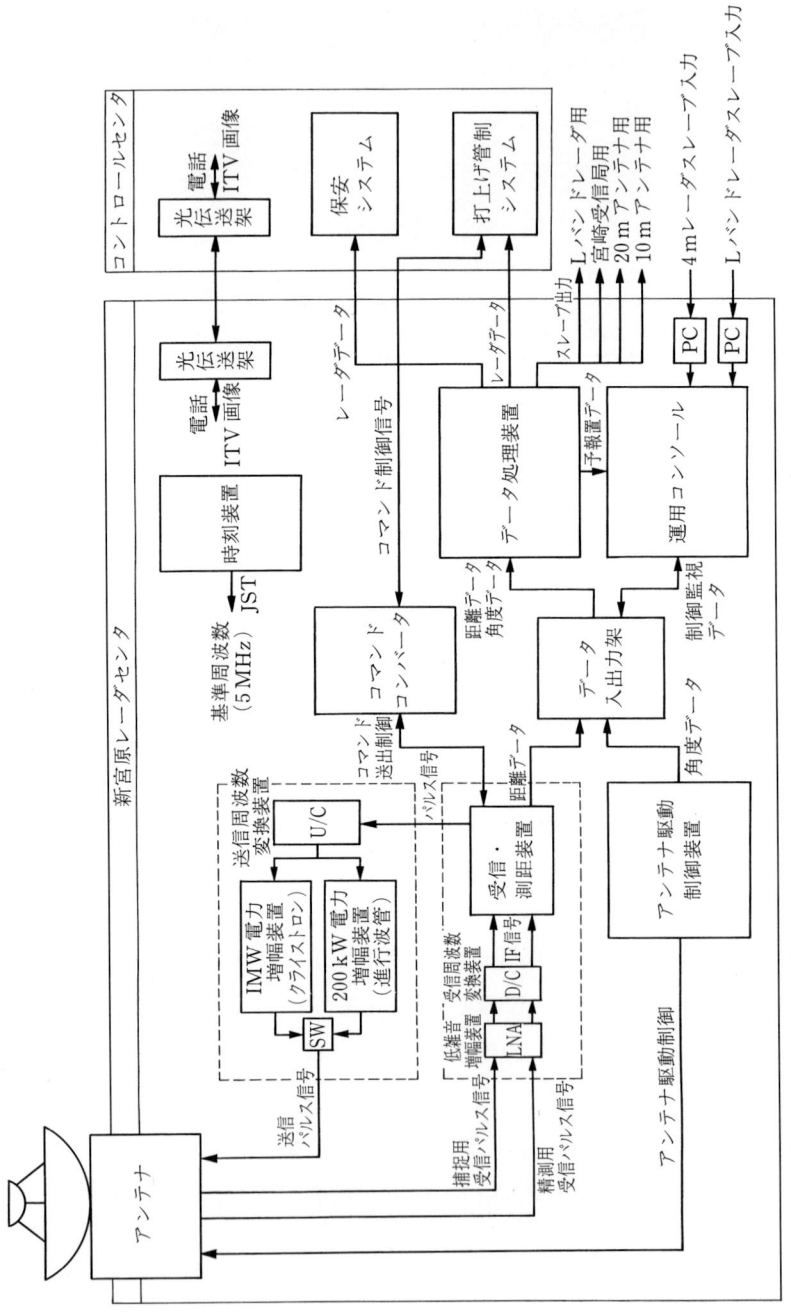

図 2.36 精測レーダのシステム構成

精測レーダには，距離測定機能のほかにロケットに対する誘導制御用コマンドの送信機能もある．各コマンドは，6個のパルススロットから3個の組合せ(three-out-of-six codes) で表現される．

この精測レーダには，これまで述べた二次レーダのほかに，トランスポンダを用いない一次レーダの機能も付与されている．これはロケット搭載トランスポンダの故障などの事態にも，ロケットを捕捉・追尾するためである．このモードのために測距パルスとしては，つぎの3種類を用意して，最適のものを使えるようになっている．送信系は大電力電源が難しいため，大きなパルスエネルギーに対しなるべくピーク電力を抑える必要がある．そのため(2)と(3)のパルスでは，エネルギーを符号長にわたって分散させている．

（1） 単一パルス：幅 $1\,\mu s$
（2） 符号化パルス：幅 $20\,\mu s$，擬似バーカー符号
（3） 符号化パルス：幅 $1\,000\,\mu s$，擬似バーカー符号

（1）と（2）のパルスは二次レーダのパルスと同じく，5 GHz 帯での直接変調をした後，クライストロンによって 1 MW まで増幅を行っている．（3）のパルスの増幅については，1 ms という長い時間の相関処理を行うため，高い安定度が必要である．そのため TWT で，200 kW という十分な電力レベルまで増幅する．放射された電波はロケットを照射し，散乱された後，レーダに戻ってくる．アンテナで受信された電波は中間周波数に周波数逓減された後，各パルス形態に応じた処理を受ける．

（2）と（3）の符号化パルスモードでは，相関性が強い擬似バーカー符号で搬送波を変調している．受信・検波されたパルス列は，送信パルス列と時間をずらしながら相関をとる．このようにして，パルス列が一致した場合と一致しない場合との相関値の比（DU 比）は，20 dB（$20\,\mu s$ 用で符号長 20）および 34 dB（$1\,000\,\mu s$ 用で符号長 1009）に達し，時間差が正確に計測できる．このような工夫により，各パルスを用いたときの最大測定距離（$\sigma_s = 1\,m^2$）は，(1) 450 km, (2) 900 km, (3) 1 500 km（目標）となる．

以上述べた精測レーダの性能諸元を**表 2.3** にまとめて示す．レーダのシステ

表 2.3 精測レーダの性能諸元

1)	周波数	一次レーダモード：5 636 MHz（送信），5 636 MHz（受信） 二次レーダモード：5 586 MHz（送信），5 636 MHz（受信）
2)	送信出力	1 000 kW（クライストロン） 200 kW（TWT）
3)	送信パルス	一次レーダ： 1 μs（シングルパルス） 20 μs（圧縮コード付パルス） 1 000 μs（圧縮コード付パルス） 二次レーダ：0.35 μs（I・R ダブルパルス） 電波誘導時には 3-out-of-6 コマンド符号が加わる
4)	パルス繰返し周波数	250 pps，267.6/7 pps
5)	アンテナ直径	主アンテナ：7 mφ カセグレン 捕捉アンテナ：0.5 mφ ホーン（送信） 0.9 mφ アレー（受信）
6)	アンテナ利得	主アンテナ：48.7 dBi（送信），48.2 dBi（受信） 捕捉アンテナ：27.9 dBi（送信），29.2 dBi（受信）
7)	追尾方式	振幅比較 4 ホーンモノパルス方式
8)	マウント形式	Az/El 方式
9)	最大角速度	Az：10 度/s，El：10 度/s
10)	最小追尾レベル	一次レーダモード（20 μs）−118 dBm 二次レーダモード　　　　−105 dBm
11)	測距可能範囲	約 0.01〜56 ms（1.5〜8 394 km）
12)	最大測距速度	15 km/s
13)	総合静止精度	測角精度　0.05 mil（約 0.003°）rms 測距精度　2.0 m rms

ム全体としては計測用信号系のほかに，軌道計算用の計算機や監視・制御用のコンソールが付随している。

　実際のロケット打上げ時の体制・機器配置を図 2.37 に示す。これまで述べてきた精測レーダのほかに，4 m レーダを並列に動作させ，万一の事態に備える。また，レーダで得たロケットの角度データは，コマンド送信やテレメトリ受信用の他アンテナに送られる。それらのアンテナは，レーダの角度データに従属して駆動される。

2.5.2　MU レーダ

　わが国では京都大学宙空電波科学研究センターの MU レーダ（Middle and Upper atmosphere radar，滋賀県信楽町）を用いた観測が行われている[8]。

2.5 わが国における事例　**77**

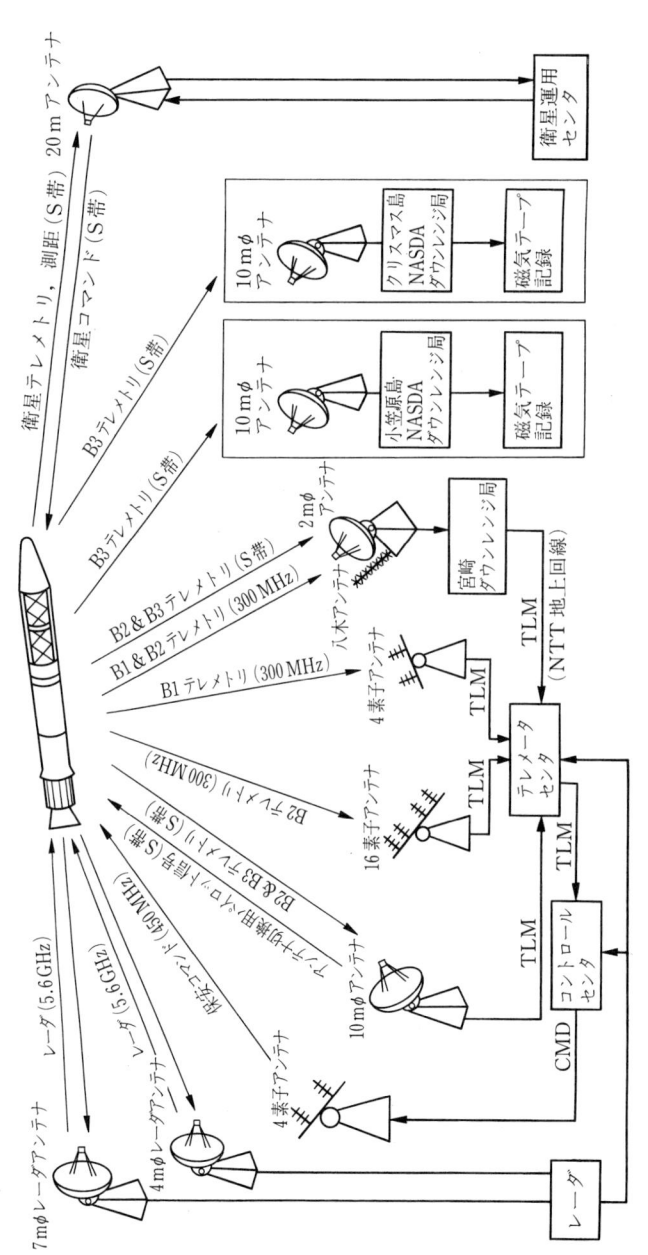

CMD：コマンド信号，TLM：テレメトリ信号　B_i：i段目ロケット
図 2.37 ロケット打上げ時の機能・機器配置（火星探査機のぞみ打上げの場合）

このレーダも本来スペースデブリ観測ではなく，大気観測を目的とした装置であるが，この種の大形レーダとしては世界に例のない，アンテナビーム方向を電子的に走査できる機能をもつため，広い範囲を同時に監視できるほか，受信信号強度の変動の様子からスペースデブリの形状を統計的に調べる研究も行われている．本項では，この施設を用いて行われてきた観測の手法と得られた成果の概要を紹介する．

MUレーダは直径103 mの円形敷地に配置された475本の直交3素子八木アンテナからなるモノスタティックパルスレーダである（**口絵1**）．中心周波数はVHF帯の46.5 MHzである．このレーダの最大の特徴は各アンテナが固体送受信機を備え，電子的に位相制御を行うアクティブフェーズドアレー方式を採用しているため高速のビーム走査が行えることである．全アレーのピーク送信出力は1 MWに及ぶ．このような大出力の電波を上空に向けて送信することにより，式 (2.47) に示したように，中性大気中の大気乱流（高度100 km以下）や電離圏大気中の自由電子の熱運動（高度100 km以上）による屈折率変動からの微弱な体積散乱を受信することが可能である．

MUレーダの本来の目的は，これらの散乱体からのエコー強度や，そのドップラー偏移を観測することにより大気の鉛直構造を研究することである．通常のレーダが1 GHz以上のマイクロ波帯の周波数を利用するのに対して，MUレーダは大気乱流からのエコーを受信するのに適した周波数として特に低い周波数を使用している．

しかし，このように大規模な装置を用いても，電離圏観測においては信号対雑音比は通常1よりはるかに小さく，所望の信号を検出するためには数分から1時間程度データをインコヒーレント積分することが必要である．その際，インパルス的な不要信号が混入すると所望信号が完全にマスクされてしまう．したがって実時間信号処理の段階でこれらを除去するようにしていたが，除去される信号にスペースデブリからのエコーも含まれることが明らかとなった．そこで，これをそのほかの外来雑音などと識別する方法が開発された．

まず，雑音の変動による誤検出確率を十分低く抑えるため，平均雑音レベル

から雑音変動の標準偏差の 7 倍以上大きいデータのみが抽出される。地球周回軌道上にあるスペースデブリは，その速度が一定の範囲にあるため，これがアンテナビームを通過する際は，エコー強度がアンテナパターンに従った時間変動のパターンを示す。そこで，このパターンに従うもののみを抽出する。さらに高度方向についても，デブリは単一のレンジにのみ現れるはずであるから，そういうもののみを選別する。この結果，観測されるインパルス的な信号のうち，スペースデブリからのエコーと判断されるものの比率は 12.7％であった。なお，ここに示す観測の場合，検出可能な最小物体の寸法は，式 (2.45) より，導体球の半径にして高度 200 km で約 10 cm，高度 1000 km で約 30 cm となる。

これらの出現頻度の統計をとれば，特定の高度を周回する飛しょう体にこれら以上の大きさのデブリが衝突する頻度が予測できる。このためには，2.1.2 項に述べたように，その高度に置かれた単位面積を 1 年間に通過するデブリの数（デブリフラックス）を用いる。**図 2.38** は，MU レーダによって観測され

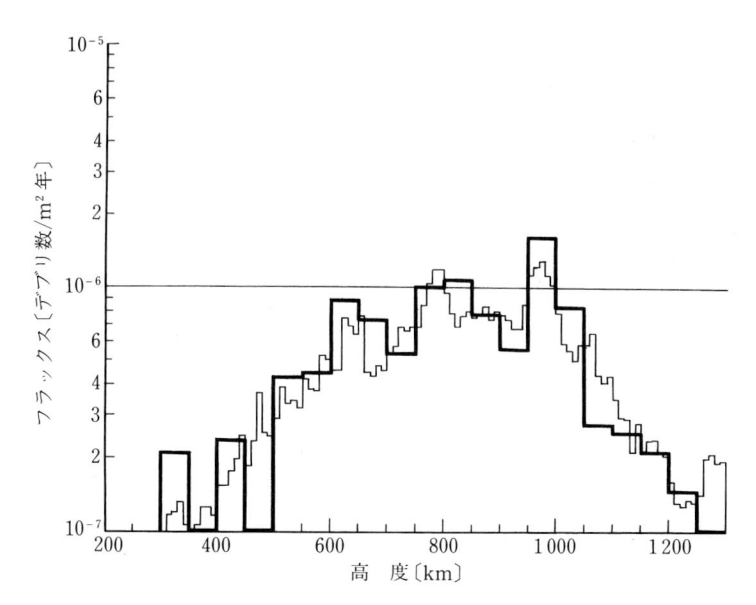

図 2.38 スペースデブリフラックスの高度分布（太線は京都大学 MU レーダ，細線は米国宇宙指令部のカタログによる値）

たデブリフラックスの高度分布と，米国宇宙指令部のカタログによるものの比較を示す．高度 600 km 以下が少ないのは，大気との摩擦による落下の効果による．高度 1 000 km 付近にピークがあるのは，この高度が太陽同期軌道衛星によく利用されるからである．両者が，単に高度分布の形状のみでなく，その数値もよく一致しているのは実は偶然であって，米国の観測網に使用されるレーダの感度と MU レーダの感度がほぼ等しいことを示している．MU レーダは開口面積や送信出力の点でははるかに強力であるが，使用する周波数が低いため，2.2.2 項に述べたように通常の物体の最小検出寸法の点では非常に不利である．

しかし，同一の物体を複数の周波数のレーダで観測することができれば，その散乱断面積の周波数依存性から，形状に関する情報が得られる．同じ物体について MU レーダで観測した散乱断面積と他のレーダで観測された散乱断面積を比較するためには，観測の際にその物体の軌道の情報も知る必要がある．通常の電離圏観測の場合は，デブリがどのような方向からアンテナビームを通過したかを知ることができないので，軌道運動物体の軌道を 1 回の観測で決定できる観測法が開発された．この観測法（以下デブリ観測モードと呼ぶ）を用いると，物体の軌道のみでなく，散乱断面積の時間変動をも正確に測定することができる．後述のように，その統計結果からも物体形状に関する重要な情報が得られる．

デブリ観測モードの主要諸元を**表 2.4** に示す．この観測法の最大の特徴はビームの配置にある．MU レーダ観測では異なるビーム方向を各パルスごとに順に切り換えることができるが，電離圏標準観測ではビーム四つを天頂角 20°

表 2.4 MU レーダによるスペースデブリ観測の主要諸元

高度範囲	201〜811 km（天頂ビーム）
サブパルス幅	64 μs
高度分解能	9.6 km
パルス圧縮符号	7 ビットバーカー符号
パルス繰返し周期	10 ms
インコヒーレント積分回数	12

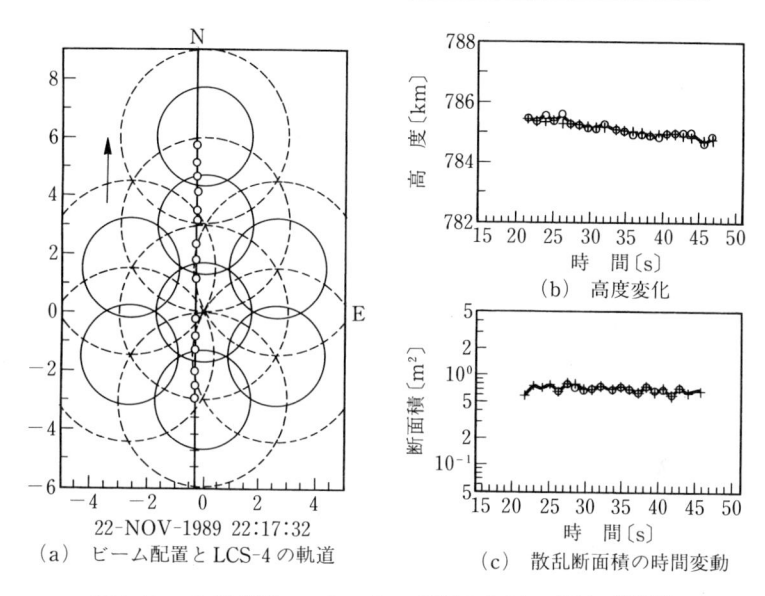

図 2.39 デブリ観測モードのビーム配置と LCS-4 衛星の観測例

(a) ビーム配置と LCS-4 の軌道
(b) 高度変化
(c) 散乱断面積の時間変動

でそれぞれ東西南北にばらばらに向けていた。これを**図 2.39**に示すように八つのビームをすべて天頂付近に集中させた。同図はレーダ較正用衛星 LCS-4 (Lincoln Calibration Sphere) の観測例である。LCS-4 は米国マサチューセッツ工科大学によって 1971 年に打ち上げられたレーダ較正用衛星であり,直径 1.129 m,重量 34 kg の完全導体球である[30]。これは軌道傾斜角 87°,高度約 800 km の極円軌道をもつ。図 2.39(a)の横軸は東西方向,縦軸は南北方向の天頂角である。図中の実線の円は MU レーダの半値幅 (1-way) を表している。点線はビームの有効範囲の目安として書いたもので,半径を 3 度としている。また図の下にある時刻は観測された位置のうちで最も天頂に接近したときの時刻である。丸印が 1 秒ごとに決定された LCS-4 の方向を示している。矢印は LCS-4 の運動方向を表す。

図 2.39 に示すように,ビームパターンが重なりあっているため,同一時刻に複数のビームで物体のエコーが得られる。したがって 2.4.2 項で述べた順次ビーム走査法により物体のある瞬間における位置を決定することが可能とな

り，さらにその時間変化から運動も知ることができる。また，ビーム内における物体の位置からエコー強度を補正し，正確な散乱断面積の時間変化を知ることができるので，その様子から物体形状についての統計的性質を推定することも試みられている[31]。

インコヒーレント積分の回数は12回であり，時間分解能は約1.2秒となる。この観測における最高高度約800 kmでの探知可能な最小散乱断面積は約$5\times 10^{-3} m^2$で，これは完全導体球の場合半径0.24 mに対応する。

順次ビーム走査法は，目標が点状物体であることを仮定して目標の方向を正確に決定する方法であった。同じ原理は，高度の決定にも用いることができる。パルスレーダの高度分解能は式(2.56)で与えられる。今回の観測ではサブパルス幅が64 μsであり，高度分解能は9.6 kmとなる。デブリ観測モードでは受信データを32 μsごとにオーバサンプルしているため，最大強度となる高度の上下のサンプル点においても比較的高い受信レベルが得られる。このエコーパターンを送信パルスの応答波形によりフィッティングすることによって高度を決定し，またエコー強度の補正を行う。

図2.39(b)はこれにより得られたLCS-4の高度変化である。図中の丸印が各瞬間のデータより決定された高度を表す。この図から，約200 mの誤差で高度が決定できていることがわかる。これは本来の高度分解能の50倍の精度である。また，ある時刻の位置(x, y, z)，速度(v_x, v_y, v_z)の計六つの独立な量が得られる。一方，楕円軌道の自由度は六つである。したがってこの(x, y, z)，(v_x, v_y, v_z)を用いれば軌道を決定できることになる。図2.39(a)の直線と＋印はこうして決定した軌道と，各観測時刻におけるLCS-4の位置である。図2.39(c)には観測された散乱断面積を示す。同図より計算される散乱断面積変動の標準偏差は0.4 dBであり，これがこの高度における観測誤差の限界を表すと考えられる。

最近の事例として，人工物体ではないが，1998年11月18日にしし座流星群の32年ぶりの大出現が予想され，それに備えて人工衛星は姿勢を流星群との衝突の影響の少ないように変更し，機器も電源を落とすなどの対策がとられ

た．天体ショーとしては残念であったが，スペースデブリの観点からは幸いなことに，確かにヨーロッパから大西洋にかけて相当の大出現が見られたものの，大きな事故は報告されていない．この流星群については，わが国を含めた国際協力による観測体制が敷かれ，各種測器による観測が行われた[32]．

MU レーダでは，流星が地球大気に突入する際に生成されるプラズマ飛跡を目標とする連続観測が行われたほか，突入してくる流星の周囲にできるプラズマを観測し，その密度や速度分布を測定する試みが行われた．しし座流星群は，地球との相対速度が約 70 km/s と，通常のスペースデブリよりさらに一けた速い超高速物体である．このため，このような高速物体をとらえるための特殊な観測モードが用意され，流星群のピークと予想された時間帯を中心に観測が行われた．日本では，肉眼では全天で 1 時間に数十個の流星しか観測されなかったが，MU レーダでは，視野角わずか 3 度の範囲内に 1 時間当り数千個におよぶ流星が観測された．**図 2.40** は検出された流星の例である．距離 111.5 km（高度 102 km）を速度 63 km/s で突入してくる流星がとらえられている．

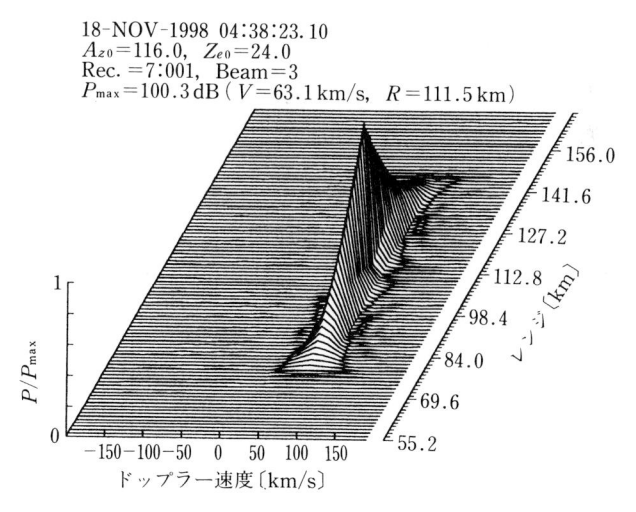

18-NOV-1998 04:38:23.10
$A_{z0}=116.0$, $Z_{e0}=24.0$
Rec. $=7:001$, Beam $=3$
$P_{max}=100.3$ dB ($V=63.1$ km/s, $R=111.5$ km)

図 2.40 しし座流星群観測でとらえられた流星からのエコーの例

[茶飲み話] **コウモリの探知技術**

　動物の知覚が一般に人間より鋭いことはよく知られている。単に感度の高さだけでなく，その手法の巧妙さには驚かされると同時に，生存のために自分の環境を探知することがいかに重要であるかがわかる。なかでもコウモリが優秀な超音波探知機（電波を利用するレーダに対してソナーと呼ばれる）をもっていることは有名である。短い音波のパルスを発生して反射波から洞くつの壁までの距離やエサとなる昆虫の種別を判断しているところはまったくレーダやソナーにおける信号処理と同等であるが，最近の研究によって，そこで用いられている技術がまさに最先端のものであることが明らかになってきている。

　まず，コウモリは目標までの距離が遠いときは長い間隔でパルスを送信し，距離が近づくと間隔を短くする。これはエネルギーの節約と同時に，2.2節に述べた最大探知距離と測定精度を両立させるためにも最適な選択である。さらにコウモリが発射する音波パルスの時間周波数解析の結果，種によって異なる変調方式のパルス圧縮技術が利用されていることがわかってきた。

　コウモリの使用する超音波は 15〜150 kHz の周波数範囲にわたるが，多くの場合は周波数を時間とともに変化させる FM（あるいはチャープ）方式が用いられる。ただし単純な線形 FM ではなく，同時に2周波を用いたり，途中に CW 波部分が入っていたりと，波形はさまざまである。使用されるパルス長は 0.5〜10 ms 程度であるから，そのままでは分解能は 8 cm〜1 m 程度となり目標の識別には不十分である。コウモリが，これらの変調によって昆虫などの小さな目標に対する距離分解能を改善していることは疑いがない。その後の信号処理と目標の判別にどのようなアルゴリズムが用いられているかはまさに最新の研究課題である。

3 人工衛星の位置・速度計測

3.1 宇宙活動における役割

　人工衛星や宇宙探査機（以下，衛星と総称する）の運用を実施していくうえで，衛星の位置・速度を知ることは最も基本的なことである。例えば，衛星から送られてくるデータを受信するためには，その位置・速度を把握し追跡所（宇宙通信所）のアンテナをその到来方向に正確に向け，追尾し，衛星と地上の通信回線を維持しなければならない。特に，地球近傍を周回する衛星については追跡所から衛星が可視となる時間が限られているため，その信号捕捉（acquisition of signal：AOS）および信号喪失（loss of signal：LOS）の時刻を正確に把握する必要がある。

　衛星の軌道や姿勢を制御するため，あるいは衛星の動作状態を調べその機能を正しくコントロールするためには，衛星と他の天体（地球，月，太陽など）との位置関係を知ることが必要である。そのためにも衛星の位置・速度を正確に把握することが必要となる。

　通常，衛星の位置・速度から衛星の軌道を知ることができる。衛星の軌道を正確に知るためには，ある一定の期間，衛星の位置・速度を測定する必要がある。また，衛星の軌道は時々刻々変化するため，定期的に観測し軌道の改良を行う必要がある。逆にそのようにして求めた軌道（要素）をもとに，人工衛星の任意時刻の位置・速度を計算できる[1]。

　以上の目的のため電波を用いた計測を行うわけである。人工衛星の位置や速

度を知る方法として，(1)地上のアンテナから衛星までの距離を測定する，(2)到来電波の方向を角度として測定する，(3)その電波から距離変化率を測定する，などがある[2],[3]†。

距離の測定すなわち測距 (ranging) においては，地上から衛星までの電波の往復時間を測定することによって知ることができる。しかし，この中には衛星内の遅延時間や大気による屈折などの各種の誤差が含まれているため，これらの補正が必要となる。距離変化率は，衛星の速度に比例して生じる電波のドップラー偏移周波数を計測することによって知ることができる。電波到来角度の測定には，追尾アンテナを用いてアンテナに備えられたエンコーダにより検出する方法や，二つのアンテナによって受信電波の位相差をはかることにより方向を求める電波干渉計法が用いられる。最近では二つのアンテナの距離（基線）を非常に長くとり，到来方向を精度良く知る方法として VLBI (very long baseline interferometry) が用いられている。

これらの各測定方法は衛星の軌道の特徴や位置精度の要求により使い分けされている。初期のころの地球近傍の周回衛星では，角度データやドップラーデータから軌道決定が行われていた。すなわち，衛星に単純な発信器を搭載し，そのドップラー周波数の偏移と到来電波の角度を測定した。また，ロケットの軌道投入誤差が大きいので，角度データから概略の軌道を求め，これを初期値としてドップラーデータを用いて軌道の改良を行っていた。その結果，数十 km の位置誤差があったが，衛星の追跡に支障はなかった。このころはまだ人工衛星を軌道にのせそれを追跡することが，ミッションそのものであった時代である[4]。

この例として，角度測定のみによる NASA (National Aeronautics and Space Agency) のミニトラック (Minitrak) システムがある[5]。ミニトラックは電波干渉計方式 (108 MHz) であり，そのアンテナ配列は**図 3.1** で示さ

---

† 距離を意味する語 range は，弾丸の到達距離からきており，宇宙飛しょう体に関しては distance よりもよく用いられる。range rate は距離変化率であり，視線方向の速度を意味する。ベクトル的な velocity（速度）やスカラ的な speed（速さ）と使い分けられる。

3.1 宇宙活動における役割

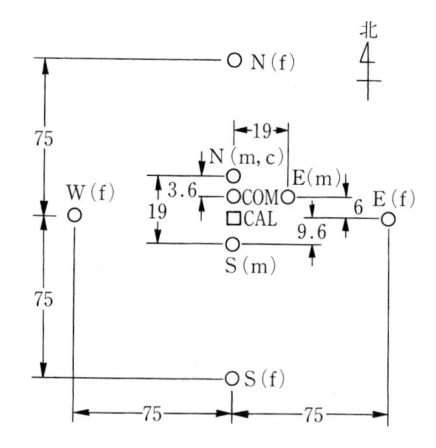

N：north, S：south, W：west, E：east,
f：fine, m：medium, c：coarse,
COM：common, CAL：calibration pad
（単位：m）

図3.1 ミニトラック・システムのアンテナ配置

れる。9基のアンテナにより，南北方向と東西方向に多くのアンテナ対を形成している。各対が電波干渉計の原理（3.2.3項）により角度を測定する。電波干渉計の光路差が波長の整数倍だけのあいまいさを有するので，多くの基線長により取り除いているのである。本システムはバンガード（Vanguard）衛星の追跡に用いられた。

つぎのマイクロロック（Microlock）システムは，エクスプローラ（Explorer）衛星を追尾するために開発された[5]。こちらはアンテナがぐっと少なく3基で構成され，そのうち1基に周波数を追尾できるPLL（phase lock loop，位相同期ループ）受信機が用いられ，ドップラー周波数を計測した。他の2基はミニトラックと同じく，干渉計で角度を計測する。すなわち，角度とドップラーで衛星軌道を決定する方式である。またPLL受信機は，衛星からのテレメトリ信号の受信にも用いられた。これは現在の追尾用受信機と同じ機能である。わが国では宇宙開発事業団の勝浦と沖縄の衛星追跡所に，初期に整備された角度併用/ドップラー設備がある。

その後，地球外の惑星への探査が行われるようになってきた。これらの深宇宙探査機の軌道においては，電波の到来角度変化が少ないために，距離と距離変化率が重要になる。そのため1969年にはマリーナ（Mariner）ミッションのために，順次トーン方式の追尾システムがNASAによって開発された。ま

た同じ時期に月への有人飛行を目指したアポロ計画では，PN符号を用いた測距システムが開発された。ただし，ここでは現在の測距方式と異なり，副搬送波を用いないで搬送波に直接変調をかけている[6]。

わが国においては1970年代に入って，通信・放送・気象などの実用衛星を静止軌道上へ打ち上げ，利用することが計画された。衛星を静止軌道へ投入するための軌道変更，姿勢変更あるいは静止軌道保持のため，それまでよりも精度の高い衛星の位置・速度測定法が必要となった。この目的のため，衛星ではコヒーレントトランスポンダが採用され，地球局設備としては衛星の距離および距離変化率を測定するRARR（range and range-rate）装置が開発された[7]。ただし静止衛星の静止軌道上における軌道制御のためには，距離および角度データが用いられる。また，地球近傍を周回する地球観測衛星や科学衛星においても，より正確な軌道を求めることが必要なため，このRARR方式の測距装置が使用されている。深宇宙探査機などの惑星探査軌道においては，特に超遠距離でも使用できるRARRシステムが開発されている。

地球近傍を周回する衛星を追跡する場合，地球上の追跡所から衛星と通信できる時間は10分程度と限られている。したがって，スペースシャトルのような有人宇宙機を常時追跡するためには，世界中の地点に追跡所を置き衛星の通過に従って，順次追跡所を切り換え衛星を追跡する必要がある。この問題を解消するため，静止軌道上にデータ中継・追跡衛星を打ち上げ，静止軌道上から地球近傍を周回する衛星を追跡することが考えられた。静止軌道上に3個のデータ中継・追跡衛星を打ち上げれば，ほぼ全地球をカバーすることが可能である。わが国においても，宇宙ステーションの追跡や地球観測衛星のデータ中継のためにこのデータ中継・追跡衛星の計画が進められている。

宇宙開発の進展に伴い，より高精度な距離や距離変化率，角度の計測技術が必要となっている。そのために積分ドップラーの手法や，電波星（クウェーサ）と宇宙探査機の相対位置をVLBI手法で測定し探査機位置を決定する相対VLBI法なども，開発あるいは計画されている。また，最近の地球観測衛星では1m以下の位置精度が要求され，GPS（global positioning system）や

SLR（satellite laser ranging）を用いた衛星の位置・速度の測定法も開発されている．

衛星の位置・速度を測定するためのシステムは，衛星からの電波を送受信するためのアンテナ，これらの電波から測距信号を検出し衛星と地上との距離を測定する計測装置，計測装置から出力されたデータをもとに各種補正をデータに施し衛星の軌道決定を行う軌道計算システム，および地上から送信した電波を衛星側で受信し再び地上に折り返すための搭載トランスポンダから構成される．また，測定データに添付される時刻信号の発生法や装置も重要である．これは初期のころはJJYやロランに同期してつけられていたが，最近ではGPSが利用されるようになっている．時刻信号や測距信号の原発振器としては，セシウムやルビジウムの原子時計が，またVLBIの周波数標準には水素メーザなどが使われている．

本章では，距離，距離変化率，到来角度の測定原理について述べるとともに各種計測方式について技術を概観していくものとする．軌道決定などの計算手法についても言及する．なお，光学的計測手法は測角，特に近傍領域での適用などで有効である．しかし本巻では電波応用技術に的を絞り，唯一3.4節で一例を紹介するにとどめる．

3.2 測定原理

3.2.1 距離測定

地球局からみて人工衛星や探査機までの距離（range）を測るには，地球局から測定用連続波（トーン波）を搬送波に乗せて送り，これを人工衛星で折り返し，送信したトーン波と戻ってきたトーン波との位相差を測る．この意味でレーダでいえば，CW方式と同じ原理である．またパルスレーダであれば，送受信パルスの包絡線の伝搬遅延を計測することになり，パルス幅に相当した分解能を得られるところである．しかしレーダと違い人工衛星や探査機の距離計測の場合には，超遠距離を計測するので受信測距トーンは微弱となるため，パ

ルス信号よりはむしろ連続波信号が測距トーン信号として使われる。連続波信号であれば，積分処理により受信波の信号対雑音電力比（S/N）を改善することが可能であるからである。ただし送信と受信の分離は一次レーダで用いられる送受分離管方式でなく，トランスポンダを飛しょう体に搭載したいわゆる二次レーダの形式であるから，周波数的に行うことになる。

図 3.2 の位相差測定の原理図において，送信波と受信波の位相差 $\Delta\phi$ は，往復距離 $2R$ を波長 λ の波が伝搬するために生じるので

$$\Delta\phi = \left(\frac{2\pi}{\lambda}\right) 2R$$

よって

$$R = \left(\frac{c}{4\pi f}\right) \Delta\phi \tag{3.1}$$

ここに，c：光速。

式 (3.1) から明らかなように，R の測定精度を上げるためには，（1）トーン波の波長を短く（周波数 f を高く）するか，（2）位相 $\Delta\phi$ の測定精度を良くする必要がある。

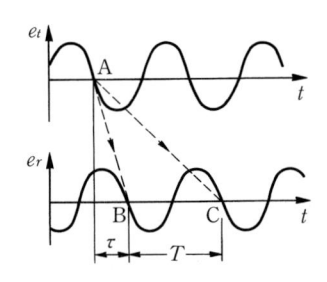

図 3.2 距離測定の原理と位相のあいまいさ

$\Delta\phi$ はまた送信と受信の時間差 τ 内での位相回転量と考えられるので，次式で与えられる。

$$\Delta\phi = 2\pi f \tau \tag{3.2}$$

式 (3.1) と (3.2) から，距離 R は次式でも表される。

$$R = \left(\frac{1}{2}\right) c\tau \tag{3.3}$$

3.2 測 定 原 理

　図3.2では下向きゼロ交差点に注目しているが，位相に対する応答は2πの整数倍ごとに同じになるので，送信信号のA点が受信信号のB点に相当するのかC点なのかは，これだけでは決められない。これが距離測定におけるあいまいさ（ambiguity）あるいは冗長性と呼ばれるものである。測定精度を上げるためには最精密測定用信号（主信号，major tone）の波長を短くすることになるが，そうするとその波長の1/2以上の距離の識別ができず，あいまいさが顕著になる。特に深宇宙探査機では，超遠距離にわたりあいまいさを解消することが必要になる。その解消法としては，あいまい除去信号（ambiguity signal）を用いて主信号の場合よりも粗い距離を測定することになる。以上述べた1）遅延測定法，2）あいまい除去法が，距離測定のポイントである。以下に，これらについて詳述する。

　位相測定は，送信信号と受信信号の相関を計算することにより行われる。距離トーン信号に正弦波を用いた場合の位相計測モデルを**図3.3**に示す。角周波数ω_Rの正弦波信号が供試回路へ送信され，遅延時間τを受けて受信される。受信測距トーンは，送信信号を基準とした積分時間T_iの複素相関検出器（同期検波方式）に送られる。送信基準信号に対する同相および直交成分の積分値は，おのおのI，Qチャネルと呼ばれ，つぎのように表される。

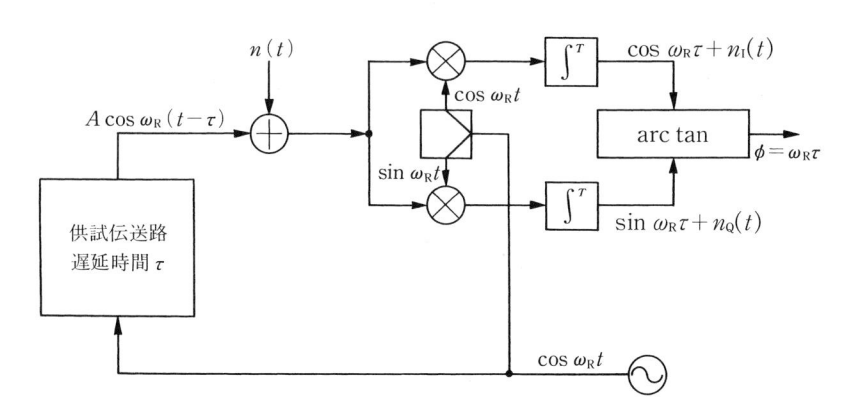

図3.3　位相測定回路（正弦波の場合）

$$I = \int_0^{T_1} A \cos \omega_R(t-\tau) \cos \omega_R t \, dt = \left(\frac{AT_1}{2}\right) \cos \omega_R \tau \tag{3.4}$$

$$Q = \int_0^{T_1} A \cos \omega_R(t-\tau) \sin \omega_R t \, dt = \left(\frac{AT_1}{2}\right) \sin \omega_R \tau \tag{3.5}$$

ただし，$2\omega_R T_1$ を 2π の整数倍とする．したがって，遅延時間は次式で求められる．

$$\tau = \left[\arctan\left(\frac{Q}{I}\right)\right]\frac{1}{\omega_R}$$

相関積分は，受信測距信号の位相が大きく変動する場合，値が小さくなって遂には正しい値が得られなくなってしまう．例えば軌道運動により，往路・復路でドップラー偏移を受ける場合，搬送波とそれに変調されている測距信号の両周波数が同じ割合で変化してしまうのである．これを防ぐため，相関積分の送信基準信号に対し，上り下りの各周波数に応じたドップラー周波数を補正しておく (carrier Doppler rate aid, 搬送波ドップラーエード)．ドップラーエードを正確かつ容易に行うには，往復ドップラー (3.3.2 項) を計測することが有効である．そのためには，衛星の下り周波数を上り周波数の m_d/m_u (m_d, m_u：整数) 倍として生成すればよい．このような周波数の使い方をコヒーレント方式と呼び，搬送波と測距信号の間でも，周波数と位相が固定される．現在宇宙用にはS帯 (2 GHz帯) とX帯 (8 GHz帯) が多く用いられているが，下り/上りの周波数比として，240/221 (S帯とS帯の場合) あるいは 880/221 (X帯とS帯の場合) などが使われる．

それに対し，下りの搬送波が上りの搬送波と独立な (インコヒーレント) 場合，ドップラーエードを用いて主信号を捕捉することは難しい．このような場合には，測距主信号に対するトラッキングフィルタ，すなわち位相同期ループ (PLL) を使うことができる．図 3.4 にその位相計測モデルを示す．位相同期ループの等価雑音帯域幅を B_N (片側表示のループ雑音帯域幅 B_L の 2 倍に等しい) とすると，トラッキングフィルタは入力測距トーンの位相 $\omega_R t + \phi(t)$ を両側帯域幅 $2B_L$ で追尾し，S/N が改善された測距トーン信号を再生することができる．この再生信号を図 3.3 の位相計測計で計測することにより，距離計

3.2 測定原理

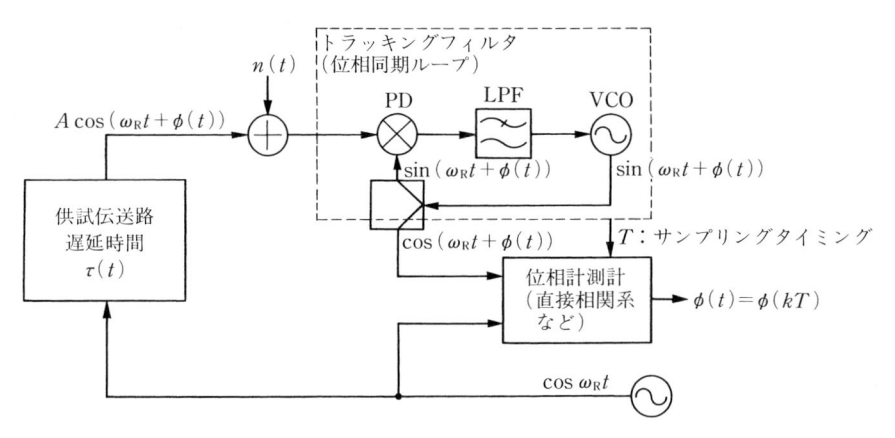

図3.4 インコヒーレントな場合の位相測定回路

測が可能となる。

実際のシステムは，測定用トーン波として正弦波のみならず方形波を用いることが多い。図3.5では，方形波の場合を示す（このほうが相関関係がわかりやすいと思うが，本質的には図3.2の正弦波の場合と同じである）。受信波（周期 T）と基準信号とで相関をとった同相分が I チャネルであり，時間ずれが T の整数倍であれば（$\tau = 0$）最大の相関値 $AT/2$ となる。そして基準信号を右に τ だけずらしていくと相関値が小さくなっていき，$\tau = T/4$ では相関の正の部分と負の部分が打ち消してゼロになる。$\tau = T/2$ では基準信号が受信波と符号が反転するので相関値は $-AT/2$ となり，$\tau = T$ でもとに戻

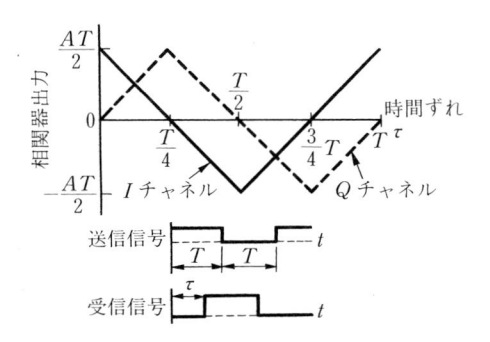

図3.5 方形波による2チャネルの相関係数

る。Q チャネルは基準信号の位相を $\pi/2\,(\tau = T/4)$ だけずらした相関値である。I チャネルと Q チャネルの各相関値を計算し，その符号関係から $\pi/2$ ごとのあいまいさを解消できる。例えば，I と Q 共に正ならば，位相ずれは 0 から $\pi/2$ の間である。こうして，0～2π にわたる位相差をその 1/1 000 程度まで計測可能である。

つぎにあいまい除去法について，話を進めよう。あいまい除去のため用いる信号によって，つぎのような方法がある[8],[9]。

(1) 測定用の相関性が強い符号を相関検出する（多くの場合 PN (pseudo noise) 符号を用い，PN 符号法と呼ばれる）。
(2) 連続波で主信号より低い周波数のものを，主信号測定と同じように処理する（トーン波法と呼ばれる）。

方法(1)の符号では，衛星から往復して地球局に受信された信号に対し，送信した基準信号を 1 シンボル（チップとも呼ぶ）ごとずらしつつ相関をとる。受信信号と基準信号の符号開始時刻が合致すると，高い相関値を出力する（**図 3.6**）。この時刻がずれた状態からのジャンプにより，時刻を 1 シンボル長単位で明確に決定することができる。

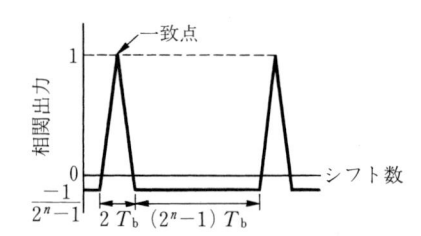

図 3.6 送信と受信の符号相関（n ビットの PN 符号の例，T_b：ビット幅）

除去できるあいまいさ，すなわち識別できる最大距離は，符号長に比例して長くなる。このときチップ周波数を変えなくてすむことは，PN 符号法の利点である。逆に符号同期がとれて初めて主信号の位相計測が可能となるのは，欠点といえる。すなわち単一の PN 符号長を長くすると，符号相関をとって捕捉するまでの時間が，符号長に比例して長くなってしまう。これを避けるには，短い PN 符号を複数組み合わせて，等価的に長くすることが行われる。

3.2 測定原理

例えば，符号長がおのおの 7, 11, 15, 19, 31 シンボルのとき，あいまい除去の点では各値の積（680295）のシンボル数を有する符号に相当するが，位相探索の演算は各シンボルの和（83 回）でよいことになる．ちなみに 1 シンボル当り副搬送波（すなわち主信号）を 4 周期とり，副搬送周波数が 500 kHz とすれば，符号長は 11 s となり 160 万 km の距離に相当する．

本方法は元来深宇宙用に開発されたものであるが，現在は地球周回衛星の距離測定用におもに用いられている．複数 PN 符号の伝送法としては，（a）順次直列に送る，（b）同時に並列に送る，という 2 方法がある．

方法（2）のトーン波法においては，確定できる距離を低い信号周波数の波長の 1/2 まで拡大できる．この一つの方法が，深宇宙の探査機に用いられている順次トーン方式である[10]．図 3.7 に示すように，あいまい除去トーン信号（ambiguity tone）として主信号から順次周波数を半分ずつ下げていき，高い周波数（例えば 250 kHz）から最終的には約 1 Hz で位置測定を行う．同図では，主信号に続く 3 段階の測距信号を描いている．例えば主信号 C_1 でピークから時間遅れが τ と測定されたとする．この位置から左に動かしていくと正ピークに当たるので，図 3.5 から送信トーン波の位相が $0 \sim \pi$ の間にあることがわかる．

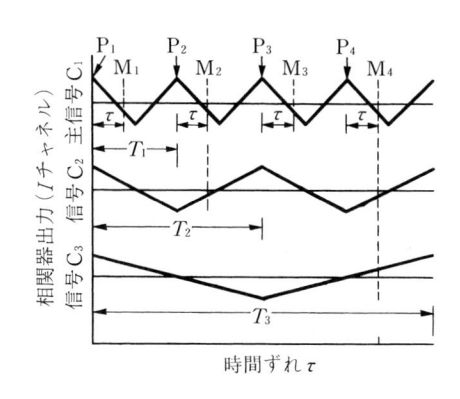

図 3.7　順次トーン波による冗長除法

これに相当する状態は，図中 $P_1 \sim P_4$ の各ピークの右側に存在しうる（$M_1 \sim M_4$）．つぎに受信信号と次段階の信号 C_2 との相関値を求めて負になったとす

ると，位相が $\pi \sim 2\pi$ の間にあることになる．この状態には，M_2 と M_4 が相当する．つぎに信号 C_3 との相関をとり正になったとすると，衛星の距離は M_4 に相当することがわかる．このように C_1 では位相遅れ $\varDelta\phi$ すなわち時間遅れ τ を測定するが，後続の冗長除去信号はいずれも初期位相がそろったコヒーレント関係を保っているので，相関値ピークの符号を見るだけですみ，位相を測り直す必要はない．

実際の順次トーン波の伝送方法としては，これを主信号の方形波（時間幅が狭い）と排他的論理和の処理をして送出することも行われる（図3.8）．こうすることにより，主信号すなわち副搬送波をあいまい除去信号で変調したのと同じになる．また実際の変調信号が通信用信号と同一形式になるので，送受信機との親和性がよくなる．順次トーン方式は，距離のあいまい除去限界を非常に大きくとれるので，深宇宙探査機の測定用に用いられる．

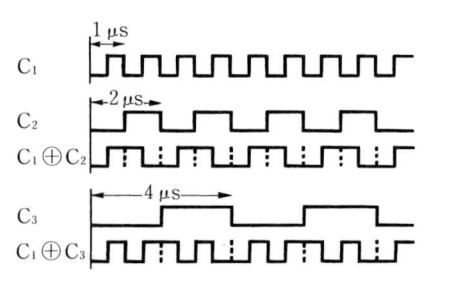

図3.8 順次トーン方式の測距信号

トーン波を用いた第 2 のあいまい除去法が，サイドトーン方式と呼ばれているものである．主測距信号（500 kHz 程度の高い周波数）を搬送波に直接変調してつねに出すとともに，あいまい除去信号としてさらに低周波数のトーンを，搬送波への重畳変調か別副搬送波により同時に伝送する．主信号とあいまい除去用信号は，測定する精度，測定範囲，通信回線上の成立性を考慮して選択されるものである．

サイドトーン方式のおもな特徴は以下のとおりである．
（1） 受信機の PLL（位相同期ループ）により連続的にトーン信号を追尾できるため計測時間の短縮が可能である．

(2) 周波数トーンを使用するため，妨害波などに影響される可能性がある。

(3) ハードウェア制約などからシステム実装上のあいまい除去最低トーンの選択には限度がある。

(4) スペクトル上は線スペクトルであるため，他のスペクトル成分（テレメトリー，コマンドなど）の共存が比較的容易である。

この方式は，地球まわりの衛星用に用いられている。

つぎに，距離測定システムをハードウェアの面から眺めてみよう。測距システムは上記いずれの方式においても，基本機能がレーダと同じである。例えば前述の各方法に対応して，CWレーダや符号化レーダが考えられる。しかし実際のRARR装置の形は，レーダと大分異なったものである。例えば標的である人工衛星は，ロケットと異なりゆっくり動くので，アンテナの高速駆動は不要である。かわりにきわめて遠距離の深宇宙探査機を追跡する場合，受信信号が微弱になってしまう。したがって，大出力の送信機や大きな地球局アンテナ，雑音がきわめて少ない増幅器（LNA）を用いて，S/Nを稼ぐ必要がある。

距離測定のシステム構成を図3.9に示す（この構成は距離変化率の測定も行う）。まず地球局では，測距系からある時刻に測距信号を発生し，送信系に送る。この信号で搬送波をPM変調する。搬送波が完全に抑圧されない変調方

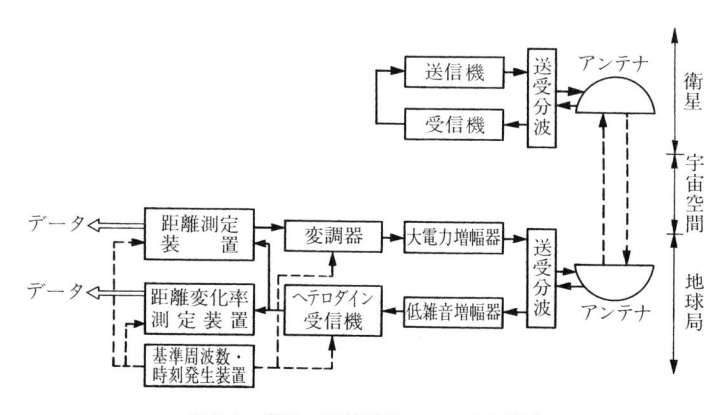

図3.9 衛星の距離測定のシステム構成

式とするのは，受信側で搬送波再生のため，コスタスループなどの複雑な回路でなく，PLL を用いるためである。

衛星では信号電波がアンテナで受信された後，低雑音増幅器（LNA）を経て，搬送波から PM 復調されて，ビデオ帯域，測距信号が取り出される。このとき追尾・抽出されて復調に用いられる上り搬送波は，衛星が地球局に対し相対運動しているため，ドップラー偏移を受ける。この測距信号は増幅された後，フィルタ，振幅リミッタを経て，下り搬送波上に PM で再変調される。必要ならさらに周波数変換されて，電力増幅の後，下り回線の電波として地球局に向けて放射される。

衛星から地球局の大形アンテナに到達した電波 $e_m(t)$ は，上り回線を衛星で受信するのと同じように，まず LNA で増幅する。その電波から，PLL を用いて搬送波を追尾・抽出した後，つぎの処理により，中間周波数 ω_{IF} に落とす。

$$e_m(t)e_1(t) = A_m \sin(\omega t + \beta s(t)) A_1 \cos(\omega_1 t)$$

$\omega_1 = (\omega - \omega_{IF})$ とおけば

$$e_m(t)e_1(t) = A_m A_1 \frac{1}{2} \{\sin(\omega_{IF} t + \beta s(t)) + \sin[(2\omega - \omega_{IF})]t + \beta s(t)]\} \tag{3.6}$$

ここに，局部発振周波数 ω_1 は地球局の周波数標準信号と追尾・抽出された下り搬送波から生成される。かっこ内第1項が中間周波数帯であり，搬送波がドップラー偏移を受けると，中間周波数が同じ量だけ偏移することがわかる。これに対し実際は，局部周波数を含んだ PLL により，中間周波数を一定に保つようにしている。この信号が測距系に取り込まれて，冒頭に述べた方法により，往復光時間（round-trip light time：RTLT）すなわち距離が決定される。

衛星への測距信号の伝送法として特徴的なのは，副搬送波を使うことである。その理由は，（1）順次トーン法やサイドトーン法において数 Hz という低周波まで搬送波に直接変調すると，PLL により搬送波がうまく再生できないこと，（2）同じ搬送波で測距信号のほかに，上り回線にはコマンド，下り回線にはテレメトリの情報をおのおの伝送したいこと，などである。したがっ

て，測距信号はまず副搬送波（主信号）に PSK 変調で乗せられ，その変調された副搬送波が搬送波に PM 変調で乗せられる．復調では，これとまったく逆のプロセスがとられる．

その結果，地球局アンテナから衛星までは，通信の上り回線（コマンド）あるいは下り回線（テレメトリ）と相乗りとなる．このスペクトル関係を図 3.10 に示す．この例では測距の主信号が，516 kHz である．同図（a）の PN 符号方式の場合，主信号が PN 符号で変調されているので，チップ幅に相当する側帯波が主信号の周囲に生じている．それに対し同図（b）の順次トーン方式では，主信号で計測している瞬間を表しているので，あいまい除去信号による側帯波が生じていない．テレメトリ信号については，64 bps のデータ

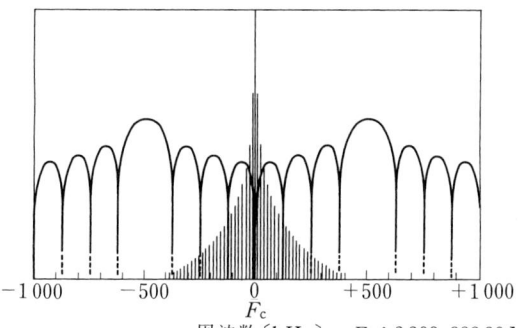

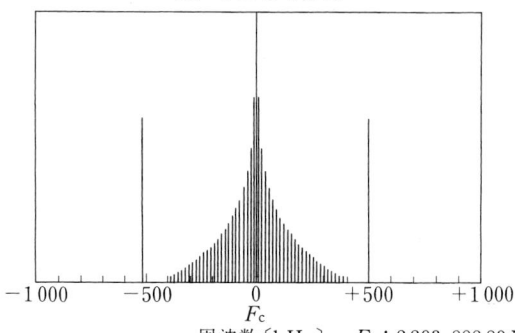

周波数〔kHz〕　　F_c：2 293.888 89 MHz
（a）PN 符号方式

周波数〔kHz〕　　F_c：2 293.888 89 MHz
（b）順次トーン方式

図 3.10　下り回線の信号スペクトル（測距とテレメトリの各信号）

が 8.2 kHz の副搬送波に乗せられ，さらに搬送波に PM 変調されている。そのため F_c の両側に，多数の側帯波が見えている。テレメトリ信号が高速の場合は，測距信号の副搬送波よりも高いテレメトリ用副搬送波を用いることもある。ここで注意すべきは，測距法としていくつかの方法を紹介したが，衛星に搭載しているトランスポンダ（非再生中継形）は，いずれにも対応できることである。測距法の違いは基本的に地球局設備の問題なのである。

以上述べた衛星の追跡・運用のための電波としては，宇宙研究用として割り当てられているものを用いる。USB (unified S-band) という組合せが用いられているが[6],[11]，その場合，下り周波数は上り周波数よりも高く設定されている。

実際の衛星の軌道運動を考えると，事態は若干複雑になる。例えば，地球局から衛星の往復距離が測定されても，その間に衛星が刻々と動いていることに注意する必要がある。いわば距離測定値は，復路伝搬時間だけ前（光行差）の瞬時値であり，また復路伝搬時間は軌道から求まるものである。したがって衛星位置の決定に至るには，光行差補正を含む複雑なデータ処理が必要となる。

3.2.2 距離変化率測定

運動する 2 物体間の距離の変化は，一方の物体から他方を見たときの見通し線上の速度となる。宇宙における運動解析には，一般的な速度よりも測定しやすい距離変化率を扱うことが多い。

波動（この場合，電波）の速度を v_0，送信機（T）の速度を v_t，受信機（R）の速度を v_r とする。図 3.11 のように，速度 v_t と v_r から送信・受信点を結ぶ方向の成分 v_{t1} と v_{r1} を求める。すると，静止時の波動周波数 f_u はドップラー効果のため，f_u' として観測される。その関係は，次式で表される。ただし v_{t1} と v_{r1} の符号は，波動の進行方向，すなわち T から R の方向を正とする。

$$f_u' = \left(\frac{v_0 - v_{r1}}{v_0 - v_{t1}}\right) f_u \qquad (3.7)$$

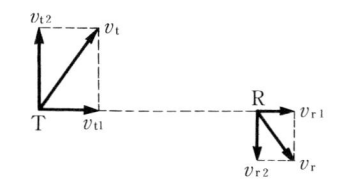

図3.11 運動する送受信機間のドップラー効果

式 (3.7) において，速度の直線 TR への直交成分 v_{t2}，v_{r2} はなんら関与しないことに注意する必要がある．また，図3.11 は送信局 T が一つの場合で2次元モデルで表示してあるが，これを3局にすれば速度ベクトルの3要素が求まることになる．

電波の場合 $v_0 = 3 \times 10^5$ km/s であり，宇宙機の速度が 10 km/s 程度以下であるから，v_{r1}/v_0，v_{t1}/v_0 について一次近似をとると

$$f_u' = \left(1 - \frac{v_{r1} - v_{t1}}{v_0}\right) f_u \tag{3.8}$$

この式により，地球局から衛星に向けて，電波を送信するときの現象が表される．第2項がドップラー効果を表し，ドップラー周波数偏移あるいは単にドップラー周波数と呼ばれる．衛星と地球局との相対速度 $v_{r1} - v_{t1}$ が正すなわちおたがいが遠ざかる場合，周波数は低く観測される．逆に $v_{r1} - v_{t1}$ が負すなわちおたがいが近づく場合，周波数は高く観測される．

つぎに衛星で，この周波数が変化してしまった電波を受信し，増幅し，下り回線の周波数 f_d に変換して送出する．この場合，送受信機速度の見通し方向成分をおのおの v_{dt1}，v_{dr1} とすると，式 (3.7) に対応して次式を得る．

$$f_d' = \left(\frac{v_0 - v_{dr1}}{v_0 - v_{dt1}}\right) f_d \tag{3.9}$$

ここで，地球局からみて周波数がどう観測されるかを考える．上り回線と下り回線では送信点と受信点が入れ替わっているので，$v_{dt1} = -v_{r1}$，$v_{dr1} = -v_{t1}$ である．また簡単のため衛星が受信する周波数 f_u' は，送信する周波数 f_d に等しい（$f_d = f_u'$）と仮定すると

$$f_d' = \left(\frac{v_0 + v_{t1}}{v_0 + v_{r1}}\right) f_u' \tag{3.10}$$

式 (3.10) に (3.7) を代入すると，次式となる．

$$f_\mathrm{d}' = \left(\frac{v_0 + v_{\mathrm{t}1}}{v_0 + v_{\mathrm{r}1}}\right)\left(\frac{v_0 - v_{\mathrm{r}1}}{v_0 - v_{\mathrm{t}1}}\right)f_\mathrm{u} \tag{3.11}$$

式 (3.8) と同じく，$v_{\mathrm{r}1}/v_0$，$v_{\mathrm{t}1}/v_0$ の一次近似式を求めれば

$$f_\mathrm{d}' = \left[1 - 2\left(\frac{v_{\mathrm{r}1} - v_{\mathrm{t}1}}{v_0}\right)\right]f_\mathrm{u} \tag{3.12}$$

地球局から往復で行うドップラー計測を往復ドップラー (2-way Doppler) と呼び，式 (3.12) で計算される．それに対し，衛星から地球局まで片道の電波で行う計測法を，片道ドップラー (1-way Doppler) と呼び，式 (3.8) で計算される．往復ドップラーは片道ドップラーに比べ，式 (3.12) より明らかなように感度が約 2 倍高く，かつ電波源として地上の安定な発振器（セシウム原子時計など）を使えるという利点がある．また片道ドップラー計測では，f_d を正確に知るすべをもたないため，計測されるドップラー偏移周波数にバイアス誤差を含んでいるものとして処理されなければならない．通常このバイアス誤差は，軌道決定処理の過程で取り除かれる．

往復ドップラー用のトランスポンダにおいては，上りと下り回線にコヒーレントな周波数を用いる必要がある．かつ，上り回線での受信周波数 f_u' と下り回線での送信周波数 f_d は，衛星における送受の分離を行うため等しくない．すなわち両周波数は，$r_\mathrm{ud}(= m_\mathrm{d}/m_\mathrm{u})$ を変換係数として次式で表される関係にする．

$$f_\mathrm{d} = r_\mathrm{ud} f_\mathrm{u}' \tag{3.13}$$

式 (3.11) あるいは式 (3.12) においては，この補正を入れる必要がある．また，瞬時周波数を扱うかわりに，これを積分した量すなわち位相を測定する場合がある．こうすると積分時間後の位相をカウンタで測ることができ，簡単に正確な測定ができる特徴がある．この方法は，積分ドップラー (integrated Doppler) と呼ばれる．

ここまでは物体の運動を時間的に変わらないとしたので，わかりやすい話である．実際の衛星の追跡においては，速度 $v_{\mathrm{r}1}$，$v_{\mathrm{t}1}$ が時刻 t の関数であり，発

射された電波が届くときには両者の速度（もちろん，位置も）が変わってしまっている。いいかえれば式 (3.12) あるいは式 (3.8) は，電波発射時と受信時の瞬時の速度を与える。したがって衛星の軌道（位置）を決めるためには，距離測定の場合と同じように，この時間を埋める解法が必要である。

3.2.3 角度測定

追跡局から衛星を見る角度も，重要な位置・速度情報である。単一アンテナとしては，そのビーム幅に応じた精度で指向方向を検出することができる。アンテナビームの最大方向を検出するには，大きく分けて順次ロービング (sequential lobing) 法とモノパルス (monopulse) 法がある。アンテナの指向方向は，角度エンコーダで読み取る。各方法の基礎は第2章に述べられているので，本章では実際の応用について述べる。

順次ロービング法のひとつステップトラック方式では，まず衛星からの到来電波を受信し，つぎにアンテナの駆動角度を少しオフセット（ステップ）させる。到来波の受信電力が増加する方向であればその方向にさらにオフセットし，受信レベルが減少の方向であれば逆方向にオフセットするなどの制御を行う。こうすることにより到来電波の電力最大値を検出していく方式である。到来電波が電力最大であることは，目標物（衛星）と正対していることであり，衛星を正しく追尾できていることを意味する。ステップトラック方式は，比較的簡単なシステム（受信装置とアンテナ角度制御装置）で構築できるという利点がある。しかし受信電力の最大値を検出していく方式であるため，衛星からの到来電波電力レベルがなんらかの影響で減衰または変動（降雨とか電離層などの空間減衰）した場合においては，目標物の正確な追尾ができないことが欠点である。

順次ロービングのひとつコニカルスキャン方式を図 3.12 に示す。アンテナからの放射ビームを，ある軸のまわりで回転させる。これは，副反射鏡を主反射鏡軸からオフセットさせておきその軸まわりで回転させるか，フェーズドアレーにより電気的にビームを回転させる，などの方式で行われる。その結果，

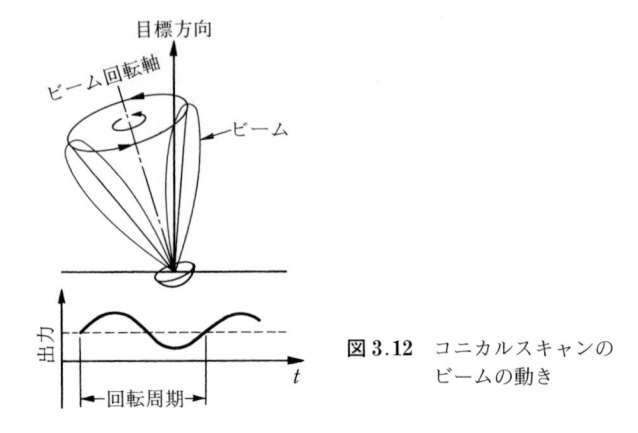

図 3.12 コニカルスキャンのビームの動き

同図のような出力電圧が得られ，目標方向を推定することができる。

それに対しモノパルス方式の原理を図 3.13 に示す。アンテナのボアサイト（軸）に対して角度 ϕ だけずらした場合，対象に配置した二次素子のそれぞれのパターンおよび和信号，差信号（誤差信号）パターンが得られる。正面方向で和信号は最大となるが，差信号はゼロになる（ヌル点という）。得られた和信号パターンに対して差信号パターンを正規化し，位相同期検波すると，図 3.14 の誤差電圧パターンが得られる。

図 3.13 信号パターン

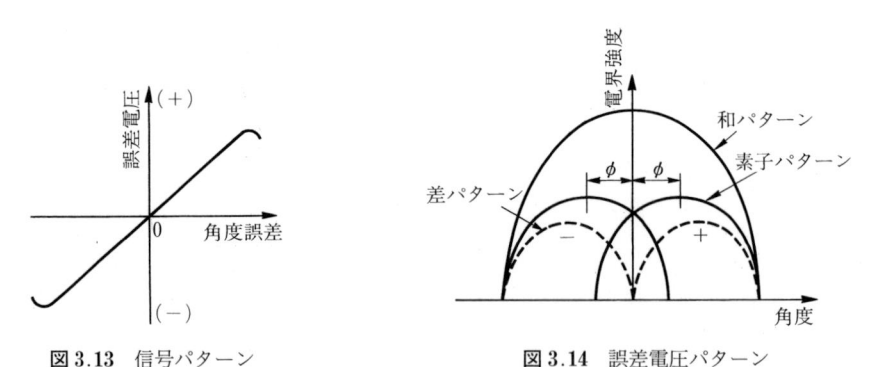

図 3.14 誤差電圧パターン

この図からわかるように，誤差電圧の大きさは誤差角度（ボアサイト（正面）軸から目標との角度誤差）に比例し，誤差電圧の正負符号によりボアサイト軸に対する到来電波の存在域を判別することが可能である。この誤差電圧が

ゼロになる方向に制御ループにてアンテナ駆動させることにより，つねに目標物（衛星）はボアサイト軸と正対することとなり，アンテナの自動追尾制御も可能となる．

　差信号の作り方には，多ホーン形と高次モード生成形がある．前者では，複数のアンテナ給電部（ホーンまたは二次素子など）の設置位置が対称になるように配置する．そしてそれぞれの給電部が受信した到来電波の振幅レベル（振幅値）を検波し，そのレベル差からアンテナの指向角度誤差を検出する方法である．後者では，マイクロ波伝送用の円形導波管の高次モードを用いて，正面方向で出力がゼロになる出力を得る（図 3.15）．

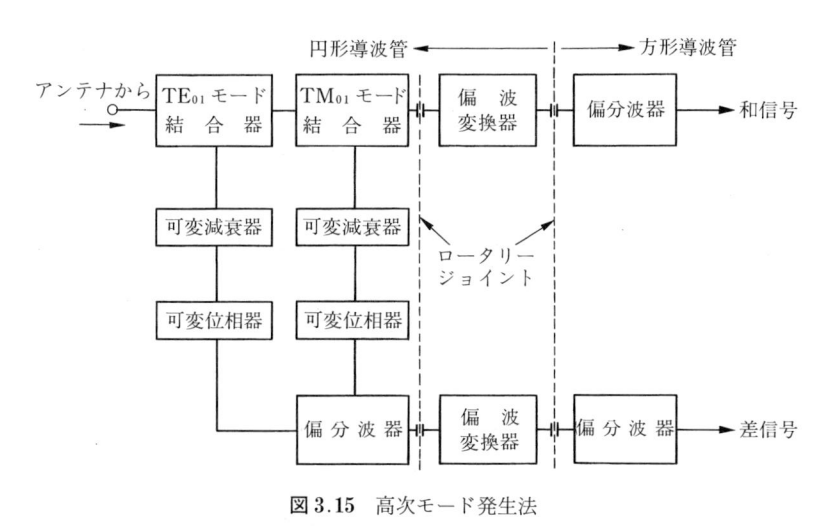

図 3.15　高次モード発生法

　モノパルス方式は順次ロービング方式と比較すると，アンテナ給電部に入感したレベルから正しくアンテナ指向誤差が得られるので，追尾の観点において優れている．反面給電部の構成や設置位置など，システムを構築するうえで複雑な方法であるため，条件によっては理想的な追尾特性が得られない場合がある．

　つぎにアンテナあるいはアンテナ系のビーム幅について考える．図 3.16 に示す単一アンテナのビーム幅は，パラボラ形反射鏡の直径 D，開口面上の電

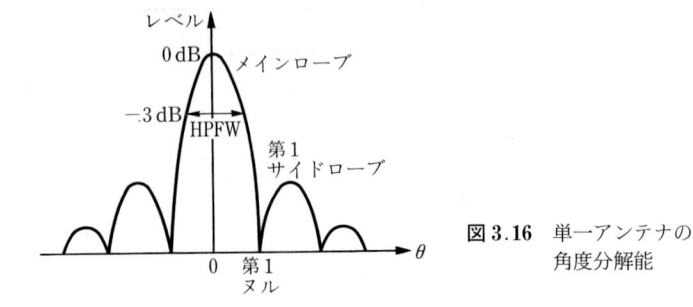

図3.16 単一アンテナの角度分解能

界分布および電波の波長 λ により決まる．すなわちビーム幅 $\Delta\theta_{\text{HPFW}}$ は，近似的に次式で表される（単位：rad）．

$$\Delta\theta_{\text{HPFW}} \fallingdotseq \frac{1}{\sqrt{\eta}}\left(\frac{\lambda}{D}\right) \tag{3.14}$$

ここに η は開口能率で，その値は開口面上の電界分布で決まる．振幅と位相が一様であれば η は最大 $\eta=1$ となるが，普通は0.5程度である．ただし，HPFW は half-power full width の略で，電力半値（3 dB 落ち）のビーム全幅を意味する．例えば，臼田宇宙空間観測所（UDSC）の深宇宙通信用アンテナでは，$D=64$ m, 2.3 GHz $(\lambda=130$ mm) において，$\Delta\theta_{\text{HPFW}} \fallingdotseq 0.13$ 度である．

単一アンテナの角度分解能の限界を破るには，電波干渉計を用いる．まず人工衛星からの電波のように，電波源が単一周波数でコヒーレンスがよい場合を考える[8]．その一例の図3.17では，アレーアンテナの場合と同じように，各素子出力を単純に足している（足し算相関器と呼ぶ）．二つのパラボラアンテナ間の距離を L とすれば，2アンテナの合成出力 v_t は

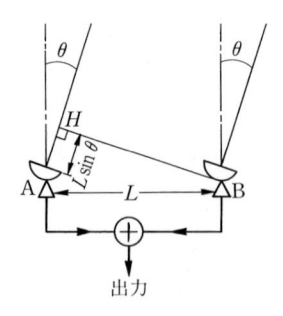

図3.17 電波干渉計（単一周波数波源の場合）

$$v_t = \cos \omega t + \cos(\omega t + \phi) \tag{3.15}$$

書き直して

$$v_t = 2\cos\frac{\phi}{2}\cos\left(\omega t + \frac{\phi}{2}\right) \tag{3.16}$$

ここに ϕ は，アンテナ A 出力を基準にした B 出力の位相差であり

$$\phi = k \cdot AH = \frac{2\pi}{\lambda} L \sin\theta \tag{3.17}$$

式 (3.16) のマイクロ波電圧を検波して角度の判定に用いる。したがって最大出力は，正面方向 $\theta = 0$ で起こる。つぎにビーム幅 $\Delta\theta_{\mathrm{HPFW}}$ は，電圧が $1/\sqrt{2}$ の点すなわち $\phi/2 = \pm\pi/4$ で与えられるので

$$\Delta\theta_{\mathrm{HPFW}} = \frac{\lambda}{2L} \tag{3.18}$$

式 (3.18) を式 (3.14) と比較すると，長さ L の干渉計は大略開口直径が $2L$ のパラボラに等しい分解能を有する。また合成出力がゼロになる角度（ヌル）は，$\phi/2 = \pi/2$ で与えられ，電力半値となる角度の 2 倍となる。

図 3.17 で受信電力が微弱な場合は，2 アンテナの出力をかけ算相関器にかけて，その時間平均をとることが行われる。その瞬間出力電圧は 2 入力電圧をかけ算したもので，式 (3.19) で表される。

$$\begin{aligned}v_{\mathrm{out}} &= \cos\omega t \cos(\omega t + \phi) \\ &= \frac{1}{2}\{\cos\phi + \cos(2\omega t + \phi)\}\end{aligned} \tag{3.19}$$

したがって低周波分をとり出せば，位相差 ϕ が求められる。この場合のビーム幅 $\Delta\theta_{\mathrm{HPFW}}$ は，$\phi = \pm\pi/4$ で与えられるので

$$\Delta\theta_{\mathrm{HPFW}} = \frac{\lambda}{4L} \tag{3.20}$$

この処理に用いられる乗積検波器は，この使いみちのために，位相比較器と呼ばれている。また式 (3.19) をみると，2 アンテナの出力で同期検波をしているのと同じである。したがって，足し算相関器と比べると，受信機で発生する雑音を抑圧する効果がある。

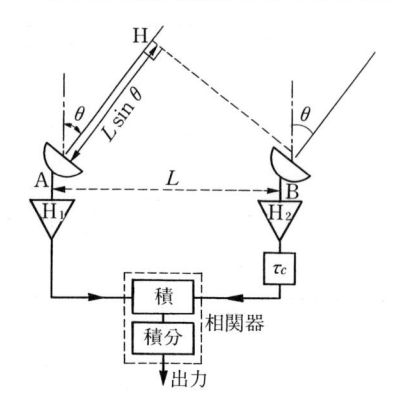

図 3.18 電波干渉計（帯域性波源の場合）

電波が人工衛星からの変調波や電波星からの雑音電波のように，スペクトルが広いものの場合は，両アンテナの出力を相関処理して角度が算出される[12]。すなわち，**図 3.18** において各アンテナの出力波形 $v(\theta:t)$ は，電波星のスペクトル $V(\omega)$ と受信系伝達関数 $H(\omega)$ を用いると，つぎの逆フーリエ変換で定義される。

$$v(\theta:t) = \frac{1}{2\pi}\int_{-\infty}^{\infty} V(\omega)H(\omega)\mathrm{e}^{\mathrm{j}\omega t}\,d\omega \tag{3.21}$$

また両アンテナの出力 $v(\theta:t)$ および $v(\theta:t-\tau)$ に対する相関器出力は，次式で表される。

$$r(\theta:\tau) = \frac{1}{2T}\int_{-T}^{T} v(\theta:t)v(\theta:t-\tau)\mathrm{d}t \tag{3.22}$$

ところで周波数応答（電力スペクトル）は，ウィーナー・ヒンチン（Wiener-Khinchin）の関係式により，自己相関関数（式 (3.22) 右辺で $T\to\infty$ とする）のフーリエ変換として求まる。すなわち

$$|V(\omega)H(\omega)|^2 = \int_{-\infty}^{\infty} r(\theta:\tau)\mathrm{e}^{-\mathrm{j}\omega\tau}\mathrm{d}\tau \tag{3.23}$$

またはフーリエ逆変換をとって

$$r(\theta:\tau) = \frac{1}{2\pi}\int_{-\infty}^{\infty} |V(\omega)H(\omega)|^2 \mathrm{e}^{\mathrm{j}\omega\tau}d\omega \tag{3.24}$$

つぎに実際に $V(\omega)$ と $H(\omega)$ から，自己相関関数を求めてみよう。$H(\omega)$ としてはガウス関数形の帯域通過フィルタを想定し，つぎの関数形で表す（ω_0

3.2 測定原理

が中心周波数，σ が帯域幅を表す）。

$$|H(\omega)|^2 = \frac{1}{2\sigma\sqrt{2\pi}}\left\{\exp\left[-\frac{(\omega-\omega_0)^2}{2\sigma^2}\right] + \exp\left[-\frac{(\omega+\omega_0)^2}{2\sigma^2}\right]\right\}$$
(3.25)

電波源として，一様スペクトル $V(\omega) = V_0$（実定数）を仮定する。すると，ガウス関数のフーリエ変換の公式を用いて，次式が導かれる。

$$r(\theta:\tau) = \frac{V_0^2}{2\pi}\exp\left(\frac{-\tau^2\sigma^2}{2}\right)\cos\omega_0\tau \tag{3.26}$$

遅延 τ は到来波方向による分（式（3.17））と回路による分（τ_c）の和であるから

$$r(\theta:\tau) = \frac{V_0^2}{2\pi}\exp\left[-\frac{\sigma^2}{2}\left(\frac{L}{c}\sin\theta - \tau_c\right)^2\right]\cos\left[\omega_0\left(\frac{L}{c}\sin\theta - \tau_c\right)\right]$$
(3.27)

式（3.27）の第1項（exp関数）が遅延分解関数，第2項（cos関数）がフリンジ関数と呼ばれる。この遅延分解能は，帯域幅 σ に反比例してよくなることがわかる。また前述のコヒーレンスのよい単一周波数の電波に対する干渉特性は，フリンジ関数によるものである。式（3.26）のパターンは，**図 3.19** のようになり，包絡線が遅延分解関数，その中の振動成分がフリンジ関数を表す。遅延 τ_c は，相関器出力を最大にするように決められる。よってある θ に対し，τ_c を調整することにより最大出力 $V_0^2/2\pi$ が正確に求まり，その結果 θ vs. V_0^2 の特性が求まる（波源の像が描ける）。

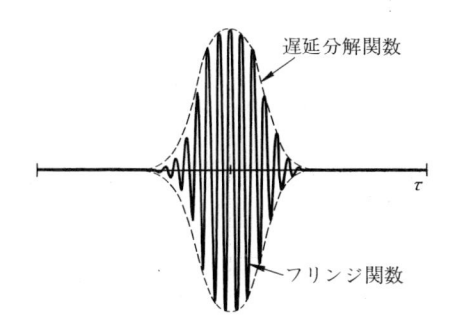

図 3.19 電波干渉計の相関出力

図 3.18 では，両アンテナの出力は伝送線で結ばれており，実時間での合成ができる。また合成処理は，実際は中間周波数で行われる。その周波数変換のための高安定な標準周波数は，同一の発振器から伝送線により各アンテナに供給される。距離 L は，伝送線の有無や安定性で制限されてしまう。1946 年に行われた世界初めての電波干渉計では，175 MHz の電波に対し，距離 24 km で行われた。角度分解能は 0.4 度であり，高周波数で単一の大口径アンテナができない時代としては，画期的であった。

電波干渉計の距離の壁を破るのが，超長基線干渉計（very long baseline interferometer：VLBI）である。構成は図 3.18 において，遅延回路（τ_c）と相関器を取り除いたものである。かわりに，二つのアンテナの受信系には独立な高安定発振器を付けて，ほぼコヒーレントな中間周波数出力を得る。その出力は，いったん磁気テープ（MT）などに記録される。こうすることにより，標準周波数の供給と出力の合成のため伝送線を使う必要がなくなる。相関処理は，オフラインのコンピュータで行う。このとき両出力の相関パラメータを変えることにより，両アンテナの標準周波数のずれとともに，時刻ずれの補正も行うことができる。

VLBI 技術により距離 L を飛躍的に大きくして，角度分解能を向上できた。1967 年アメリカ国立電波天文台（NRAO）とコーネル大学の実験では，610 MHz で $L = 220$ km であり，1.3×10^{-4} 度を実現した。現在では大陸間において，数十 GHz のミリ波帯で距離数千 km のシステムも用いられている。

さらに 2 アンテナが地球上にあるための距離制限を克服するため，一方のアンテナを地球周回軌道上に打ち上げることが行われた。これがスペース VLBI であり，**図 3.20** は世界で初めて実現されたスペース VLBI システム「VSOP」を示す[13]。人工衛星「はるか」上に，その重要機器である実効直径 8 m の大形展開アンテナが搭載されている[14]。人工衛星に高安定な発振器を積むことが難しいため，地上から無線回線により標準周波数が供給される。逆に電波星からの受信波形は，無線回線により地上に降ろされる。対をなす他のアンテナは，地球上で同一時刻に同一電波源を観測する。搭載アンテナと地上ア

3.2 測定原理

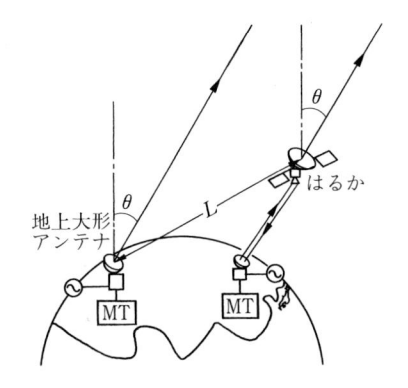

図3.20 スペースVLBIシステム

ンテナの両出力の合成・処理は，地上VLBIとまったく同じに行われる。VSOPシステムでは，はるか衛星が遠地点地上高2.1万kmなので，距離Lは最大2.7万kmに達する。

宇宙探査機や人工衛星の軌道を決めるため，上述の角度測定システムが使われようとしている[15]。これは位置が既知の電波源(例えば，電波星)と探査機との角度を精密に測定するものである。VLBIシステム(オフライン，群遅延計算)によるものと，電波干渉計(実時間も可，位相遅延計算)によるものがある。

3.2.4 測定誤差と補正

これまでは測定原理ということで，外乱要因がない理想状態を考えてきた。実際には，自然やシステムに起因する種々の測定誤差が発生し，距離測定と距離変化率測定において，種々の補正が必要である。例えば電波が大気圏や電離圏を通るとき，大気屈折率の存在あるいはその不均一性，プラズマによる屈折率変化などのため，真空における電波通路と異なってしまう。これを補正するため，大気屈折率の高度依存性モデルなどが使われる[16]。本項では，これらの要因について考え方を説明する。

〔1〕 **大気屈折率** 大気圏を電波が伝搬する様子は，大気比誘電率ε_rあるいは大気屈折率n ($n=\sqrt{\varepsilon_r}$) により決まる。幾何学的長さΔlに対する位相$\Delta\phi$は

$$\Delta\phi = k\Delta l \tag{3.28}$$

で表される。ここに位相定数 k は，真空中の誘電率 ε_0 と透磁率 μ_0 を用いて

$$k = \omega\sqrt{\varepsilon_r \varepsilon_0 \mu_0} \tag{3.29}$$

n は近似的に次式で表されることが導かれている。

$$n = 1 + \left(7.9 \times 10^{-5} \frac{P}{T} + 0.38 \frac{U}{T^2}\right) \tag{3.30}$$

ここに，P：気圧〔hPa〕，U：水蒸気分圧〔hPa〕，T：絶対温度。かっこ中第1項が乾いた大気による分で，補正項の90％の値を占める。

式 (3.28) と (3.29) より，$\Delta\phi$ は大気の比誘電率 ε_r により変わる。大気圏の下方では気圧が高いので，ε_r は大きくなる。この ε_r の変化に対応して，距離，ドップラー周波数，角度の各測定値に誤差が生じる。まず宇宙から直進してきた電波は，スネルの法則に従い進路が曲げられる。電波通路はいわゆる光線追跡法（ray tracing）により求められる。つぎに，実際の電波通路 l に対し，位相量が変わり誤差となる。これらを合わせて，電磁気学的長さ（真空に換算）l' は

$$l' = \int_l \sqrt{\varepsilon_r}\, dl \tag{3.31}$$

例えば，垂直方向からくる電波は曲げられないので，l' には $\sqrt{\varepsilon_r}$ の効果のみで 2 m 程度の誤差ですむ。しかし水平方向の電波は大きく曲げられるので，l' は 100 m の誤差で，角度は 0.5 度程度となる。周波数による差はあまりなく 2 GHz と 8 GHz で，1 cm 以下である。

〔2〕 **電離圏プラズマ**　プラズマには，電子に対応して正イオンがあるが，正イオンは質量がはるかに大きいため静止しているとして無視できる。したがって，プラズマ中で周波数 f の電波の位相速度 v_p と群速度 v_g は，次式で与えられる。

$$v_p \fallingdotseq c\left(1 + \frac{A}{f^2}N\right) \tag{3.32}$$

$$v_g \fallingdotseq c\left(1 - \frac{A}{f^2}N\right) \tag{3.33}$$

ここに，$c = 1/\sqrt{\varepsilon_0 \mu_0}$：真空中の光速，$N$：電子の体積当り密度，さらに A

$= q^2/8\pi^2\varepsilon_0 m$,ただし q:電子電荷,m:電子質量。

この v_p は搬送波の速度あるいは位相の変化を表し,v_g は搬送波に変調された測距信号の速度を表すものである。v_p は光速 c より大きくなり,v_g は c より小さくなる。また v_p と v_g が異なる値となるので,通常の電波(TEM 波)と性質が異なってくる。周波数依存性は,大気圏の影響ではあまりなかったが,電離圏の影響では顕著になる。

地球局($x=0$)から衛星($x=R$)までの位相の伝搬時間は

$$T_u = \int_0^R \frac{dx}{v_p}$$

$$= \frac{1}{c}\left(R(t) - \frac{A}{f_u^2} I_u(t)\right) \tag{3.34}$$

ここに,添字 u は上り回線を表し,時刻 t で $x=R$ に到達するとした。この I_u は次式で与えられ,縦電子密度(columnar electron density)と呼ばれる。

$$I_u = \int_0^R N dx \tag{3.35}$$

I_u は電波通路方向に平均化した電子密度を表し,プラズマ中の電波伝搬に関係する重要な量である。

上り電波(周波数 $f_u(t)$)が時刻($t - T_u$)に地球局から送信され,同位相点が衛星に時刻 t で届くわけである。したがって,その位相 ϕ_{SR} は

$$\phi_{SR} = 2\pi f_u\left(t - \frac{R(t)}{c} + \frac{A}{cf_u^2} I_u(t)\right) \tag{3.36}$$

瞬時周波数は,位相を時間微分すれば与えられるので

$$f_{SR} = \frac{1}{2\pi}\cdot\frac{d\phi_{SR}}{dt} = f_u\left(1 - \frac{R'(t)}{c} + \frac{A}{cf_u^2} I_u'(t)\right) \tag{3.37}$$

かっこ中第 2 項はドップラー周波数を,第 3 項がプラズマによる影響を表す。

プラズマによるドップラー周波数計測誤差は日変化で 1 mm/s 程度になる。しかしこれは長時間観測データによって補正することができる。また 2 周波数(例えば S 帯と X 帯,あるいは GPS の L_1 と L_2)での周波数変化量から I_u を算出することもできる。

つぎに群速度に対する影響も,縦電子密度 I_u を用いて求めることができる。

これは測距に対し誤差を与える。例えば，太陽風プラズマによる誤差は，風下側で数天文単位（astronoical unit：AU）の所にいる探査機では10m程度であるが，外合（探査機が太陽の反対側にいる場合）では1kmにもなる。

ところで，ドップラー周波数から求まる速度 R'_p を積分すれば距離になる。これは測距において，時刻 t_0 から t_1 までの測定値 R_g の差と関係がある。そこで両者の差をとって，DRVID（differenced range versecs integrated Doppler：差分距離対積分ドップラー）を定義する[10]。すなわち

$$\mathrm{DRVID} = R_g(t_1) - R_g(t_0) - \int_{t_0}^{t_1} R'_p(t)\mathrm{d}t$$

$$= \frac{A}{f_u^2}\int_{t_0}^{t_1}\left[I'_u(t-T_d) + \frac{1}{r_{ud}^2}I_d(t)\right]\mathrm{d}t \tag{3.38}$$

ここに，添字 u と d は上りと下りを表し，$r_{ud} = m_d/m_u$：トランスポンダの折返し周波数比である。したがって DRVID により，縦電子密度 I_u と I_d の時間変化を単一周波数で測定できる。

〔3〕 **熱雑音** 距離測定における熱雑音の影響について考える。図3.3の測定回路において，受信信号 $e_R(t)$ は測距トーン信号（振幅 A）に対し，狭帯域ガウス雑音 $n(t)$ が加わった形でつぎのように表される。

$$e_R(t) = A\cos\omega_R(t-\tau) + n(t) \tag{3.39}$$

この雑音により主測距信号がジッタを受け，図3.3中に示したように，位相測定に誤差が生じる。

人工衛星などの飛しょう体の距離は，式（3.1）を書き直して

$$R = \frac{c\Delta\phi}{4\pi f_R} \tag{3.40}$$

したがって，距離計測精度 σ_R は位相計測精度 σ_ϕ を用いて

$$\sigma_R = \frac{c\sigma_\phi}{4\pi f_R} \tag{3.41}$$

である。位相計測精度 σ_ϕ は，PM信号波の復調における雑音の影響と同じように解析できる。入力される受信測距トーンの電力 $S(=A^2/2)$ が，雑音電力 N_0B_N よりある程度大きければ，複素ベクトルの位相角の標準偏差として次式

で表される。

$$\sigma_\phi = \sqrt{\frac{N_0 B_N}{S}} \tag{3.42}$$

積分時間 T を用いれば，$B_N = 1/2T$ と考えられるので

$$\sigma_\phi = \frac{1}{\sqrt{(S/N_0)\cdot 2T}} \tag{3.43}$$

よって

$$\sigma_R = \frac{c}{4\pi f_R \sqrt{2T\cdot S/N_0}} \tag{3.44}$$

したがって，距離計測精度向上には，つぎの方法が考えられる。
  (1) アンテナ口径などを大きくして測距トーン受信電力 S を大きくするか，または低雑音増幅器の性能を向上し N_0 を小さくする。
  (2) 積分時間 T を長くする。
  (3) 測距トーン周波数 f_R を高くする。

積分時間 T を長くすることは，積分時間 T 内の距離変動を検出できなくなるばかりでなく，相関値の減少を意味し距離計測精度を劣化させることに注意しなければならない。一方，測距トーン周波数 f_R の高周波数化は同一の位相計測精度の条件で高分解能と高精度化を期待させるが，占有スペクトルを拡大しかつ計測可能距離のダイナミックレンジを狭めてしまう。これはパルスレーダのパルス幅とパルス繰返し周期の関係に似ている。

図 3.4 に示した PLL 法においては，位相計測計として積分時間 T の相関形を用いた場合，$B_N < 1/2T$ のもとで T を大きくすれば，式 (3.44) の σ_R を改善できる。この条件は，ループ帯域端において位相が $\pi/2$ 以下になることを意味する。この条件を満たすため，B_N を狭帯域化することが考えられる。これは行きすぎると大きな制御遅れを招き，入力の位相変化の大きなダイナミックスに追尾できない原因となる。

距離変化率計測に際して雑音による誤差としては，PLL（位相同期ループ）の位相捕捉誤差となって現れる。PLL はダウンリンク搬送波を追尾し，等価雑音帯域幅 B_N のトラッキングフィルタとして動作する。その VCO（電圧制御

発信器）出力を周波数カウンタにより計数することにより，ダウンリンク搬送波周波数の計測が行われる。周波数カウンタの計測精度は，基準信号源の安定度と入力信号の S/N および計測方式の違いにより左右される。周波数計測方式として，累積された搬送波位相 $\phi(t)$ の T_P 時間差分により求める場合には，周波数は次式で与えられる。

$$f = \frac{\phi(k) - \phi(k-1)}{2\pi T_P} \tag{3.45}$$

ここで測定点 k と $k-1$ での測定誤差は，無相関と考えられる。よって周波数計測精度 σ_f は，位相計測精度を σ_ϕ として

$$\sigma_f = \frac{\sqrt{2}\sigma_\phi}{2\pi T_P}$$

$$= \frac{\sqrt{2}}{2\pi T_P} \frac{1}{\sqrt{(S/N_0 B_N)}} \tag{3.46}$$

ここで式（3.42）を用いている。ゆえに，距離変化率計測精度 σ_V は

  往復ドップラー計測時：

$$\sigma_V = \frac{c}{2\sqrt{2}\pi r_{ud} f_u T_P} \cdot \frac{1}{\sqrt{(S/N_0 B_N)}} \tag{3.47}$$

  片道ドップラー計測時：

$$\sigma_V = \frac{c}{\sqrt{2}\pi f_d T_P} \cdot \frac{1}{\sqrt{(S/N_0 B_N)}} \tag{3.48}$$

となる。

　これにより一般に，同一の S/N 条件においては，搬送波周波数が高く，位相差分を行う積分時間 T_P が大きいほど距離変化率の計測精度は高められる。

　〔4〕 **装置に起因する誤差**　　距離や距離変化率には，測定装置や追跡局の各種装置・構成により，誤差が発生する。それは，つぎのような要因による。

　（1）　ドップラー計測のタイミング誤差
　（2）　ドップラー周波数カウンタの時間分解能
　（3）　地球局の基準周波数発振器の周波数誤差
　（4）　装置内遅延の不確実性

（5） 衛星内遅延の不確実性

項目(1)と(2)は計測装置構成により異なる。(3)は発振器の種類（水素メーザ，セシウム発振器，ルビジウム発振器）により決まる。(4)と(5)は測定・運用の段階で校正されるべきものである。

3.3 軌道決定・軌道予測

3.2節で述べた各測定データ（距離データなど）を用いて衛星の軌道を決定したり予測することについて本節で述べる。また軌道決定を行うための準備として，そのデータにつけられた時刻を扱う時系，衛星の運動を表現するための座標系，また衛星の運動に影響を与える摂動などについて述べる。

3.3.1 人工衛星の軌道と記述法

衛星が運動する際に描く軌跡を軌道という。ニュートン力学によれば，万有引力による衛星の地球まわりの運動を二体問題（両者を質点とみなす）と考えると，衛星は地球を焦点とする2次曲線上を運動し，ある時刻における衛星の位置と速度が与えられると，それ以後の運動はまったく一義的に定まる。図3.21に示すような質点 m_0, m_1 の運動を考えると，ニュートンの運動方程式から

$$m_0 \frac{\mathrm{d}^2 \boldsymbol{r}_0}{\mathrm{d}t^2} = G \frac{m_0 m_1}{r^2} \frac{\boldsymbol{r}}{r} \tag{3.49}$$

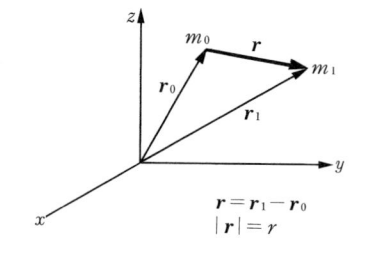

$$m_1 \frac{\mathrm{d}^2 \boldsymbol{r}_1}{\mathrm{d}t^2} = - G \frac{m_0 m_1}{r^2} \frac{\boldsymbol{r}}{r} \qquad (\boldsymbol{r}_1 = \boldsymbol{r}_0 + \boldsymbol{r}) \tag{3.50}$$

図3.21 2質点の運動

ただし G は重力定数であり，$6.67\times10^{-11}\mathrm{m^3/(kg\cdot s^2)}$ に等しい。

式 $(3.50)/m_1$ から式 $(3.49)/m_0$ を引いて

$$\left.\begin{array}{l}\dfrac{d^2\boldsymbol{r}_1}{dt^2}-\dfrac{d^2\boldsymbol{r}_0}{dt^2}=-G\dfrac{m_0+m_1}{r^2}\dfrac{\boldsymbol{r}}{r}\\[2mm]\dfrac{d^2\boldsymbol{r}}{dt^2}=-\mu\dfrac{\boldsymbol{r}}{r^3}\end{array}\right\} \quad (3.51)$$

$$\mu=G(m_0+m_1)$$

質点 m_0 を地球，m_1 を衛星と考えると $m_0\gg m_1$ であるから $\mu\fallingdotseq Gm_0$ となる。$\mu=3.986\times10^{14}\mathrm{m^3s^{-2}}$ を地心重力定数という。式 (3.51) は 2 階の微分方程式であるから，その解に含まれる積分定数が定まれば衛星の運動は時間の関数として一義に求まる。

観測データから運動状態を規定する軌道要素を求めることを軌道決定という。軌道要素から観測を行うために必要な将来の衛星の位置，速度を計算することを軌道予測（予報）という。また，衛星などをロケットで打ち上げてから所定の軌道（静止軌道や惑星探査軌道など）へ投入するまでの一連の軌道変更の計画をたてることを軌道計画（または軌道制御計画）という。

人工衛星の軌道を観測し，観測したデータに付けられる時刻やそれらのデータをもとに軌道決定する場合にいくつかの時系が使われる。人工衛星の観測に用いられる時系としては，つぎの二つが必要である。

（1） 衛星の観測は通常，地球表面で行われているので，観測時に慣性空間に対する観測局位置を計算できる時系
（2） ニュートンの運動方程式は一様に流れる時系を基礎に組み立てられているため，一様に流れる時系

時の流れは，昔から地球の自転運動をもとにして測ってきており，地球の自転に基づいて定まる時系としては，恒星時（sidereal time）と世界時（universal time）がある。しかし，地球の自転運動は一様でないため，一様に流れる時系としては，太陽系内の天体の運動理論に基づいた力学時と原子の固有振動を用いた量子力学に基づく原子時（TAI）が作られた。さらに，原子時に

基づきながら，地球の自転に基づく世界時との時刻差が一定の範囲内に収まるように管理された人工時系の協定世界時（UTC）が定められた．現在，日常生活ではこの協定世界時が使われており，一般的に観測データに付与される観測時刻や軌道要素の元期（epoch time）にはUTCが使われる．1999年5月現在ではUTC－TAI＝－32秒である．

恒星時は春分点からの時角として定義され，瞬時の平均春分点，瞬時の真春分点に対応してそれぞれ平均恒星時および視恒星時という．また，その地点の子午線までの時角を地方恒星時，グリニッジ子午線までの時角をグリニッジ恒星時という．

世界時は地球の自転周期を，太陽を基準に測定する．太陽が南中してからつぎに南中するまでの時間を年間平均したもの（1平均太陽日）を24時間とする．太陽は恒星と異なり，地球の公転によりその位置が毎日約1度変わるので，1平均太陽日は，地球が1回自転する時間よりも長くなる．すなわち，1平均太陽日＝24平均太陽時で，1平均恒星日＝23h 56m 4.0905s 平均太陽時である．

時刻の基準はグリニッジ天文台を通る子午線を平均太陽が通過したときを12時とする．世界時とグリニッジ恒星時の関係を図3.22に示す．世界時は，地球の自転速度が一定でないため，不規則さを含んでいる．これらの不規則な変化を考慮した世界時としてつぎのものがある．

UT0：各天文台において恒星の観測から求められた生の世界時

UT1：UT0に極運動を考慮したもの

UT2：UT1に地球自転速度の季節変化を考慮したもの

これらのうち，地球の自転を最も忠実に反映しているのはUT1であり，UT1はグリニッジ平均恒星時や観測局の地方恒星時を求めるために使用される．

力学時は，天体運動論および天体暦に用いる時系で，従来この種の計算に用いていた暦表時（ET）に代わるものである．天体の位置や歳差・章動の計算には力学時が使用される．原子時は，量子力学の理論から不変とされるセシウ

3. 人工衛星の位置・速度計測

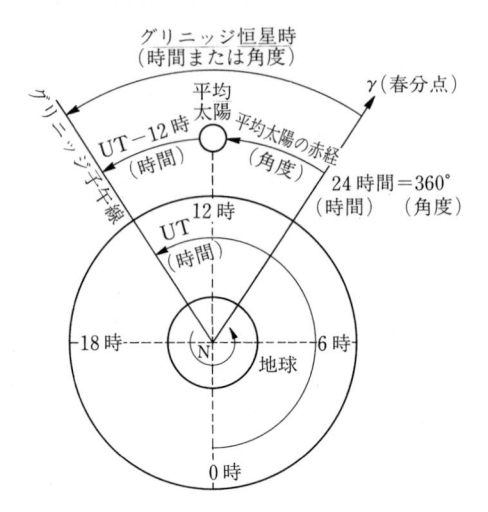

図 3.22 グリニッジ恒星時と世界時

ム原子の固有振動数を積算して時刻を決める時系である．世界各地の原子時計データを比較総合してパリの国際地球回転事業（International Earth Rotation Service：IERS）中央局から発表される原子時を国際原子時（TAI）と呼ぶ．人工衛星の運動方程式の計算には TAI を用いている．

人工衛星の運動を記述するための座標系には，ニュートン力学が成立する絶対空間に対して静止，または等速直線運動をしている慣性座標系を用いる（**図 3.23**）（赤道面座標系ともいう）．一般的には，地球の重心を座標系の原点にし，地球の自転軸を Z 軸，赤道面を X, Y 平面とし，X 軸は春分点方向と

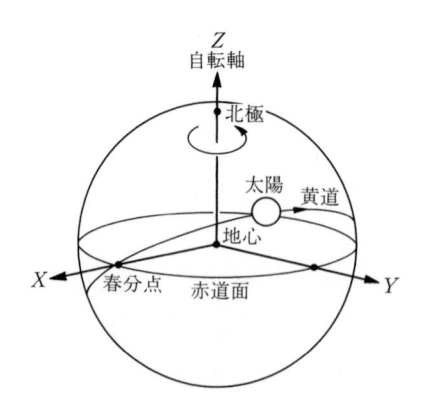

図 3.23 赤道面座表系

する。しかし，地球の自転軸や春分点方向は歳差（precession），章動（nutation）という現象で変動している[17]。

図3.24に歳差・章動の起こる仕組みを示す。地球は赤道部分がふくらんだ回転楕円体に近い形をしている。そして形状軸は，月（または太陽）と地心を結ぶ直線に対して垂直ではなく，ある角度θだけ傾いている。そこで，起潮力が赤道部分のふくらみに作用すると，地球を起こそうとするトルクが生じて，自転軸は空間に対して平均的に味噌すり運動をする。これが歳差であり，2.6万年の周期を有する。また，θは月の公転や白道面の変動，地球の公転により変化するため，発生するトルクも変化してそれぞれ半月，18.6年，半年を周期とする章動が発生する[18]。

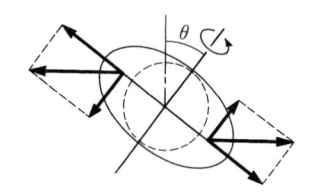

図3.24 歳差・章動の起こる理由

また地球の自転軸が，地球に固定した座標系に対して運動するため，地球の極点が運動する現象が生じる。これを極運動という。自転軸が地球の慣性主軸と一致していないためにこの現象が起こる。そこで，ある瞬間の自転軸，春分点方向を基準方向として固定したときには，慣性系と考えられるので，この固定した座標系を用いて軌道要素を記述する。

しかし，このある瞬間で固定した座標系と，任意の人工衛星観測時における自転軸や赤道面との関係をつねに求める必要があり，歳差・章動の動きがつねにわかっていなければならない。また，極運動や地球回転のために地表上の観測地点は，慣性空間に対して，その座標位置を絶えず変えるので，地球回転パラメータも考慮しなければならない。軌道計算をするためにはこれらの歳差，章動などを考慮した基準座標系が必要となる。

・基準元期をJ2000.0（2000年1月1日正午力学時）とし，そのときの平均赤道，平均春分点を基準とした慣性座標系をmean of 2000.0 という。

- ある時刻 t における平均赤道，平均春分点を基準とした慣性座標系を mean of date という。
- ある時刻 t における章動を考慮した真赤道，真春分点を基準とした慣性座標系を true of date という。

時刻 t は，一般的には軌道要素の元期と同一である。

　原点を地球中心とし，Z 軸を地球自転軸の北極の平均位置（IERS 基準原点，IRP）を通る軸とし，X 軸は経度 0 度（グリニッジ天文台を通る子午線），Y 軸は東経 90 度の方向にとる座標系を地球固定座標系という。観測データを取得する観測点の位置は本座標系で表される。その名のとおり地球に固定されており，地球の自転に合わせて回転している座標系である。なお，観測点の位置や地球のポテンシャルが記述されている地球固定座標系から衛星の軌道計算を行う慣性座標系 mean of 2000.0 への変換および逆変換は以下の過程で行われる。

　　　地球固定座標系

　　　　　↕　　　　極運動を考慮

　　　擬地球固定座標系（地球固定座標系の基準面，Z 軸を真赤道面座標と
　　　　　　　　　　　　同じとした座標系）

　　　　　↕　　　　地球回転を考慮（恒星時情報より）

　　　真赤道面座標系（true of date）

　　　　　↕　　　　章動を考慮

　　　平均赤道面座標系（mean of date）

　　　　　↕　　　　歳差を考慮

　　　mean of 2000.0 赤道面座標系

3.3.2 軌道要素と摂動による変化

17 世紀にケプラーが惑星についてつぎの三つの法則を発見した。

1) 惑星は，太陽を一つの焦点とする一平面上で楕円軌道を描く。
2) 惑星が太陽のまわりを回るときの面積速度は一定である。
3) 惑星の公転周期（p）の2乗は，軌道長半径（a）の3乗に比例する。

$$\frac{a^3}{p^2} = 一定 \tag{3.52}$$

この法則は，地球のまわりを周回する人工衛星についても成り立つ。すなわち，惑星を人工衛星に，太陽を地球に置き換えたものが，人工衛星に関するケプラーの3法則である。このように，惑星と太陽，人工衛星と地球のように二つの天体に限った状態における運動を二体問題という。人工衛星の運動を二体問題と仮定したとき，衛星は地球を一つの焦点とする2次曲線上（一般的には楕円）を運動し，その運動は軌道要素により一義的に求まる。

衛星の運動状態を規定する軌道要素としてケプラー（Keplerian）軌道要素とデカルト（Cartesian）軌道要素（慣用的にカルテシアン軌道要素と呼ぶ）が使用されるが，ここでは軌道の特徴が直観的によくわかるケプラー軌道要素について以下に説明する。人工衛星の軌道を記述するためには軌道の形状，軌道面，そして軌道上における衛星の位置を与えればよい。ケプラー軌道要素はつぎの六つの要素からなる。

〔1〕 軌道の形を表すもの

① 軌道長半径（a, semi-major-axis）：軌道の大きさを表し，楕円の長径の半分である。

② 離心率（e, eccentricity）：楕円の形を表し，楕円のつぶれぐあいを表す量である。楕円の長半径を a，短半径を b とすると

$$e = \sqrt{1 - \frac{b^2}{a^2}} \tag{3.53}$$

で定義される。$e = 0$ は円軌道であり，e が大きくなるほどつぶれた楕円となる。$e = 1$ は放物線，$e > 1$ は双曲線軌道となる。

〔2〕 軌道面を表すもの

③ 軌道傾斜角（i, inclination）：軌道面の傾きを表す。軌道面と赤道面とのなす角度で0度 $\leq i \leq$ 180度である。

静止軌道の場合は $i \fallingdotseq 0$ 度，極軌道の場合は $i \fallingdotseq 90$ 度である。

④ 昇交点赤経（Ω, right ascension of ascending node）：軌道面と赤道面との交点のうち，衛星が赤道面を南側から北側へ通過する点を昇交点，北側から南側へと通過する点を降交点という。春分点方向から測って昇交点方向のなす角度が昇交点赤経である。

〔3〕 軌道面内で軌道の向きと衛星の位置を表すもの

⑤ 近地点引数（ω, argument of perigee）：軌道面における楕円の長軸の向きを表す。軌道上で昇交点から衛星の運動方向に近地点まで測った角度を近地点引数という。人工衛星が地球に最も近づく点を近地点（perigee），最も遠ざかる点を遠地点（apogee）という。

⑥ 平均近点離角（M, mean anomaly）：ある時刻における衛星の軌道上の位置を表す。衛星が近地点からどれくらい離れているかを角度で示している。ただし，衛星が地球を等角速度 n で運動したと仮定して計算された値であるので，実際の角度とは一致しない場合がある。近地点通過時の時刻を t_0，任意の時刻 t における平均近点離角は $M = n(t - t_0)$ で定義される。このほかに，離心近点離角，真近点離角で表すこともある。

もう一つの軌道の表し方として，慣性座標系の直交座標で衛星の位置（X, Y, Z），速度（X-dot, Y-dot, Z-dot）ベクトルとして表現されるカルテシアン軌道6要素がある。ケプラー要素とカルテシアン要素は交互に変換可能である。

これらの軌道要素が不変であるのは，理想的な二体問題の場合である。しかし，衛星には質点と考えた地球以外に多くの微少な力が作用しているため，2次曲線からずれてしまう。この2次曲線からのずれを摂動とよび，摂動のもとになる力を摂動力という。

実際に衛星に作用する摂動力としては，つぎのようなものがある。

a) **地球の重力ポテンシャルの非球状成分**：地球の赤道半径が極半径よりも約21 km大きいため，地球近傍の周回衛星では軌道面が回転し，昇交点赤経が変化する。また，近地点引数も変化する。静止衛星では地球の赤道まわりの重力の不均一のため，静止衛星では重力の強い方向にひかれて加速され，静止位置が経度方向に変化する。

b) **地球大気の抵抗**：地球近傍の周回衛星（特に高度1 000 km以下の衛星）では，大気の抵抗により軌道長半径が変化する。また，地球大気の密度は太陽活動と密接に関係し，太陽活動の周期と連動し，約11年の周期で変化する。

c) **月・太陽の引力**：おもに静止衛星などの軌道面（軌道傾斜角，昇交点赤経）に影響を与える。

d) **太陽輻射圧**：静止衛星などの高い軌道の衛星に対するほうが，地球周回衛星より影響が大きい。軌道長半径，離心率，近地点引数が変化する。

二体問題ならば時間が経過しても一定に保たれる軌道要素の値が，実際には摂動によって時間とともに刻々と変化してしまう。変動は，地球を周回する周期で変動する成分（短周期項）と，比較的長い周期で変動する成分（長周期項），永続的に変化する成分（永年項）に分けられる。そこで，一般的には永年項のみを考慮した軌道要素のことを平均軌道要素（mean orbital elements）という。

図3.25に短周期項，長周期項，永年項による軌道要素の変動のようすを示す。人工衛星搭載コンピュータにアップロードされる軌道要素やNORAD（North American Defense Command）から提供される二行軌道要素（two line orbital elements）は平均軌道要素である。また，衛星は上述の摂動によ

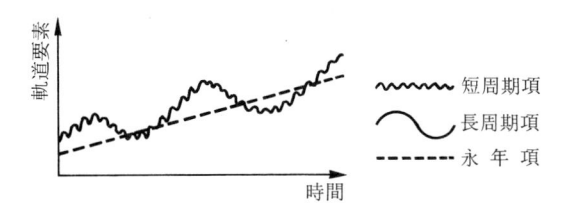

図3.25　諸振動要因による軌道要素の変動

り時間とともに変動するため，その瞬間，瞬間によって軌道要素が異なる。よってその瞬間（時刻）における軌道要素を接触軌道要素（osculating orbital elements）という。

3.3.3 軌道決定・予測の方法

3.2節で述べた軌道の観測データ（距離，距離変化率，角度データ）から衛星の運動状態を規定する軌道要素を求めることを軌道決定という。厳密には最初に軌道要素の概略値を求めることを初期軌道決定と呼ぶ。その後，観測データからより精度の良い軌道要素に改良することを軌道改良という。しかし，最近では，初期値に計画値（ノミナル軌道要素または予測軌道要素）を用い，いきなり軌道改良に入ることが多く，軌道改良のことを軌道決定ということが多い。

軌道決定の概略手順を図 3.26 に示す。

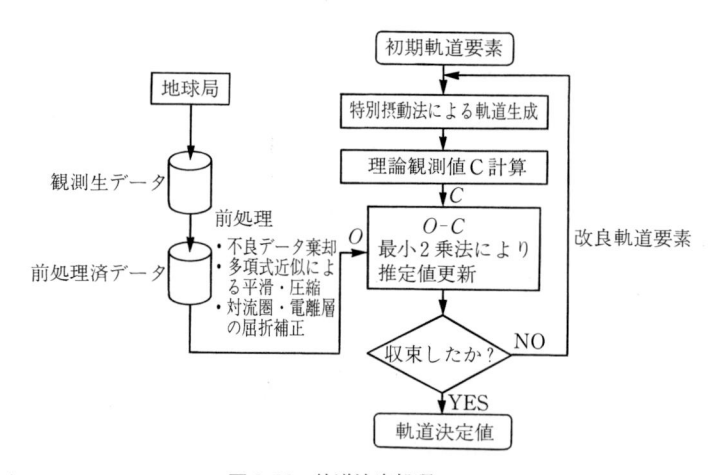

図 3.26 軌道決定処理フロー

（1） 追跡所で取得した観測データ（O）（角度データ，距離データ，距離変化率データ）を入力する。角度データはアンテナ方向を定義している方位角・仰角[*1]または X-Y 角[*2]として，距離データは電波の往復時間として，また距離変化率データはドップラー偏移量（周波数）またはドップラー偏移の積分値として，おのおの入力される。

(2) 観測データの前処理として，不良データの棄却，データの平滑化・圧縮，対流圏や電離層による屈折補正を行う．
(3) 初期軌道要素（最初は計画値を使用）をもとに軌道生成を行う．
(4) (3)の軌道生成値をもとに理論観測値（C）を計算する．
(5) ($O - C$) から軌道改良を行う．

軌道改良段階では，最小2乗法により ($O - C$) の2乗和が最小となるように，初期の軌道要素の値を修正する．ここでは，観測値 O として，時刻 t_1, t_2, t_3, $\cdots$, t_n における観測データ y_1, y_2, y_3, $\cdots$, y_n を用いる場合を考える．時刻 t_j ($j = 1, 2, 3, \cdots, n$) における観測データの理論値 C は，軌道6要素 E_i ($i = 1 \sim 6$) の関数であって，$g(t_j, E_i)$ と書ける．観測データベクトル $\boldsymbol{y}$ および対応する理論値ベクトル $\boldsymbol{g}$ をつぎのように定める．

$$\boldsymbol{y} = (y_1, y_2, y_3, \cdots, y_n)^\mathrm{T} \tag{3.54}$$

$$\boldsymbol{g}(E_i) = (g(t_1, E_i), g(t_2, E_i) \cdots g(t_n, E_i))^\mathrm{T} \tag{3.55}$$

ここで上添え字 T は転置を表し，$\boldsymbol{y}$ と $\boldsymbol{g}$ は縦ベクトルである．このとき軌道決定は，つぎの損失関数 $Q(E_i)$ を最小にする E_i を求めることによって行われる．

$$Q(E_i) = (\boldsymbol{y} - \boldsymbol{g}(E_i))^\mathrm{T} W (\boldsymbol{y} - \boldsymbol{g}(E_i)) \tag{3.56}$$

E_i で式 (3.56) が最小値をとったとすると

$$\frac{\partial Q(E_i)}{\partial E_i} = -2(\boldsymbol{y} - \boldsymbol{g}(E_i))^\mathrm{T} W \frac{\partial \boldsymbol{g}(E_i)}{\partial E_i} = 0 \tag{3.57}$$

式 (3.57) から E_i を求めて決定値としたいが，関数 g の非線形性のために，直接式 (3.57) を解いて E_i を求めることはできない．そこで E_i について，式 (3.57) をある初期値 E_{i0} の近傍で，つぎの線形近似を行う．

$$\boldsymbol{g}(E_i) = \boldsymbol{g}(E_{i0}) + \frac{\partial \boldsymbol{g}(E_{i0})}{\partial E_i}(E_i - E_{i0}) \tag{3.58}$$

---

†1 （前ページの脚注）　方位角とは水平面に垂直な軸回りの北から時計回りに計った角度，仰角とは水平面に平行な軸回りの角度すなわち高さ方向の角度を，おのおの意味する．

†2 （前ページの脚注）　X 角とは水平面に平行な X 軸回りの角度，Y 角とは水平面に平行でかつ X 軸に直交する Y 軸の回りの角度を，おのおの意味する．

$$\frac{\partial \boldsymbol{g}(E_i)}{\partial E_i} = \frac{\partial \boldsymbol{g}(E_{i0})}{\partial E_i} \tag{3.59}$$

すると式 (3.57) は

$$\left[\boldsymbol{y} - \boldsymbol{g}(E_{i0}) - \frac{\partial \boldsymbol{g}(E_{i0})}{\partial E_d}(E_i - E_{i0}) \right]^{\mathrm{T}} W \left(\frac{\partial \boldsymbol{g}(E_{i0})}{\partial E_i} \right) = 0 \tag{3.60}$$

式 (3.57) または式 (3.60) を正規方程式という。

これを E_i について解くと

$$E_i = E_{i0} + \left[\left(\frac{\partial \boldsymbol{g}(E_{i0})}{\partial E_i} \right)^{\mathrm{T}} W \frac{\partial \boldsymbol{g}(E_{i0})}{\partial E_i} \right]^{-1} \left[\left(\frac{\partial \boldsymbol{g}(E_{i0})}{\partial E_i} \right)^{\mathrm{T}} W (\boldsymbol{y} - \boldsymbol{g}(E_{i0})) \right] \tag{3.61}$$

式 (3.61) は，E_{i0} に対し，改良された軌道要素を表す。これを再び初期値として手順(3)以降の処理を行う。この繰返しを解が収束するまで行う。収束の判定は，$O-C$ の残差や改良された軌道要素の前回の改良値との差分が十分小さくなったことによって判定する。このようにして観測データに基づいて，軌道決定が行われる。

最近では，軌道改良を行う際，距離または距離変化率データを用いるのが普通であり，角度データはほとんど用いられない。しかし，ロケットの投入軌道が大きくずれた場合や，軌道変換の際に軌道が大きくずれた場合には，角度データが概略軌道を求めるために使用される。軌道改良をする際，使用するデータ量は軌道1周分以上を用いることが望ましい。また，地球近傍の周回衛星では多くの周回についてデータを取得し精度の向上をはかっている。静止軌道上での RARR を使用した位置決定精度としては数百 m 程度，地球観測衛星（高度1000 km）で数十 m 程度である。

さらに静止衛星の軌道変換などのタイムクリティカルな場合には，最小2乗法によるバッチ推定では間に合わないので，距離変化率データなどを用いたカルマンフィルタによるリアルタイム軌道推定も行われる。

以上のようにしてある時刻の軌道要素が決められた後，別の時刻における軌道要素を求めることが，運用やデータ解析のために必要となる。この作業を軌道生成，または軌道伝搬という。このようにして求めた軌道要素から，将来の

軌道位置・速度を計算することを軌道予測（予報）という。対象とする時刻は通常は将来の時刻であるが，過去にさかのぼることもある。これらの計算結果から観測局の可視情報（アンテナ予報角度など）や衛星の食情報などの軌道イベント情報を計算することができる。

軌道生成をする場合，二体問題で生成することは簡単であるが，摂動により誤差が時間とともに大きくなる。摂動を考慮した軌道生成法として，一般摂動法（general perturbation）と特別摂動法（special perturbation）がある。前者は，衛星の運動方程式を解析的に解いて近似解を求めるもので，一度解が得られれば任意の時刻における衛星の位置・速度が求められる。これに対し，後者は衛星の位置・速度の初期条件が与えられると，その近傍で作用する摂動力を計算することができ，その摂動力を考慮した運動方程式を数値積分によって計算することにより，必要な時点までの衛星の位置・速度を求める方法である。現在では，コンピュータの処理能力が向上し特別摂動法による計算が一般的である。しかし，処理能力の小さい衛星搭載コンピュータでは一般摂動法による計算も行われている。

3.4 実際の位置・速度測定システム例

3.4.1 地球周回衛星および静止衛星のための地上システム

〔1〕 **全体構成** 地球周回衛星（地球観測衛星など）および静止衛星（通信，気象，放送衛星など）の追跡管制のために，宇宙開発事業団では地上追跡管制システムを使用してきた。本システムは，日本国内で3局（千葉の勝浦，沖縄，種子島の増田），海外に可搬型の局で1局（スウェーデンのキルナ）が配置されている（**口絵2**）。アンテナとしては，開口直径が18 mのX-Yマウント方式と13 mのAz-Elマウント方式を基本としており，おもに地球周回衛星としてX-Yマウント方式，静止衛星用にAz-Elマウント方式を採用している。周波数帯については送受信とも USB を使用しており，衛星の測距（ranging）とテレメトリ受信あるいはコマンド送信を，周波数多重により同時に行

っている。

図 3.27 に追跡管制システム系統図を示す。各宇宙通信所は，アンテナ設備，RF 系設備，ベースバンド設備から構成され，取得したデータ処理およびコマンド生成・送信については，筑波宇宙センター側で通信回線を介して実施される。また，すべての宇宙通信所の装置の動作状況モニタを含むシステム操作も，筑波宇宙センターから遠隔で行われている。

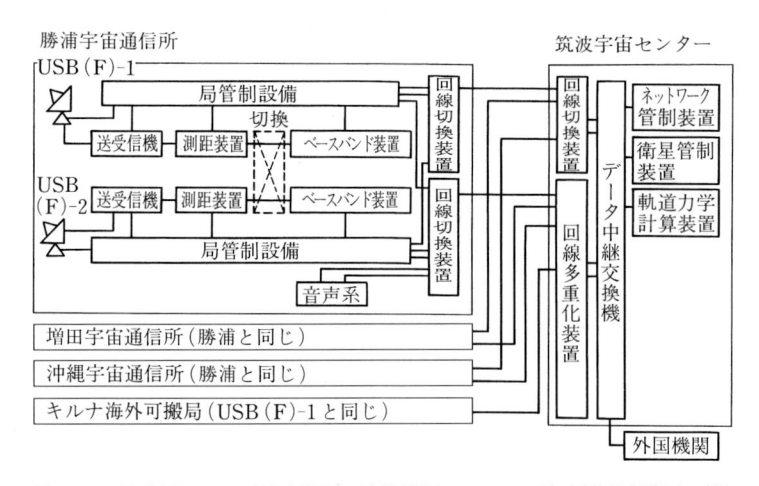

図 3.27　地球周回および静止衛星の追跡管制システム（宇宙開発事業団の例）

〔2〕 **サブシステム概要**　おもに周回衛星対応（USB(F)-1）のアンテナは，天頂付近を通過する衛星でも追跡（追尾）可能な X-Y マウント方式であり，かつ主アンテナとは別に捕捉用のアンテナ（直径 2 m のパラボラ）が付設されている。捕捉用のアンテナは，ビームが広域なため，主アンテナへの追跡移行前に容易に衛星を捕捉することが可能である。これに対し静止衛星対応（USB(F)-2）のアンテナは，Az-El マウント方式である。

送信周波数は，2 025 MHz から 2 120 MHz までの範囲で 1 kHz ステップごとに変えられる。送信電力増幅器には，クライストロンを用いており，最大 10 kW の送信が可能である。変調は位相変調（PM）である。

受信設備は，衛星からの微弱な RF 信号を増幅する低雑音増幅器（LNA）

3.4 実際の位置・速度測定システム例

と，偏波ダイバシチ受信機からなる．受信範囲は，2 200 MHz から 2 300 MHz までの周波数で，中間周波数に変換後，位相同期ループで信号捕捉を行っている．

図 3.27 の測距設備は，距離および距離変化率の計測を行うものであるが，地球周回衛星と静止衛星で区別されていない．距離計測に対しては，500 kHz または 100 kHz の正弦波計測トーンを使用したサイドトーン方式を採用している．

また，各種テレメトリ/コマンド処理，試験系の信号発生などを行うベースバンド装置も整備している．これらは切換スイッチを介して，任意の組合せが可能となっている．取得した距離・距離変化率データは，地上回線を経由して筑波宇宙センターに伝送され，軌道解析に用いられる．

〔3〕 距離計測法　図 3.28 に示すように，距離計測は測距装置から異なる周波数トーン（測定用の主信号およびあいまい除去信号）が送信装置で位相変調後，送信され，衛星のトランスポンダを経由して折り返される．受信波が受信装置から中間周波数（IF）として入力されるので，測距装置では周波数トーンの復調で計測する．この際ドップラー成分が，受信したトーン周波数にのってくるためその除去も行う．具体的な主信号とあいまい除去信号を用いて

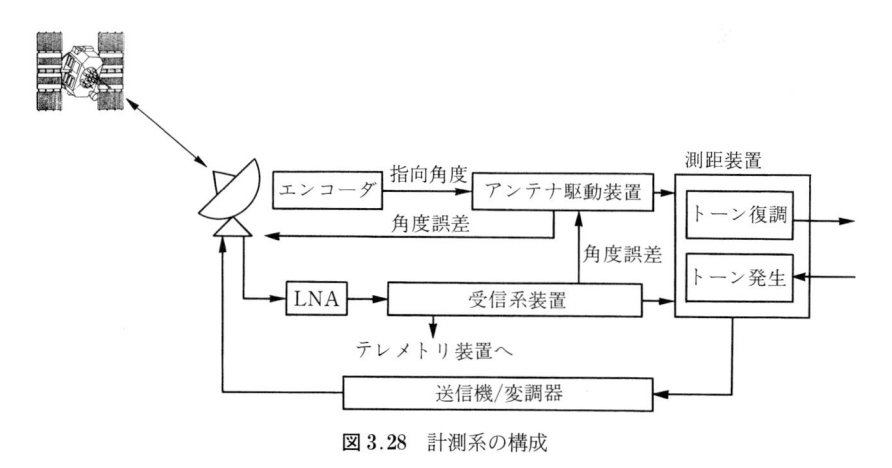

図 3.28　計測系の構成

の距離算出は，つぎのようになる。

　本システムの場合は，周回衛星では 500 kHz，静止衛星では 100 kHz の主信号を使用する．あいまい除去信号として，主信号に応じて異なる複数のトーン信号を用いる．主信号 500 kHz を使用する場合は，**表 3.1** の組合せを使用している．各トーン周波数は，主信号（500 kHz）に対して，1/5 または 1/4 の倍率で選定している．8 Hz は 10 Hz との差分で 2 Hz として使用しているので，それに対応した最大距離計測範囲は片道約 7.5 万 km である．なおこれらの信号周波数は，搬送波周波数と関係なく決まっており，いわゆるインコヒーレント方式である．

　測定用の主信号とあいまい除去信号の関係は，**図 3.29** のとおりとなる．この図を用いて測定法を説明しよう．500 kHz 主信号は衛星を折り返してきて，

表 3.1　サイドトーン方式での測距信号の種類

トーン周波数	片道測定範囲〔km〕
500 kHz	0.3
100 kHz	1.5
20 kHz	7.5
4 kHz	37.5
800 Hz	187.5
160 Hz	937.5
40 Hz	3 750
10 Hz	15 000
8 Hz	18 750

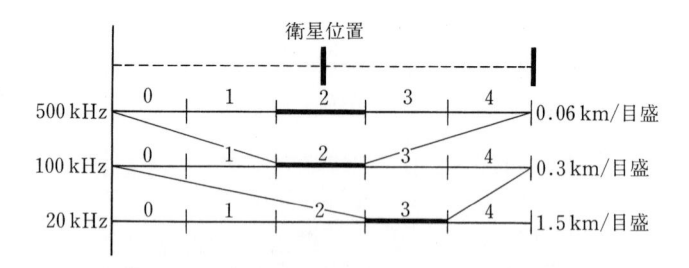

図 3.29　測定用波形の関係（500 kHz 主信号の場合）

3.4 実際の位置・速度測定システム例

受信装置を経由して，測距装置内の位相同期ループ（PLL）にて捕捉・抽出される。そして，送信波と受信波の相関から位相計測される。主信号の波長は 0.6 km なので，距離測定範囲は片道約 0.3 km であり，それが 5 等分され 0.06 km の分解能となっている。この例で主信号測定範囲内での距離は，第 2 目盛なので 0.12 km と求められる。ただしこの段階であいまいさは，0.3 km の整数倍だけ存在する。

つぎに，100 kHz のあいまい除去信号周波数については，位相測定のための PLL を有していないので，先に捕捉した 500 kHz を 1/5 倍に分周して 100 kHz 基準信号とする。この場合図 3.29 の関係となり，100 kHz の距離測定範囲を 5 等分した目盛で，第 2 目盛に入っていることがわかる。よって，このように順次あいまいさを除去していくことにより，最終的な距離測定が可能となる。上記の信号の組合せにおいて，衛星距離はつぎのように求められる。

$$(0.06\,\text{km} \times 2) + (0.3\,\text{km} \times 2) + (1.5\,\text{km} \times 3) = 5.22\,\text{km} \tag{3.62}$$

このように，あいまい除去信号の位相計測は，1 周期分を 5 または 4 分割したどの部分に属するかを計測すればすみ，位相計測を容易かつ迅速に行える。またこのことによって，位相計測の誤りを少なくすることも可能となる。

測距用トーン 2 波（500 kHz/100 kHz）伝送時のスペクトルは，**図 3.30** のようになる。100 kHz 信号で 500 kHz 信号を変調し，さらに搬送波を位相変

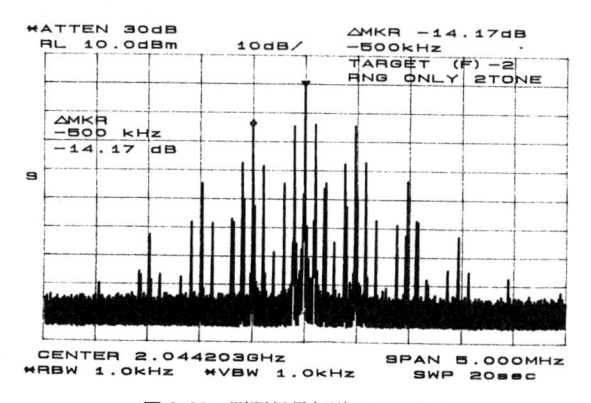

図 3.30 測距信号伝送スペクトル

調していることがわかる。

〔4〕 **距離変化率計測法** 本測距装置で距離変化率を測定する場合には大きく二つの方式で行う。衛星からの片道の距離変化率計測（片道ドップラー）では，衛星からの到来電波のドップラー周波数を周波数カウンタにて周波数計測し，そのオープンゲート内の平均周波数を算出する。搬送波の往復距離変化率計測（往復ドップラー）では，到来電波の N サイクル（波数）分のゲート時間長を計測し，その時間長から変化率を求める。これを N サイクルカウント方式と呼んでいる。

3.4.2 火星探査機のぞみのシステム

火星探査機のぞみ（口絵3）は1998年7月に打ち上げられた[19]。すでに数回の月スイングバイを経た後，巡航フェーズに入っており，2004年に火星に到着する予定である（図3.31）。その軌道決定のための追跡システムを図3.32に示す。主局は長野県・臼田局（UDSC）であり，主局が故障などの場合，測距の副局としては鹿児島県・鹿児島局（KSC）の $20\,\text{m}\phi$ アンテナ系を用いる。また探査機が日本から見えない時間には，必要に応じ NASA の深宇宙ネットワーク（DSN）の局にも，測距などを依頼する。搬送波としては，上り回線に S 帯の 2 112 MHz，下り回線に S 帯の 2 294 MHz と X 帯の 8 411

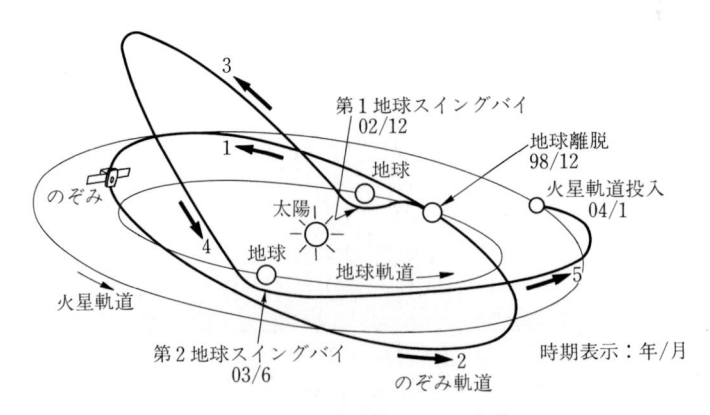

図 3.31 火星探査機のぞみの軌道

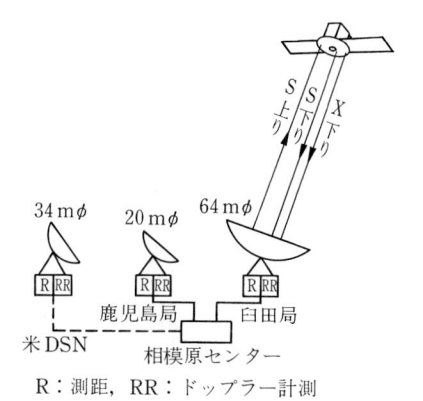

3.4 実際の位置・速度測定システム例

図 3.32 のぞみの追跡システム

R：測距，RR：ドップラー計測

MHz をそれぞれ用いている．上りと下りの搬送波は同期しており，コヒーレント方式である．

主局では順次トーン方式の測距装置とドップラー計測装置（合わせて RARR 装置と呼ぶ）が[20]，64 mϕ アンテナを初めとする通信系に接続されている[21]．測距信号は方形トーン波で上り周波数 f_u に同期しており（これもコヒーレント方式と呼ばれることがある），$f_u/2^n (14 \geqq n \geqq 11)$ の範囲で設定できる．この場合，主信号として 516 kHz を用いて，あいまいさを除くために 258 kHz から始まり約 1 Hz まで順次測距信号周波数を下げる．これでも最長の測定距離は 15 万 km であり，地球と火星の距離に比べればはるかに短い．そのため打上げから巡航，スイングバイ，火星軌道投入という一連のイベントに対し，探査機の位置や速度を計測し軌道を検証し続けることが必要である．あいまい除去信号は主信号と排他的論理和をとってから搬送波の変調にかけられる．したがってこの信号は，実質的に 516 kHz の副搬送波上に PSK 変調されたような波形をしている．測距信号はコマンド信号用副搬送波と周波数分割多重化されてから，搬送波の位相変調（PM）に用いられる．

のぞみ側では S 帯受信機で増幅した後，上記の測距信号で変調されたままの副搬送波が抽出される．そして S 帯送信機により再び搬送波に位相変調され，増幅した後，UDSC に向けて下り回線に送り出される．その際必要があれば，PM 変調の前に測距用副搬送波は，テレメトリ用副搬送波と周波数領域

表 3.2 のぞみ RARR 回線の高周波部分の解析

項　目	単　位	上　り	備　考	下　り	備　考	下　り	備　考
周波数	MHz	2 112.29		2 293.89		8 410.93	
送信電力	dBm	73.0	クライストロン 20 kW	35.0	FET, 4 W	37.6	FET, 5.8 W
給電損失	dB	−0.9	導波管	−2.4	同軸線		
送信アンテナ利得	dBi	61.6	64 mφ カセグレン	27.4	1.6 m パラボラ	38.4	1.6 m パラボラ
送信アンテナ指向誤差	dB	−0.1	HPFW 0.13 deg	−0.1	±0.45 deg	−1.2	±0.45 deg
偏波損失	dB	−0.1		−0.1		−0.1	
自由空間損失	dB	−270.8	3.9 億 km	−271.5	3.9 億 km	−282.8	3.9 億 km
降雨減衰	dB	−0.1		−0.1		−0.8	
受信アンテナ利得	dBi	26.9	1.6 m パラボラ	61.6	64 mφ カセグレン	70.6	64 mφ カセグレン
受信アンテナ指向誤差	dB	−0.1	±0.45 deg	−0.1	HPBW 0.13 deg	−0.2	HPBW 0.03 deg
給電損失	dB	−2.0	同軸線	0	導波管		導波管
受信電力	dBm	−112.6		−150.4		−138.5	
雑音電力密度	dBm/Hz	−172.6	S/C の NF : 3 dB	−179.4	臼田局雑音温度 : 82.8 K	−177.7	T_a : 5 K

多重化される。

RARRのための回線としては，高周波部分とベースバンド部分に分けて解析するのがわかりやすい。高周波部分の解析結果を**表3.2**に示す。探査機アンテナとして高利得アンテナ（HGA）を用い，探査機と地球局共に最大出力を出している状態である。火星到着時に，のぞみと地球の間の距離は約2億kmであるが，この表では最も遠距離となる3.9億kmを想定している。なおここでは見やすくするため，損失をマイナス値で表している。

また，ベースバンド部分の解析結果を**表3.3**に示す。トーン波による測距の場合，信号スペクトルが狭く鋭く，かつコマンドあるいはテレメトリのスペクトルと重なってしまうので，条件によっては測距とコマンドあるいはテレメトリが同時運用できない。

表3.3(a)は，上り，下り回線共に測距信号のみ伝送している場合である。測距信号は位相変調で方形波を採用しており，上り回線では変調指数 β が1.2 radであるから，信号の側帯波電力と全搬送電力の比，言い換えれば変調損失は $(\sin \beta)^2$ すなわち -0.6 dB である。同表ではさらに伝送路で帯域制限されるため，電力損失 -0.9 dB を含めている。表には記していないが，そのときの搬送波電力は，全電力の $(\cos \beta)^2$ 倍すなわち -8.8 dB となる。地球局からの電波をのぞみトランスポンダが受信するとき，雑音よりもはるかに微弱になる（S/N で -5.5 dB）。この信号と雑音を一緒にして増幅すると，AGC増幅器の出力電圧が一定になるため，信号分が抑制されるあるいは変調指数が低くなるようにみえる。

以下に，この効果を定量的に評価しよう。衛星搭載の送信機への変調信号は，受信機の出力信号である。その電力は測距信号電力（S_{RG}）と雑音電力（N）の和であり，$\sqrt{S_{RG} + N}$ が一定になる。変調信号電力のうち測距信号電力の割合は，$S_{RG}/(S_{RG} + N)$ である。したがって下り回線の変調指数は，雑音がない場合の値に比べ，$\sqrt{S_{RG}/(S_{RG} + N)}$ 倍に低下する。表では実質的変調指数が0.28 radになり，信号電力は全搬送電力の -12.1 dB に低下してしまう。

表3.3 のぞみRARR回線のベースバンド部分の測距信号解析

(a) 測距のみで使用する場合（上り下り共にS帯）

項　目	単　位	上　り	備　考	下　り	備　考
高周波受信電力	dBm	−112.4		−150.4	
変調損失，ほか	dB	−1.5	方形波 1.2 rad	−12.7	方形波 0.6 rad（名目） 0.28 rad（実質）
測距信号電力	dBm	−114.1		−163.1	
雑音電力密度	dBm/Hz	−172.6	S/C の NF：3 dB	−179.4	臼田局雑音温度：82.8 K
帯域幅	dB・Hz	64.0	2.5 MHz	0.0	積分1秒
雑音電力	dBm	−108.6		−179.4	
S/N	dB	−5.5		16.3	
所要 S/N	dB・Hz	──		9.0	
マージン	dB	──		7.3	

(b) 上りでコマンド，下りでテレメトリと併用する場合（上り下り共にS帯）

項　目	単　位	上　り	備　考	下　り	備　考
高周波受信電力	dBm	−112.6		−150.4	
変調損失，ほか	dB	−5.3	方形波 0.7 rad	−20.3	方形波 0.6 rad（名目） 0.19 rad（実質）
測距信号電力	dBm	−117.9		−170.7	
雑音電力密度	dBm/Hz	−172.6	S/C の NF：3 dB	−179.4	臼田局雑音温度：82.8 K
帯域幅	dB・Hz	64.0	2.5 MHz	0.0	積分1秒
雑音電力	dBm	−108.6		−179.4	
S/N	dB	−9.3		8.7	
所要 S/N	dB・Hz	──		9.0	
マージン	dB	──		−0.3	

CM副搬送波：正弦波，$\beta=0.5$ rad（max）
TM副搬送波：方形波，$\beta=0.89$ rad（max）

(c) 上りでコマンドと併用，下りは測距のみで使用する場合（上りS帯，下りX帯）

項　目	単　位	上　り	備　考	下　り	備　考
高周波受信電力	dBm	−112.6		−138.5	
変調損失，ほか	dB	−5.3	方形波 0.7 rad	−14.7	方形波 0.8 rad（名目） 0.24 rad（実質）
測距信号電力	dBm	−117.9		−153.2	
雑音電力密度	dBm/Hz	−172.6	S/C の NF：3 dB	−177.7	臼田局雑音温度：122.5 K
帯域幅	dB・Hz	64.0	2.5 MHz	0.0	積分1秒
雑音電力	dBm	−108.6		−177.7	
S/N	dB	−9.3		24.5	
所要 S/N	dB・Hz	──		9.0	
マージン	dB	──		15.5	

CM副搬送波：正弦波，$\beta=0.5$ rad（max）

3.4 実際の位置・速度測定システム例

これが信号雑音分配損失あるいはエネルギー分配損失であり，受信レベルにより変化する．したがって信号雑音分配損失は，衛星側受信電力レベルが極度に低い深宇宙探査などにおいて問題となる．同表ではさらに，雑音により搬送波電力が抑圧される効果として，$-0.6\,\mathrm{dB}$ を含んでいる．測距信号のみで上下回線を用いるこの場合，所要値 $9\,\mathrm{dB}$（距離測定誤差 $11\,\mathrm{m}$）に対し，$7.3\,\mathrm{dB}$ の余裕（margin）がある．

つぎに上り回線で測距信号がコマンド信号と，下り回線で測距信号がテレメトリ信号と，おのおの周波数多重伝送されている場合の解析例を表3.3(b)に示す．この場合，同一搬送波に乗っている2種類の信号を切り分けるため，同表(a)に比べてはるかに複雑な計算が必要になる．まず上り回線においては，搬送波電力が測距用変調とコマンド用変調の両方で損失を受ける．そのレベルが極端に低くなるのを避けるため，いずれの信号も単独伝送の場合に比べ変調指数を下げている．これは測距信号とコマンド信号との間で干渉を避けるためにも有意義であり，こういうことができるのも二つの副搬送波を用いる利点である．下り回線における測距とテレメトリ信号の関係も同様である．

角度変調（位相変調や周波数変調）の多重回線の S/N 計算は，一般には難しいが，以下に考え方を示す．衛星受信機の出力電圧は，前述のように受信機の AGC 機能のため $\sqrt{S_{\mathrm{RG}}+S_{\mathrm{CM}}+N}$（$S_{\mathrm{CM}}$：コマンド信号電力）が一定となる．そのうち測距信号が占める割合は次式で表される．

$$L_{\mathrm{SN}}=\frac{S_{\mathrm{RG}}}{S_{\mathrm{RG}}+S_{\mathrm{CM}}+N}=\frac{\dfrac{S_{\mathrm{RG}}}{S_{\mathrm{RG}}+S_{\mathrm{CM}}}\cdot\dfrac{S_{\mathrm{RG}}+S_{\mathrm{CM}}}{N}}{\dfrac{(S_{\mathrm{RG}}+S_{\mathrm{CM}})}{N}+1} \tag{3.63}$$

各信号の上り回線での変調損失を L_{mRG} と L_{mCM} とすれば（添字 m は変調を表す）

$$S_{\mathrm{RG}}=L_{\mathrm{mRG}}P_{\mathrm{r}}^{\mathrm{u}} \tag{3.64}$$

$$S_{\mathrm{CM}}=L_{\mathrm{mCM}}P_{\mathrm{r}}^{\mathrm{u}} \tag{3.65}$$

ここに $P_{\mathrm{r}}^{\mathrm{u}}$ は，上り回線での衛星受信電力を示す．よって式(3.63)を書き直せば

$$L_{\text{SN}} = \frac{L_{\text{mRG}}}{L_{\text{mRG}} + L_{\text{mCM}}} \cdot \frac{S_{\text{T}}/N}{(S_{\text{T}}/N) + 1} \tag{3.66}$$

ただし，ここで $S_{\text{T}} = S_{\text{RG}} + S_{\text{CM}}$ は上り回線で両信号電力の合計を表している．したがって前述のように，下り回線の測距信号に対する変調指数が，実質的に $\sqrt{L_{\text{SN}}}$ 倍に低下してしまう．同表では，$(S_{\text{RG}} + S_{\text{CM}})/P_{\text{r}}^{\text{u}} = -5.3\,\text{dB}$，$L_{\text{mRG}} = (\sin 0.7)^2$，$L_{\text{mCM}} = (J_{1(0.5)})^2$ であるから，実質変調指数は $0.19\,\text{rad}$ となる．

つぎに測距信号がトランスポンダで折り返されるにあたり，表3.3(b)中では前述の雑音による搬送波電力の抑圧損失のほかに，テレメトリ変調により測距信号用の搬送波電力が減る効果を含んで，変調損失が $-20.3\,\text{dB}$ と大きい値となっている．UDSCで受信され最終的に測距装置に入力される信号の S/N は，S帯で $8.7\,\text{dB}$（表3.3(b)），X帯で $24.5\,\text{dB}$（表3.3(c)）である．これらの値は式(3.44)によれば積分時間 T が1秒において，距離をS帯で $12\,\text{m}$，X帯で $1.9\,\text{m}$ の精度で決定できる性能である．ただし通常，S帯での測定精度を上げるために，T として $200\sim300$ 秒の値を用いる．

副局のKSCでは，主局の順次トーン方式と異なり，PN符号方式により測距のあいまいさを除去する．

距離変化率を測るためのドップラー周波数計測系は，基本的に主局UDSC，副局KSC共に同じである．前述の距離測定を行っている間に，搬送波周波数を抽出して測定する．実際には，これを積分して積分ドップラーとして位相が出力される．

表3.4に，表3.3の(b)と(c)に対応する各運用モードでの，残留搬送波電力 S_{c} の解析結果を示す．変調指数 β における搬送波の変調損失は，測距信号（RG）とテレメトリ（TM）の複搬送波形が方形波なので $\cos\beta$ であるが，コマンド（CM）では正弦波なので，$J_0(\beta)$ で表される．表3.3と異なり帯域幅が狭いので，上り回線の S_{c}/N は十分大きい．したがって下り回線への雑音折返しの影響は，無視できる．

測距信号の伝送という点では，探査機と地球局における各搬送波受信レベル

3.4 実際の位置・速度測定システム例 **141**

表3.4 のぞみRARR回線の残留搬送波の解析

項 目	単 位	上 り	下 り	下 り
周波数帯 f	——	S帯	S帯	X帯
受信電力 P_r	dBm	-112.6	-150.4	-138.5
変調指数 β	rad	RG：0.7	RG：0.7	RG：1.0
		CM：0.5	TM：0.89	
変調損失 L_m	dB	RG：-2.3	RG：-2.3	RG：-5.3
		CM：-0.55	TM：-4.0	
搬送波電力 S_c	dBm	-115.5	-156.7	-143.8
雑音電力密度	dBm/Hz	-172.6	-179.4	-177.7
PLLの $2B_L$	dBHz	16.0	4.8	4.8
雑音電力 N	dBm	-156.6	-174.6	-172.9
S_c/N	dB	41.1	17.9	29.1
所要 S_c/N	dB・Hz	13.5	13.5	13.5
マージン	dB	27.6	4.4	15.6

が，PLLのロックに必要な値（$S_c/N = 10$ dB）より大きいことがまず必要である．ここでは余裕をみて，$S_c/N = 13.5$ dB を所要値としている．この表の条件下では，十分なマージンを有することがわかる．また下り回線の搬送波の S_c/N は，受信機の両側ループ帯域（$2B_L$）を3 Hz と最も絞ったとき，S帯で15.5 dB，X帯で29.1 dB である．これらの値に対する距離変化率の測定精度は，式（3.47）によれば積分時間1秒において，おのおの3.1 mm/s と 0.17 mm/s に相当する．

以上の測距とドップラー周波数のデータを用いて，探査機の軌道をこれまで計算・検証してきた．その距離と距離変化率（速度）の決定精度は，3.3節で述べた $O - C$ 値（観測値－推定値）で，3 mRMS および 3 mm/sRMS 程度と推定される．

なお，変調損失の計算法や探査機のぞみの通信系については，本シリーズの「宇宙通信および衛星放送」に詳しいので，参照されたい．

3.4.3 技術試験衛星 ETS-VII のランデブー実験

ETS-VII は，軌道上の宇宙機に対してランデブー・ドッキングするための技術習得を目的として打ち上げられた．この技術は，きたるべき国際宇宙ステ

ーション（ISS）への物資の補給や，搭載機器，消耗品の交換などのサービスを行うために必要となるものである．

図 3.33 に示すように，ETS-VII はチェイサとターゲットの二つの衛星から構成されており，通常は結合して飛行している．ランデブー・ドッキング実験時にはチェイサがターゲットを切り離し，自動および地上からの遠隔操作によりランデブー・ドッキングが行われる．

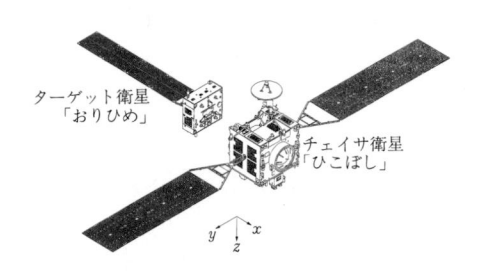

図 3.33　ETS-VII の外観

図 3.34 にランデブー実験飛行の例を示す．チェイサはまずターゲットを切り離し，高度を上げてターゲットの進行方向をはずして，その後方に離脱する．これ以降の実験では，つぎのような三つのフェーズに分かれる[22]．

(1) 9 km 離れた TI 点からターゲット前方 520 m の TF 点までの相対接近フェーズ
(2) 520 m から 2 m までの最終接近フェーズ
(3) 2 m 以内のドッキングフェーズ

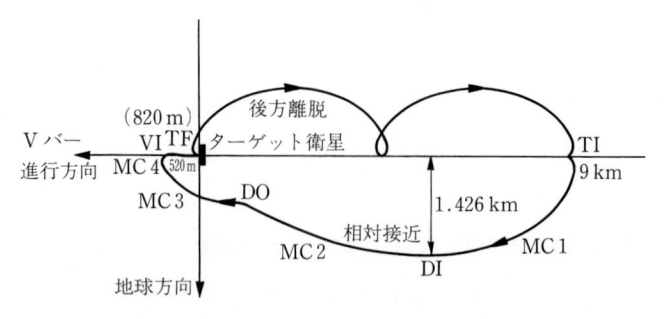

図 3.34　ターゲットに対するチェイサの飛行軌道

3.4 実際の位置・速度測定システム例

IRU : 慣性基準装置
ESA : 地球センサ
GCC : 誘導制御計算機
ACCL : 加速度計
GPSR : GPS受信機
RVR : ランデブーレーダ
PXS : 近傍センサ
DM : ドッキング機構

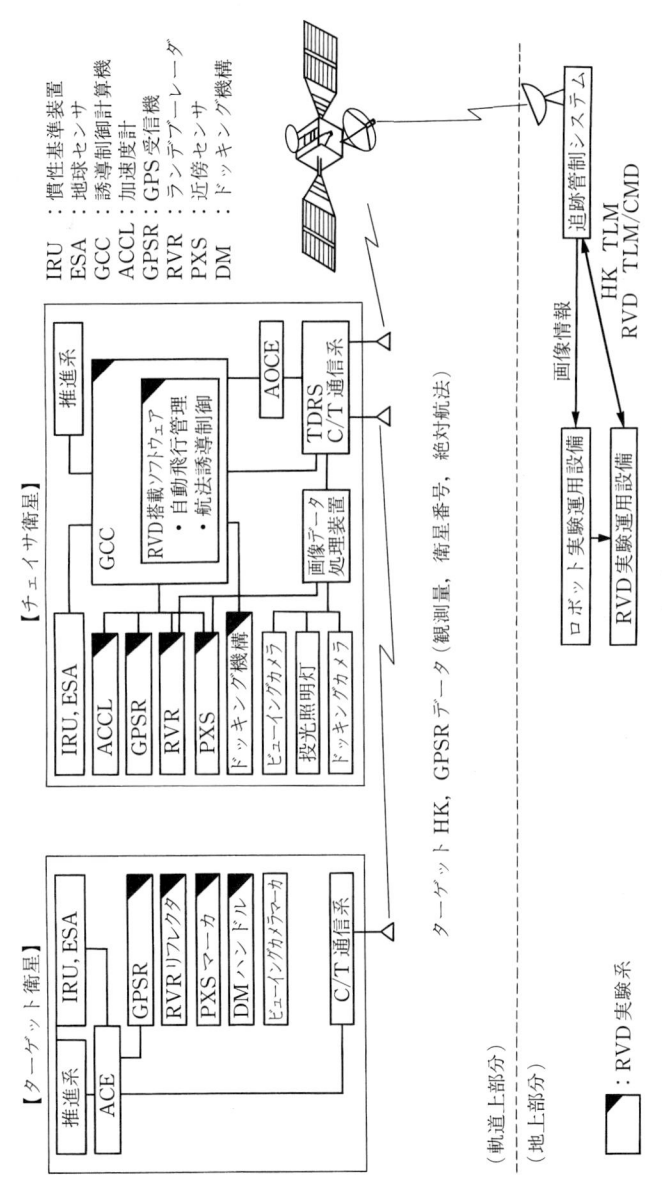

図 3.35 ランデブー実験システム構成

144　　3.　人工衛星の位置・速度計測

　ランデブー実験は近距離で行われるため，本章で述べてきたような電波による測距・測角技術は用いられていない．かわりに，各フェーズに合わせて3種類の航法方式により，位置や姿勢の計測が行われる．各衛星の位置決めには後章で詳述するGPS技術が，さらに近くにおいては光学センサが用いられている．全システムは図3.35に示すように，搭載系，地上系システムから構成される．搭載系システムは航法センサとしてのGPS受信機，ランデブーレーダ，近傍センサや加速度計，誘導制御計算機，ドッキング機構から構成される．

　この実験でチェイサとターゲットの相対位置を高精度に計測するためのセンサの概要を以下に示す．

　① **GPS受信機（GPSR）**：GPS受信機は6チャネルを有し，チェイサとターゲット両衛星に搭載され，9 kmから500 mまでの位置と速度の測定に使用される．GPS衛星からの信号を受信し，自己の位置，速度を計算する（絶対航法）．また，ターゲット衛星GPS受信機の観測データをチェイサ-ターゲット間通信リンクを介してチェイサへ送り，チェイサ側で両観測データの差を処理して，ターゲットとの相対位置，速度を計算する（相対航法）．第4章で詳述する，トランスレータ形のディファレンシャルGPSである．

　② **ランデブーレーダ（RVR）**：ランデブーレーダは一種のレーザレーダであり，500 mから2 mまでの位置の測定に使われる．すなわち，チェイサ衛星から波長810 nmのパルスレーザ光を約8度の円すい上の領域に放射し，ターゲット衛星に搭載されたコーナキューブリフレクタからの反射光を光検出素子とCCDカメラで検出する．ターゲット衛星との距離を放射光と反射光の位相差で，視線方向角をCCD上の輝点位置から計算する．

　③ **近傍センサ（PXS）**：PXSは一種の画像により位置と姿勢を決めるセンサであり，2 mからドッキングまでの距離で使用される．PXSはチェイサ衛星上の約100個の赤色LEDによりターゲット衛星を照射し，ターゲット衛星に搭載したマーカの反射像をCCDカメラで検出する．マーカは複数個のリフレクタからなる立体的な形状をしており，各マーカ像間の距離と位置関係からターゲット衛星との相対位置，姿勢を計算する．

3.4 実際の位置・速度測定システム例　　　　***145***

　実験は2回行われ，第1回目はチェイサ・ターゲットを分離し2mからの自動ドッキングに成功した。2回目は当初520mからランデブー・ドッキングを行う予定であったが，ターゲット分離状況を考慮して12kmからの接近を試み成功した。

　本実験結果からGPS相対航法は，150m〜12kmの範囲で安定して動作することが確認され，位置推定精度としては6m，速度推定精度は2cm/sの結果が得られた。ランデブーレーダの精度としては4から7cmの測距精度，近傍センサでは0.1mmの精度が得られている。

※※

［茶飲み話］　身近なドップラー効果と想像を絶するドップラー効果
　ドップラー効果は，宇宙飛しょう体の速度や位置の決定に重要な役割を果たす。特に惑星間飛行には不可欠である。このドップラー効果はドイツ風のいかめしい名前がついているものの，じつは身近に存在するものである（自然現象だから，当然なのだが）。例えば，電車に乗っていて踏切を通過するときを考えよう。踏切に近づくにつれて警報音が高くなり，そこを過ぎると低くなる。これは，音が波動の一種であるため，ドップラー偏移しているのである。ただし，踏切通過の瞬間は，速度の見通し方向成分がなくなるので，本来の周波数に戻る。
　宇宙現象の中には，想像を絶するドップラー効果もある。超新星爆発やブラックホールと目される天体からのガス噴出がその例である。この場合，電磁波を出しているプラズマ状物体は，光速の数%以上にも達する高速度をもって動いている。そのため本来の輝線スペクトルが，異なった周波数のところに現れる。宇宙には，そのくらい激しいところが存在するのである。
　さらにクウェーサという電磁波源についてスペクトルを分析すると，本来可視光で見えるべき輝線が，低周波の赤外域で発見されたりする。そしてドップラー偏移量と地球からの距離との関係を調べると，遠い天体ほど低周波側に偏っている。これが有名な宇宙論的赤方偏移であり，宇宙がビッグバン（大爆発）から始まり，光に近い速度で膨張を続けているという学説の根拠となっている。
　それでは当該の輝線と，ドップラー偏移の少ないほかの天体から出ている輝線とで，対応関係を決定するにはどうしたらよいか。これは，特定原子の輝線スペクトル群（例えば水素原子の）はドップラー偏移しても特有のパターンを有するという性質に着目し，パターン整合により行う。したがってシンクロトロン放射のように連続放射を出す現象では，ドップラー計測は難しい。

※※

4 人工衛星を用いた測位・航法

4.1 移動体の測位・航法の動向―地上から宇宙へ―

　航法（ナビゲーション，navigation）とは，移動体が現在の位置，速度，姿勢，ときには時刻などを知ることである．そのための技術の大きな流れは，大航海時代の天測航法，宇宙時代の幕開けとともにロケットや衛星の誘導技術に革命をもたらした電波航法や慣性航法を経て，今日の衛星航法へと進歩してきた．この最先端に位置するのが，米国防総省 DoD（Department of Defense）主導で開発された全世界測位衛星システム NAVSTAR/GPS である．NAVSTAR は，navigation system with time and ranging，GPS は，Global Positioning System の頭字語で，通常，GPS と呼んでいる．GPS は，DoD が15年以上の歳月と数兆円の巨費を投じて開発した電波航法衛星システムで，陸海空および宇宙のあらゆる移動体や乗り物に対して，全天候，全世界，実時間，3次元測位を可能にする．GPS の利用は，位置や速度の計測にとどまらず，地球科学全般にも大きなポテンシャルを有している．本章では，GPS を中心とした衛星航法の基礎から応用までを解説する．

　測位または航法用システムは，地上をベースとするシステム，宇宙（衛星）をベースとするシステム，地上にも宇宙にもよらないシステムに大別できる．地上にも宇宙にもよらない自立的システムの代表例は，慣性航法装置（inertial navigation system：INS）であるが，これについては 4.5.2 項〔2〕に譲り，ここでは，はじめの二つについて，主として航空機で使われている航法手

段の現状と動向を見ておこう．

〔1〕 **地上をベースとする航法システム**　地上施設を基盤とする航行援助システムは，短距離用と長距離用に大別される．

短距離用航行援助システムとしては，国際民間航空機関（International Civil Aviation Organization：ICAO）によって国際標準と決められているVOR（VHF omni-directional range），DME（distance measuring equipment），およびVOR/DMEがある．VORは，その局に対する磁方位[†1]をパイロットに提供し，着陸，ターミナル，エンルート誘導に使用される．VOR送信機は108〜118 MHzの超短波（VHF）帯を使い，測角精度（2σ）は1.4度である．一方，DMEは極超短波（UHF）帯（962〜1213 MHz）で作動し，航空機からDME局までの距離を測定する．その測距精度（2σ）は185 m（0.1海里）[†2]である．

VORおよびDMEの有効距離は見通し範囲内に限られ，航空機の高度により100〜200海里程度である．VORとDMEが併設された場合，その局に対する磁方位と距離の情報から，航空機の位置を知ることができる．このような方式を極座標方式（ρ-θ航法）という（図4.1）．

VOR/DMEの軍用システムをTACANというが，VOR局とともに設置されることが多く，その場合には特にVORTACと呼ばれる．精度（2σ）は，方位角が1度，距離が185 mである．少なくとも三つのDME局で距離を測定すれば，DME局を中心とする3円が定まり，位置がその交点として決まる．これをρ-ρ航法（rho-rho navigation）方式という．

そのほか，歴史が最も古く，今日でも世界的に広く使われている自動方位探知器（automatic direction finder/nondirectional radiobeacons：ADF/NDB）がある．NDBは無指向性ビーコンで，使用周波数は低・中波帯であ

[†1] 局所的な磁北（magnetic north）を基準として測った方位角．時計まわりを正とする．地球の磁極は，北極が北緯71度，西経96度で地理的北極と2 100 kmほど離れている．そのため，磁北と真北（true north）には偏差がある．

[†2] 慣例によって，海里（nautical mile）という単位を使う．1海里＝1.852 km．なお，σは標準偏差を表す．

(a)　$\rho\text{-}\theta$ 航法　　　　(b)　$\rho\text{-}\rho$ 航法

(c)　$\theta\text{-}\theta$ 航法　　　　(d)　双曲線航法

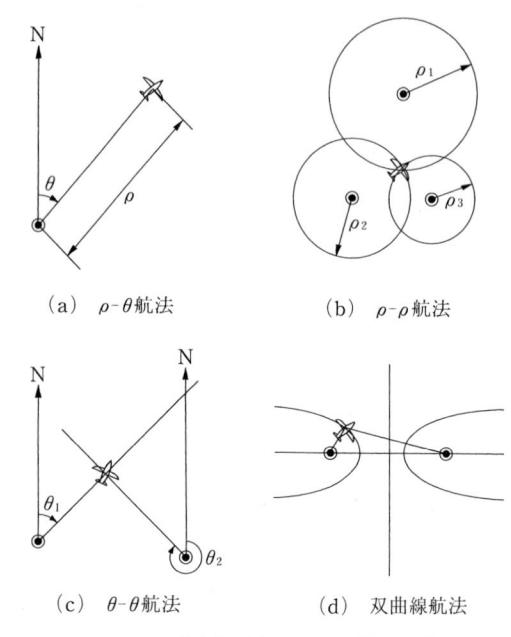

図 4.1　航行援助装置による航法方式

る。ADF はほとんどすべての航空機に搭載され，それによって NDB 局の電波を受信すると自動的に機首の向きに対する NDB 局の方位を知ることができる。さらに二つ以上の NDB 局の電波を受信して，それぞれの方位を測定することによって自機位置を求めることができる（$\theta\text{-}\theta$ 航法という）。

　計器着陸システム（instrument landing system：ILS）は，滑走路へ進入中の航空機に指向性電波を出してコースを指示する装置で，ローカライザ（localizer），グライドスロープ（glide slope），およびマーカビーコン（marker beacon）の三つから構成される（図 4.2）。ローカライザは滑走路中心軸から左右へのずれを示すため，VHF 帯（108～112 MHz）の電波を出す。グライドスロープは滑走路面に対し，2.5～3 度の角度で進入できるようにするための UHF 帯（328.6～335.4 MHz）の電波を出す。マーカビーコンは滑走路進入端からコース上の距離を示すため，垂直に電波を発射する装置で通常 3 か所に設置される。

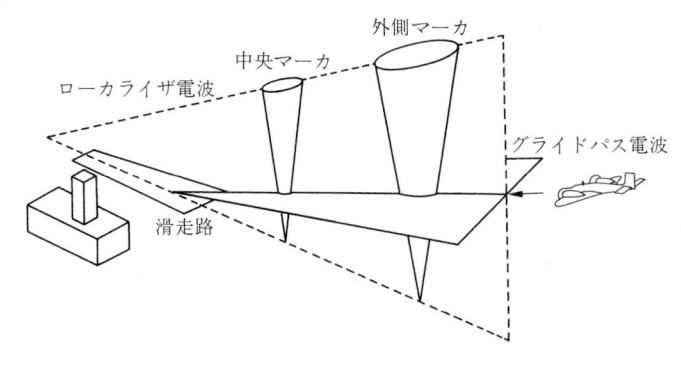

4.1 移動体の測位・航法の動向―地上から宇宙へ―   *149*

図4.2 計器着陸システム ILS

航空機は滑走路から 10 km 程度離れたところで ILS 電波を捕捉し，ローカライザとグライドスロープ両電波の交線にそって進入し，途中マーカビーコンで自機の位置を知り接近を続ける．今日，ILS は ICAO によって認められた精密進入着陸システムの国際標準となっている．

米国の 1996 連邦電波航法計画（1996 Federal Radionavigation Plan: FRP）[1]によれば，GPS の実用化の進展と相まって，VOR/DME, TACAN, NDB および ILS は 2005 年から徐々にフェーズアウトし，2010 年までに GPS に置き換わる見通しである．

一方，長距離航行援助システムとしては，米国が中心となって推進しているロラン C（long range navigation : LORAN-C）やオメガ（OMEGA）がある．いずれも，利用者上で受信される複数の局からの同期信号の位相差を観測して，主・従2局からの距離差が一定の双曲線を描く位置の線の交点として，利用者位置を決定するシステムであり，これを双曲線航法（hyperbolic navigation）という（図4.1(d)）．空間波の誤差を防ぐため，長波 LF（30〜300 kHz）から超長波 VLF（3〜30 kHz）の低周波数の地上波が使用される．

双曲線航法を最初に実現した電波航法システムは，1940 年ころに英国のデッカ（Decca）社で開発されたデッカ航法装置である．デッカは一つの主局と通常三つの従局とから構成され，各局は位相同期の電波を発射する．機上で2局の位相差を測り，つぎに異なった組合せの2局の位相差を測り，両方の対応

する双曲線の交点として自機の位置がわかる。デッカは中距離航法システムで，その有効範囲はおもに近距離の沿海に限られる。しかし，すでに運用を停止している模様である。

　ロランCは，パルス波の到達時間の差を測定する双曲線航法システムである。最初に開発されたシステムはロランAと呼ばれ，中波MF（300 kHz～3 MHz）の周波数を使う。一つのシステムは，主局と数百海里離れた複数の従局からなり，この主局と従局は異なる繰返しパルス周波数を送信する。パルス差をブラウン管上で測り，双曲線図表から自機の位置を定める。ロランAの有効距離と精度を向上させたシステムをロランCといい，現在まで使用されている。ロランCでは，LF（90～110 kHz）を使い，ロランAの有効距離500海里に対し1 500海里の有効範囲で作動し，パルスの伝搬時間差を自動的に計算する受信機も出現している。

　近年，高安定な周波数標準が出現したので，ロラン局からの距離を測定できるようになり，双曲線航法システムというより，ρ-ρ航法方式として使用されることが多い。測位精度（2 drms）[†]は0.25海里（460 m）以下である。米国の1996 FRP[(1)]によれば，2000年12月31日をもってロランCの運用を停止することとしている。

　オメガは，10.2～13.6 kHzのきわめて低いVLFを使う位相比較方式の全世界，全天候形の双曲線航法システムである。オメガは八つの送信局でタイムスロットごとに決められた超低周波数の電波を送信し，全世界にわたって双曲線航法を可能にしている。測位精度（2 drms）は，2～4海里（3.7～7.4 km）である。オメガシステムは全世界をカバーする初めての電波航法システムとして，30年以上にわたり運用されてきたが，GPSが完全運用段階に入ってからは，航空機の利用者もオメガからGPSへ移行することになり，1997年9月30日オメガは運用停止した。同時に全世界八つのオメガ局も閉鎖された。

　〔2〕**宇宙をベースとする航法システム**　　衛星を航法に利用したシステム

---

　† 測位・航法精度の表しかたについては，4.3.3項を参照。なお，ここでいう精度は，正確には確度（accuracy）というべきで，精度（precision）ではない。

は，1960年代半ばに米国海軍が開発した海軍航行衛星システム（Navy Navigation Satellite System：NNSS，TRANSITともいう）が最初である。NNSSでは衛星が発信する電波を船または地上で受信し，衛星とのドップラー周波数を測定し，衛星の軌道情報を用いて測位を行う。NNSSは1964年に軍用として定常運用を開始し，1967年4月の民間利用への開放宣言以来，主として船舶に使用されてきた。測位は緯度・経度の2次元で，精度は数十m～数百mである。常時4～6個の衛星が，軌道長半径7400 km，離心率0.002～0.02，軌道傾斜角90度，軌道周期105分の略円の極軌道（南北極上空を通過する軌道）に配置された。衛星数が少なく，低高度であるため，1日に数回しか観測できない。送信周波数として150 MHzと400 MHzの2波が使われ，これにより電離層遅延を補正する。NNSSの欠点としてつぎの三つがあげられる。

1）まず，衛星の被覆に大きなタイムギャップがあること，すなわち，一つの衛星が見えなくなってから，つぎの衛星が現れるまでに通常90分ぐらい待たなければならない。その間測位はできず，推測航法など外挿によらざるをえない。

2）測位に時間がかかるため，高速の移動体での測位ができない。

3）もう一つの欠点は航法精度（0.1海里）があまり高くないことである。

このようなNNSSの欠点を改良発展させ，ディジタル電子技術に基盤をおいた将来形の衛星航法システムの概念が米国海・空軍で個別に研究されていたが，1972年12月，GPSとして統合された。

1978年に最初の試験用ブロックI型衛星が打ち上げられて以来，概念実証段階，生産試験段階を経て，1993年12月8日，米国防総省（Department of Defense：DoD）は米国運輸省（Department of Transportation：DoT）に対して，GPSが初期運用段階（initial operational capability：IOC）に入ったことを伝えた。さらに翌年2月17日には民間利用が宣言された。これは民間利用者にとっては，全世界24時間の連続性および利用性[†]の保証とともに，その後少なくとも10年間，米国の責任においてGPSシステムを維持し，民

間利用者は無償でシステムにアクセスできることを意味する。

1994年3月10日には，24個目のブロックⅡ型衛星が打ち上げられ，これで実用形のブロックⅡ型衛星24個からなる衛星配置が完成し，完全運用段階 (full operational capability：FOC) に入った。GPS の完全運用段階への移行とともに，TRANSIT は，1996年12月31日，測位システムとしての運用を停止した。

旧ソ連は，1980年代初頭から，GLONASS (Global Navigation Satellite System) という GPS に類似の電波航法衛星システムを開発中であったが，これは旧ソ連体制の崩壊とともにロシアに引き継がれ，1990年代初頭に24衛星配置を完成し，運用段階に入った。GPS と同様に，GLONASS は本来的に軍用であるが，航法機能の一部が民間に公開されており，GLONASS 専用受信機や GPS との供用受信機が市販されるに及んで，民間利用も急速に進んできている。

今日では，衛星航法システムを GNSS (Global Navigation Satellite System) と呼ぶが，GPS に加えて，GLONASS が GNSS の重要な構成要素となっている。GNSS は，48衛星（＝GPS の24衛星＋GLONASS の24衛星）の供用を前提に，高精度測位とともにシステムの利用性と完全性 (integrity) を保証する拡大衛星航法システムである。

一方，軍の管理下にある GPS や GLONASS と違って，完全に民間主導で民生専用の衛星航法システムを構築しようという動きが現実になりつつある。1999年6月に欧州の運輸相理事会によって正式承認された欧州連合（EU）の Galileo（ガリレオ）計画で，10年後の実用化を目指している（4.6.2項参照）。

以上見たように，地上をベースとする測位・航法システムは今後順次フェーズアウトし，宇宙をベースとする航法衛星システムがその機能を担っていくこ

---

† （前ページの脚注） 連続性 (continuity) とは，要求精度をある一定時間連続して維持できる状態またはその確率，また利用性 (availability) とは，所定の精度で航法できる状態またはその確率．

とが確実な状況である。

4.2 GPS システムの構成

GPS は，図 4.3 に示すように，宇宙部分（space segment），地上制御部分（control segment），および利用者部分（user segment）という三つのサブシステムから構成される[2]~[4]。

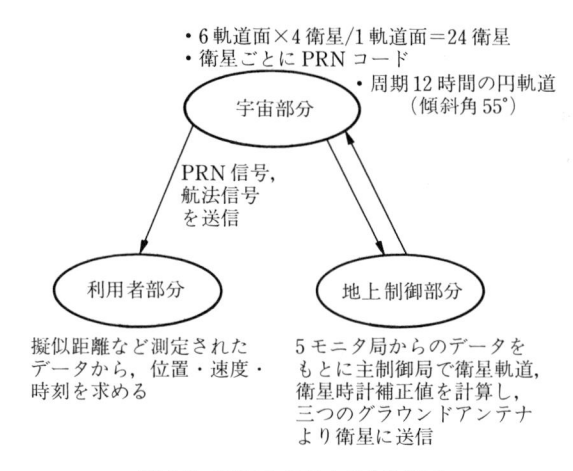

- 6 軌道面×4 衛星/1 軌道面＝24 衛星
- 衛星ごとに PRN コード
- 周期 12 時間の円軌道（傾斜角 55°）

宇宙部分

PRN 信号，航法信号を送信

利用者部分
擬似距離など測定されたデータから，位置・速度・時刻を求める

地上制御部分
5 モニタ局からのデータをもとに主制御局で衛星軌道，衛星時計補正値を計算し，三つのグラウンドアンテナより衛星に送信

図 4.3　GPS システムの全体構成

4.2.1　宇　宙　部　分

〔1〕 **衛星配置**　　宇宙部分は，航法・測位に必要な電波信号（以下では GPS 電波信号ともいう）を送信する GPS 衛星群から構成される。運用段階では，24 衛星が六つの軌道面 A，B，C，D，E，F に，1 軌道面当り 4 衛星ずつ，赤道面軌道傾斜角 55 度，周期 12 時間（恒星時）[†]の略円軌道に配置される。あるエポックにおける衛星配置の状況を図 4.4 に示す。各軌道面の昇交点赤経からわかるように，軌道面の間隔は 60 度となっている。また縦軸は緯度

[†] 地球が恒星系に対して 1 自転するに要する時間で，23 時 56 分 4.1 秒（平均太陽時）である。また，第 3 章 3.3.2 項を参照。

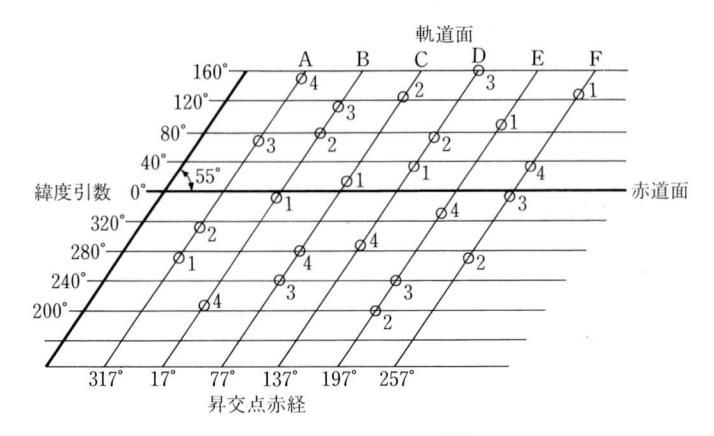

図 4.4 GPS衛星の標準配置

引数といわれるパラメータがとられている†。各軌道面上での衛星配置は，等間隔ではない。このような配置は，全世界でたかだか3衛星しか見えない地域とそのような時間帯をできるだけ少なくするという条件で衛星配置を最適化して決められた。

各衛星には，PRN番号（pseudo random noise number）と衛星番号（space vehicle number：SVN）という2組の番号がつけられている。前者のPRN番号は，衛星に割り当てられる擬似乱数符号列につけられた番号（1～32）であって，衛星の識別番号として，受信機をはじめ一般に常用される。

宇宙部分を構成するGPS衛星としては，概念実証段階に試験用として使われたブロックⅠ型衛星と，運用形として1989年2月から打上げの始まったブロックⅡ型衛星がある。

ブロックⅠ型衛星は全部で11機製作され，1978年から打上げが始まり，1985年までに，打上げに失敗した1機を除き，10機が軌道上に配置され，GPSの概念実証実験に使用された。設計寿命の7年を超えて，ほぼ10年程度稼働した。ブロックⅠ型衛星はそのすべてが機能を停止している。

---

† 昇交点は，軌道が赤道面を南から北へ横切る点である。GPS衛星の軌道は略円であるから，その1周回軌道を切り取って，昇交点を0度として360度までの目盛を付けるとき，その目盛を緯度引数といい，$\phi(=\omega+v)$に等しい（図4.10を参照）。

4.2 GPSシステムの構成

ブロックII型と呼ばれる運用形衛星からなる宇宙部分の1999年8月における衛星配置の状況を**表4.1**に示す。またブロックII型衛星の外観を**図4.5**に示す。太陽パネルの面積は約7 m^2，重さは1 500〜2 000 kgである。

ブロックII型衛星は，II，II A，II R，II F型に分類される。ブロックII

表4.1 GPS衛星配置の現況（1999年8月）

打上げ順	衛星番号 PRN	衛星番号 SVN	打上げ日 (UT)	周波数標準	軌道面と位置	US Space Command**
II-1	14	14	14 FEB 89	Cs	E 1	19802
II-2	02	13	10 JUN 89	Cs	B 3	20061
II-3	16	16	18 AUG 89	Cs	E 5	20185
II-4	19	19	21 OCT 89	Rb	A 4	20302
II-5	17	17	11 DEC 89	Cs	D 3	20361
II-6	18	18	24 JAN 90	Cs	F 3	20452
II-7*	20	20	26 MAR 90			20533
II-8	21	21	02 AUG 90	Cs	E 2	20724
II-9	15	15	01 OCT 90	Cs	D 2	20830
II A-10	23	23	26 NOV 90	Cs	E 4	20959
II A-11	24	24	04 JUL 91	Rb	D 1	21552
II A-12	25	25	23 FEB 92	Cs	A 2	21890
II A-13*	28	28	10 APR 92			21930
II A-14	26	26	07 JUL 92	Rb	F 2	22014
II A-15	27	27	09 SEP 92	Cs	A 3	22108
II A-16	01	32	22 NOV 92	Cs	F 1	22231
II A-17	29	29	18 DEC 92	Rb	F 4	22275
II A-18	22	22	03 FEB 93	Rb	B 1	22446
II A-19	31	31	30 MAR 93	Cs	C 3	22581
II A-20	07	37	13 MAY 93	Rb	C 4	22657
II A-21	09	39	26 JUN 93	Cs	A 1	22700
II A-22	05	35	30 AUG 93	Cs	B 4	22779
II A-23	04	34	26 OCT 93	Rb	D 4	22877
II A-24	06	36	10 MAR 94	Cs	C 1	23027
II A-25	03	33	28 MAR 96	Cs	C 2	23833
II A-26	10	40	16 JUL 96	Cs	E 3	23953
II A-27	30	30	12 SEP 96	Cs	B 2	24320
II A-28	08	38	06 NOV 97	Rb	A 5	25030
II R-1***		42	17 JAN 97			
II R-2	13	43	23 JUL 97	Rb	F 5	24876

* 使用不能（運用サービスから撤退）
** 米国宇宙司令部標識番号，旧NORAD物体番号；NASAカタログ番号でもある。打上げ成功時に付けられる。
*** 打上げ失敗

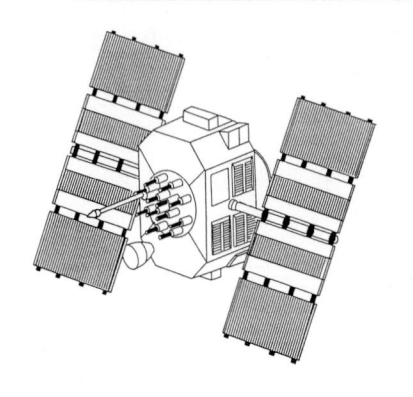

図 4.5 ブロックⅡ型衛星の外観

型（衛星番号 13〜21）は，初代の運用形衛星である。非常時には 14 日間地上制御部分とのコンタクトなしに航法信号を送信できるように設計されているが，通常は 1 日当り 3 回のアップロードが行われる。ブロックⅡ型衛星は，1989 年 2 月から 1990 年 10 月にかけて打ち上げられた。

ⅡA 型（衛星番号 22〜40）は 180 日間地上制御部分とのコンタクトなしに稼働する（A は advanced の意）が，180 日間の自立運用の間で航法信号の劣化は避けられない。1990 年 11 月以来，19 個製作されたブロックⅡA 型衛星のうち 18 個が打ち上げられている。ブロックⅡ型およびⅡA 型衛星の設計寿命は 7.3 年で，各衛星はセシウム原子時計 2 台，ルビジウム原子時計 2 台を搭載し，選択利用性（selective availability：SA）および耐謀略性（anti-spoofing：AS）機能を有する（4.3.4 項参照）。

ブロックⅡR 型（衛星番号 41〜62）は，21 世紀に引き継ぐ運用形衛星で，R は "replenishment（または replacement）" すなわち補てんまたは補充用という意味である。ブロックⅡR 型衛星は少なくとも 14 日間地上制御部分とのコンタクトなしに運用でき，さらにⅡR 型衛星間のクロスリンク測距や通信機能による自立航法能力を有し，地上制御部分とのコンタクトなしに航法信号を機上で生成しかつ更新する能力をもつ。これによって，自立航法モードで作動しているときは 180 日間，精度の保証された航法信号を機上で生成できる。ブロックⅡR 型衛星の設計寿命は 7.8 年で，各衛星は 2 台のルビジウム原子時計と 1 台のセシウム原子時計を搭載し，また SA および AS の機能をもって

いる．II R 型衛星の初号機（SVN 42）が 1997 年 1 月に打ち上げられたが，軌道投入に失敗した．1997 年 7 月，2 号機（PRN 13/SVN 43）の打上げには成功し，現在まで II R 型衛星としては唯一軌道上にあり，運用されている[†]．

II F 型衛星は，GPS の次世代形として現在開発中の衛星で（F は "follow-on" を表し，後続機という意味），衛星間通信機能に加えて慣性航法装置などを搭載し，II R 型以上に長期間の自律航法能力を有するものとされるが，詳細は明らかでない．II F 型衛星は，2001〜2010 年に打ち上げられる．

〔2〕 **衛星電波信号** GPS 衛星には，セシウム（Cs）発振器を主，ルビジウム（Rb）発振器をバックアップとしてそれぞれ複数台の原子時計が搭載され，すべての周波数と時刻のもとになっている．この高安定な周波数標準から，10.23 MHz の基本周波数（L バンド）を作り，さらにこれを 154 倍および 120 倍して二つの搬送波周波数 L_1 および L_2 を得る（**表 4.2** 参照）．なお，衛星側の基本周波数は，相対論効果を補正するため，約 0.005 Hz だけ意図的に小さくされている（これによって，地表で受信される基本周波数は 10.23 MHz となる）．各衛星は，これら二つの搬送波に，測距信号となる擬似乱数符号（pseudo random noise：PRN）と，軌道情報などの航法メッセージを乗せて，電波信号を送信する．搬送波として 2 波を使うのは，電離層遅延を補正するためである（4.3.2 項参照）．

衛星と利用者間の距離を測定し航法を行うためには，GPS 信号は少なくともつぎの三つの特性を備えていなければならない．

(1) 電波の伝搬時間から距離を測定するために，現在受信している GPS 信号がいつ衛星から送信されたか，利用者側でわからなければならない．

(2) 四つ以上の衛星との距離を同時に測定するため，混信することなしに各衛星からの GPS 信号を利用者が受信できなければならない．

[†] その後，ブロック II R 型衛星の 2 機が，それぞれ 1999 年 10 月 7 日（PRN 11/SVN 46）および 2000 年 5 月 11 日（PRN 20/SVN 51）成功裏に打ち上げられたほか，年度内にさらに数機の打上げを予定している．

表 4.2 GPS 衛星の電波信号

	C/A コード	P（Y）コード	航法メッセージ
基準周波数	10.23 MHz − 0.00455 Hz（相対論補正）		
搬送波 周波数	1 575.42 MHz（L_1） = 154×10.23 MHz	1575.42 MHz（L_1） 1227.60 MHz（L_2） = 120×10.23 MHz	L_1帯でC/Aコードにより解読
コード長	1 023 bit（= 1 ms）	約 $6×10^{12}$ bit （= 7 day）	サブフレーム = 300 bit 5 サブフレーム = 1 メインフレーム メインフレーム = 1 500 bit 25 メインフレーム = 1 マスタフレーム
チップレート （チップ率）	1.023 Mbps	10.23 Mbps	50 bps
1 チップの長さ	960 ft (293.26 m)	96 ft (29.326 m)	3 720 miles

注) ディジタル符号列の繰返しの長さを，ビット数または時間で表して，コード長という。また1ビットをチップ（chip）という。そして，1秒間のビット数，すなわち，ビット率をチップ率（chip rate）という。

(3) 時々刻々の衛星位置を利用者が計算できるよう，衛星位置に関する情報を GPS 信号に乗せて送信しなければならない。

GPS 信号はこれらの要求を満足するように，PRN コード（擬似雑音符号）と航法メッセージと呼ばれる二つのコードで搬送波を変調することによって作られている。以下では，このような GPS 信号を概説する[5]。

PRN コードは，0 と 1（または 1 と −1 といってもよい）が不規則に現れる符号列である。GPS 信号で使われる PRN コードは 3 種類あり，それぞれ C/A (clear and acquisition または coarse and access) コード，P（precise または protected）コード，および Y コードと呼ばれる。PRN コードおよび航法メッセージの構成を表 4.2 に示す。このうち C/A コードは符号列の中身が公表されており，一般の利用者が使用できる。P コードは本来軍用で機密扱いであったが，その内容が漏れて，民間で P コード用受信機を製作できるようになった。そこで DoD は P コードを秘密の Y コードに切り換えるとし，こ

れを AS と呼んでいる（4.3.4 項参照）。

各衛星にはパターンの異なる PRN コード（C/A および P）が割り当てられており，受信機はどのパターンの PRN コードを解読するかで衛星を選択する。特に P コードは約 267 日で繰り返す擬似乱数符号列であるが，これを 1 週間単位で切断すると 38 個の PRN ができる。このうち，1 個は使用せず，5 個は地上の擬似衛星（pseudolite）用（4.4.1 項参照）に確保し，残りの 32 個が異なる衛星に割り当てられる。

GPS における PRN コードの目的は二つある。一つは，衛星と受信機間の距離を測る，すなわち測距用の信号であること，もう一つは，それでもって衛星を識別することである。PRN コードは搬送波を変調して送信される。変調には BPSK（bi-phase shift keying）という方式が使われる。すなわち，**図 4.6** に示すように，ディジタル符号の 0 と 1（または 1 と -1）に合わせて搬送波の位相を 0 度，180 度変える。PRN コードのような擬似乱数符号列を BPSK 方式によって変調すると，変調後の搬送波の信号電力は広い周波数帯域に拡散される。**図 4.7** に C/A コードと P（Y）コードによって拡散された GPS 信号の周波数スペクトルを示す。

このように，C/A コードの場合は約 2 MHz の帯域に，P（Y）コードの場合は約 20 MHz の帯域に信号電力が拡散される。自然界の電波強度は約 -200

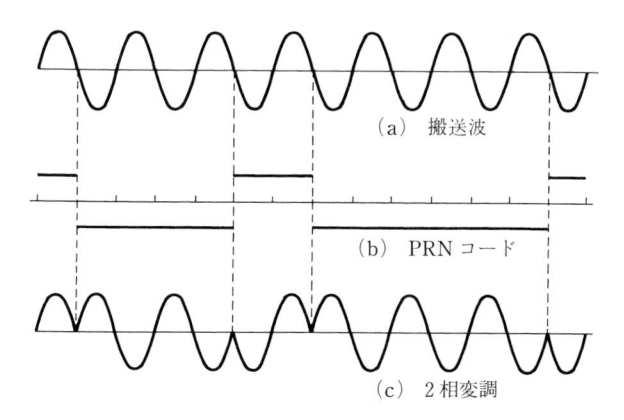

（a）搬送波

（b）PRN コード

（c）2 相変調

図 4.6　BPSK 変調

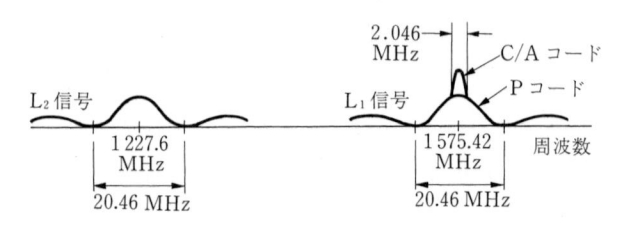

図4.7 GPS信号の周波数スペクトル

dBw/Hzであるから，両コード信号ともノイズの中に埋もれてしまう．すなわち，受信機アンテナによって受信されるGPS信号は，どのGPS衛星についてもその信号電力はノイズ以下である．これが複数のGPS衛星が同一の周波数の電波を使っても混信しない理由である．このような通信方式を拡散スペクトル（spread spectrum）と呼び，多重通信や隠匿性に優れているとされる．

　受信機は，特定の衛星からのGPS信号を受信するために，その衛星から送信されるGPS信号と同じPRNコードをもう一度かけ合わせ，信号電力の拡散効果を取り除く．その結果，広い帯域に拡散されていた信号電力はきわめて狭い帯域に戻され，信号補促ができる．PRNコードを取り除く過程（航法メ

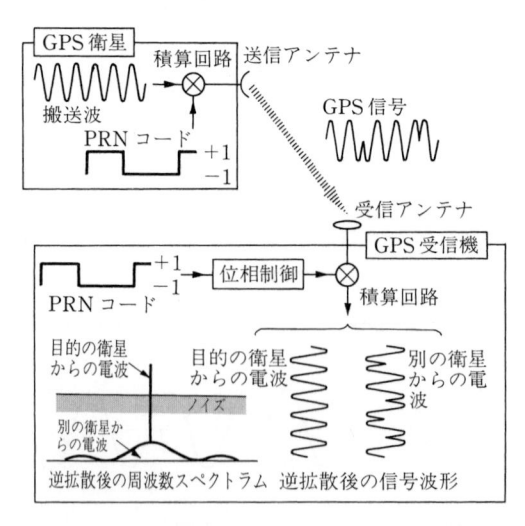

図4.8 GPS受信機におけるPRNコードの逆拡散

4.2 GPSシステムの構成

ッセージは残っている）を逆拡散と呼び，図4.8に模式的に示す．このとき，目的外の衛星からのGPS信号も逆拡散されてしまっては混信が起こるので，PRNコードは相互相関（異なるパターンの符号どうしの相関値）のできるだけ小さいものが選ばれている．

〔3〕 **航法メッセージ**　GPS衛星からは，各衛星の軌道パラメータ，衛星時計の補正値，電離層伝搬遅延の補正係数，各衛星の健康状態などの航法メッセージが放送される．航法メッセージは，PRNコードと同様，2波をBPSK変調して常時送信され，図4.9および表4.2に示すように，ビット率50 bps，全ビット数1500ビットを主フレームとするデータである．したがって，1フレームを受信するのに30秒かかる．主フレームは，GPS時の毎正分および30秒に先頭があり，6秒300ビットずつの5副（サブ）フレームに分かれる．副フレームは，原則として1語30ビットの10語からなる．各副フレームの先頭にテレメトリと同期パターンを兼ねたTLM（telemetry）語と，C/Aコー

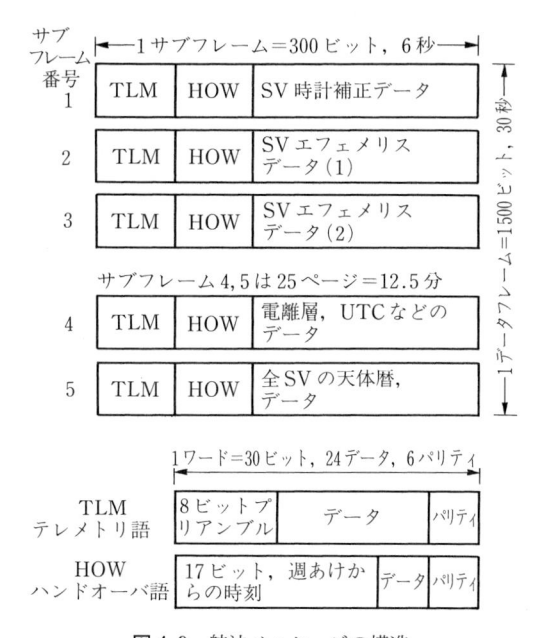

図4.9　航法メッセージの構造

ドからPコードへの乗り換えのためのHOW (handover) 語が置かれている。

TLMの開始が，衛星からの時刻信号（zカウントと呼ばれる）である。HOWの中には，そのつぎにくるべき副フレームの最初のzカウント値の1/4が書き込まれている。また，主フレーム25個を1グループとして，12.5分間で一巡するマスタフレームを構成する。副フレーム1～3は，この信号を送信している衛星自身の時計や軌道暦に関するもので，25フレームからなるマスタフレームの中で同一の内容を繰り返している。副フレーム4～5は，フレームごとのページによって内容が変わり，25フレームからなるマスタフレームの中で1～25ページまである。この部分で，電離層補正係数，UTC，天体暦 (almanac) など全衛星に共通な情報を送信する。

航法メッセージには，衛星側の時刻情報を利用者に教えるという役割もある。航法メッセージのビットはC/Aコードに正確に同期して衛星から送信され，C/Aコードのコード長は1msであるから，正確に20周期分が航法メッセージの1ビット（=20ms）になっている。この関係から，利用者はメッセージビットのタイミングと，GPS信号の送信時刻を知ることができる。

〔4〕 **GPS衛星の軌道暦**　衛星の軌道，すなわち位置・速度を時刻をパラメータとして示した表を軌道暦，あるいは単に暦 (ephemeris) という。3.3節で述べたように，一般に衛星軌道は，カルテシアン軌道要素（直交座標）またはケプラー軌道要素の2通りで表すことができる。さらにケプラー軌道要素は，接触要素 (osculating element) と平均要素 (mean element) に分けられる。いずれも六つのパラメータからなる。接触軌道要素とは，ある時刻（元期）に位置・速度ベクトル，すなわちカルテシアン要素が与えられたとき，以後の運動を質点運動（すなわち二体問題）と仮定して決まるケプラー要素による表現をいう。

このような接触軌道要素から予測される軌道は，真の軌道と元期では一致するが，時間とともにかけ離れていく。これは，衛星には二体問題による引力以外に大気抵抗や地球の扁平による引力などさまざまな力（これらを摂動力あるいは摂動加速度という）が作用するためである。そこでこのような摂動力を考

4.2 GPSシステムの構成 **163**

慮して，接触軌道要素の1周期当りの平均を計算したものが平均軌道要素と呼ばれる．平均的な楕円運動を計算したものといえる．

GPSでは，平均軌道要素の考え方をベースにした「修正ケプラー要素」と呼ばれるパラメータが航法メッセージとして送信される．すなわち，GPS衛星の軌道予測計算の精度を上げるため，地球の扁平による重力，月・太陽の引力，太陽輻射圧などの摂動力を考慮したもので，滑らかな（つまり平均的な）

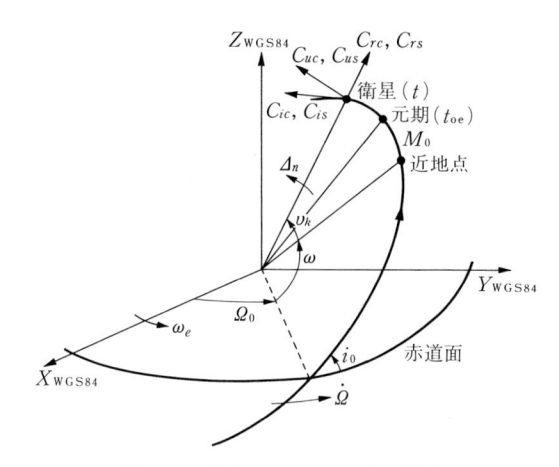

図 4.10 航法メッセージの軌道情報

表 4.3 航法メッセージの軌道パラメータ

記号	内容	単位
$\sqrt{A}$	軌道長半径の平方根	$m^{1/2}$
e	離心率	—
i_0	軌道傾斜角	rad
Ω_0	昇交点赤経	rad
ω	近地点引数	rad
M_0	平均近点離角	rad
Δn	平均運動の補正値	s^{-1}
i-dot	軌道傾斜角の変化率	rad/s
Ω-dot	昇交点赤経の変化率	rad/s
C_{uc}, C_{us}	緯度引数に対する余弦，正弦補正係数	rad
C_{rc}, C_{rs}	軌道半径に対する余弦，正弦補正係数	m
C_{ic}, C_{is}	軌道傾斜角に対する余弦，正弦補正係数	rad
t_{oc}	元期	s

楕円軌道を与える6要素以外に，それらの時間変化率など，合わせて16個のパラメータを含んでいる（**図4.10**および**表4.3**）。受信機の計算機によって，これらのパラメータから計算される予測軌道が放送暦（broadcast ephemeris）と呼ばれるGPS衛星の軌道である。

このような16個の軌道パラメータから，各GPS衛星の位置座標（WGS 84）は，送信時刻T_2（＝GPSタイム）を与えて，**表4.4**に示す手順によって計算される（同表のtは，T_2と読む）。その計算においては，WGS 84の定数値（**表4.5**）を使用しなければならない。なお，円周率についても

$$\pi = 3.1415926535898$$

を使うと決められている[2]。

航法メッセージは各衛星ともほぼ1時間ごとに更新される。それまでは同じデータが繰り返して送信される。したがって時々刻々において最も新しい軌道パラメータを使用することが必要で，そうでなければ，その元期から経過するほど放送暦による軌道予測精度は大幅に劣化することは避けられない。だいたい，元期から1時間半ぐらいまでが適用可能な時間である。

GPS衛星の航法メッセージは，放送暦を計算する軌道情報のほかに，精度は劣るが他のGPS衛星の位置を予測するための天体暦と呼ばれる軌道情報を含んでいることを述べた。天体暦のために，**表4.6**に示す軌道情報が送信されてくる（サブフレーム5）。六つの軌道要素のうち，A, e, ω以外は

$$M(t) = M_0 + n(t - t_{0a})$$
$$i = 0.3\pi + \delta i$$
$$\Omega(t) = \Omega_0 + \Omega\text{-dot}(t - t_{0a}) - \omega_e(t - t_0)$$

によって計算される。天体暦の位置精度は数百mから数kmである。また，衛星時計の誤差は$a_0 + a_1(t - t_{0a})$（$= dt_2$, 式（4.17）参照）による。受信機は天体暦により，どの衛星がいつころ視野に現れるかを事前に知り，スムーズな衛星切換えを準備する。

放送暦や天体暦は利用者が瞬時に使用できるGPS衛星の軌道である。一方，実時間には使えないが，精密暦（precise ephemeris）と呼ばれる暦があ

表 4.4 GPS 衛星の位置座標の計算

1) 軌道長半径
$$A = (\sqrt{A})^2$$
2) 平均運動
$$n_0 = \sqrt{\mu/A^3}$$
3) 元期からの経過時間
$$t_k = \begin{cases} t - t_{0e} + 604\,800 & (t - t_{0e} < -302\,400) \\ t - t_{0e} - 604\,800 & (t - t_{0e} > 302\,400) \\ t - t_{0e} & （それ以外） \end{cases}$$
4) 平均運動の補正
$$n = n_0 + \Delta n$$
5) 平均近点離角
$$M_k = M_0 + nt_k$$
6) 離心近点離角
$$M_k = E_k - e \sin E_k$$
（ケプラー方程式と呼ばれている。逐次近似により，E_k について解く）
7) 真近点離角
$$\cos v_k = (\cos E_k - e)/(1 - e \cos E_k)$$
$$\sin v_k = \sqrt{1 - e^2} \sin E_k/(1 - e \cos E_k)$$
$$v_k = \tan^{-1}(\sin v_k/\cos v_k)$$
8) 緯度引数
$$\phi_k = \omega + v_k$$
9) 補正項
　緯度引数の補正値
$$\delta u_k = C_{uc} \cos 2\phi_k + C_{us} \sin 2\phi_k$$
　動径の補正値
$$\delta r_k = C_{rc} \cos 2\phi_k + C_{rs} \sin 2\phi_k$$
　傾斜角の補正値
$$\delta i_k = C_{ic} \cos 2\phi_k + C_{is} \sin 2\phi_k$$
10) 補正計算
　緯度引数の補正
$$u_k = \phi_k + \delta u_k$$
　動径の補正
$$r_k = A(1 - e \cos E_k) + \delta r_k$$
　傾斜角の補正
$$i_k = i_0 + (i\text{-dot})t_k + \delta i_k$$
11) 軌道面上の位置座標
$$x'_k = r_k \cos u_k$$
$$y'_k = r_k \sin u_k$$
12) 昇交点赤経の補正
$$\Omega_k = \Omega_0 + ((\Omega\text{-dot}) - \omega_e)t_k - \omega_e t_{0e}$$
13) GPS 衛星位置座標
$$x_k = x'_k \cos \Omega_k - y'_k \cos i_k \sin \Omega_k$$
$$y_k = x'_k \sin \Omega_k + y'_k \cos i_k \cos \Omega_k$$
$$z_k = \qquad\qquad y'_k \sin i_k$$

表 4.5 WGS 84 採用定数

パラメータ	記号	WGS 84	ベッセル*
赤道面平均半径	a_e 〔m〕	6 378 137	6 377 397.155
偏平率	f	1/298.257 223 563	1/299.152 812
平均自転速度	ω_e 〔rad/s〕	$7\,292\,115 \times 10^{-11}$	
重力定数（含大気）	GM 〔m³/s²〕	$3\,986\,005 \times 10^8$	
光速度	c 〔m/s〕	299 792 458	

* 日本測地系が準拠している．

表 4.6 天体暦データ

記号	内容	単位
ID	衛星の PRN 番号	—
HEALTH	衛星の健康状態	—
WEEK	現在時刻の GPS 週番号	—
t_{oa}	軌道要素の元期（基準時刻）	s
$\sqrt{A}$	軌道長半径の平方根	m$^{1/2}$
e	離心率	
M_0	平均近点離角	rad
ω	近地点引数	rad
Ω_0	昇交点赤経	rad
Ω-dot	昇交点赤経の時間変化率	rad/s
δi	0.3 半円角からの軌道傾斜角のオフセット	rad
a_0	衛星時計補正係数の 0 次項	s
a_1	衛星時計補正係数の 1 次項	

る[6]．精密暦の精度は 5～10 cm 台とされ，おもに精密測量用である．

なお，放送暦および天体暦の示す基準点は，送信アンテナの（位相中心の）位置であって，衛星重心ではないことに注意する．一方，精密暦は，衛星重心の位置座標を与える（4.3.2 項参照）．

4.2.2 地上制御部分

地上制御部分は，衛星の追跡管制を行う部分で，早期に完成し，完全運用されている．Colorado Springs, Diego Garcia, Ascension, Kwajalein および Hawaii の 5 か所に設置されたモニタ局（monitor station：MS）における追跡データは，Colorado Springs の主制御局（master control station：MCS）に集められて軌道決定が行われる．そして，最新の予測軌道情報が 1 日数回程

度，世界に配置された三つの地上アンテナを介して衛星にアップロードされ，衛星の計算機のメモリーを更新する．

MCSにおける軌道決定の精度は，開発の初期には40〜100 mであったが，近年は5 m程度まで改良されてきている．この精度は，ほぼ放送暦の精度といってよい．放送暦とは，利用者がいま観測している衛星に対して，その航法メッセージの中の軌道情報を使用して計算する軌道暦である．しかし，軌道決定結果を航法メッセージに変換する段階で，測距誤差に換算して約30 mの人工的な誤差が挿入される．この意図的な誤差はSAと呼ばれ，現在GPSによる測位の最大の誤差因になっている．

4.2.3 利用者部分

利用者部分は，システムを利用する受信機そのものである．陸海空および宇宙まで，衛星電波を受信できるあらゆる移動体や乗り物がGPSの対象となり，利用者部分を構成する．受信機を区分する最も大きな要素は，チャネル数である．チャネルとは，一つの衛星からの電波信号を受信し，観測データに変換する電子回路のことで，1チャネル受信機から多チャネル受信機まで，利用者の目的やダイナミクスに応じて，いろいろなタイプの受信機が製作されている．4.3.3項で述べるように，GPSの3次元測位では，少なくとも4衛星からの電波信号を受信しなければならないから，少なくとも4チャネルの受信機であればよいことになる．

このように4個またはそれ以上の衛星を同時に観測する方式を同時受信と呼び，4チャネル以上の多チャネル受信機はすべてこのタイプである．これに対して，1チャネルのみで，ある時間間隔で1衛星ずつ切り換えて4衛星を観測するという方式を順次受信と呼ぶ．順次受信機は精度を若干犠牲にして低価格を追求した受信機で，低ダイナミクスの利用者向きである．また受信機は用途別に分けると，1）航法・測位用，2）測地測量用，および3）時刻合せ用の三つになる．

受信機は，PRNコードの逆拡散と航法メッセージの解読を行うほか，搬送

波の位相追尾を行う．受信機の構成はハードウェアの組み方によって変わるが，近年の半導体技術の進歩を受けて，ほとんどが**図 4.11** に示すようなディジタル処理回路と制御用プロセッサで主要な処理を行い，アナログ部分はアンテナと中間周波数まで搬送波をダウンコンバートする回路のみとなっている．また通常，水晶時計からなる周波数標準をもつ．

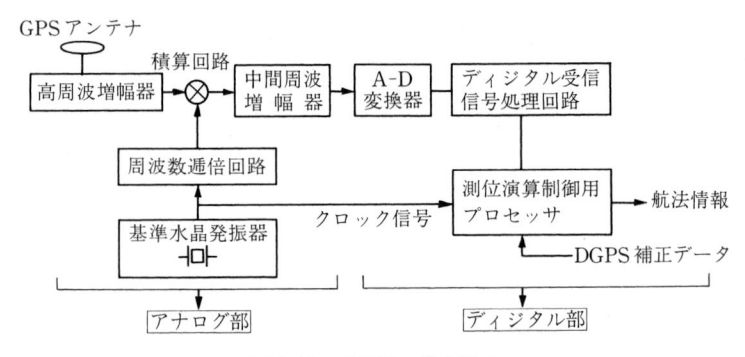

図 4.11 受信機の基本構成

ディジタル部分での処理は，PRN コードの逆拡散を行うディレイロックループと搬送波位相の追尾を行うコスタスループ，および航法メッセージの解読ループからなっている．処理の順番は，ディレイロックループで逆拡散を行い，その後コスタスループ（位相ロックループ）で搬送波の位相同期を確立し，ついで航法メッセージを抽出するのが一般的である．

ディレイロックループでは，受信機内部の時計に同期して発生させた PRN コードと GPS 信号をかけ合わせて逆拡散を行う．その際，ループは内部で生成する PRN コードの位相をコードの自己相関の特性

$$E[P(t)P(t-s)] = 1-s \quad (|s| < 1\text{チップ})$$
$$\sim 0 \quad (|s| > 1\text{チップ})$$

を利用して相関値が最大（すなわち，$s \to 0$）になるよう制御する．ここで，1 チップとは，PRN コードの 1 ビットの長さである．その結果，利用者は位置の制御量を見ることで，到達した GPS 信号の位相情報すなわち送信時刻が

わかり，受信時刻と引き算することで距離の測定ができる．

位相制御をしないで，GPS信号どうしの相関をとって逆拡散を行う方法がある．これはコードレス受信と呼ばれる．L_1信号どうしをかけ合わせた場合，同じ経路を通ってきた信号であるから位相はもともと同期しており，位相制御することなしに逆拡散できる．さらに，L_1とL_2の信号をかけ合わせた場合（クロスコリレーションという），電離層遅延量の差だけ位相制御してやれば逆拡散できる．この方式の利点は，PRNコードが不明でも（例えば，ASモードになり，Yコードが送信された場合でも）逆拡散できることである．一方，欠点は位相同期をかけないので，距離情報が得られないこと（ただし，クロスコリレーションの場合，L_1とL_2の電離層遅延量の差は測定できる），かけ合わせる二つの信号の両方にノイズが乗っているので観測精度が劣化することである．

搬送波位相の同期を行うコスタスループも同様に，GPS信号の搬送波と受信機内部で発生させた搬送波を掛け算する．その結果，位相差θが$\sin\theta$の形で得られる．これをゼロにするように内部の搬送波位相を制御することで，利用者は到達したGPS信号の位相情報を$2n\pi$のあいまいさ（ambiguity）でもって知ることができる．利用者はPRNコードと搬送波位相のどちらを用いてもGPS信号の位相情報を得られるが，PRNコードの場合には位相が一意に決まり，それがGPS信号の送信時刻と1対1に対応している．搬送波位相の場合にはあいまいさが入るので，GPS信号の送信時刻はこれだけでは一意に決められない．

GPS受信機による最も基本的な観測量は，擬似距離である．これは衛星から出た電波信号が受信機に到達するまでの伝搬時間を衛星および受信機の時計で測ったもので（伝搬時間に光速をかけると距離になる），このようにして測定される距離は，両時計の同期誤差のために幾何学的な距離（レンジ）とは異なるので，GPSでは特に"擬似"距離（pseudorange）と呼んでいる．例えば，受信機の時計が基準時刻（＝GPS時）に対して$1\mu s$秒（＝10^{-6}s）進んでいれば，電波はこの間に約300m進むので，幾何学的距離よりも300m長く

観測されるのである。また受信機はドップラー周波数を測定する。ドップラー周波数は，視線方向の距離変化率（レンジレート）に比例し，GPS 衛星に相対的な受信機の速度情報を与える。この観測量もまた，両時計の周波数誤差の影響を受けるので，GPS では特に擬似距離変化率（pseudo range-rate）と呼んでいる。

受信機によっては，ドップラー周波数を一定時間積分して観測誤差成分をならしたデルタレンジ（delta-range）または積分ドップラー（integrated Doppler）と呼ばれる観測量を測定する。さらに先に述べたように，受信波の位相と受信機の基準位相との差を測定することができ，これを搬送波位相差あるいは単に搬送波位相（carrier phase）という。搬送波位相は波長の整数倍（未知数）のあいまいさのある距離である。これらの観測量に対する数学的モデルと誤差については 4.3.2 項で取り扱われる。

擬似距離，搬送波位相差，およびデルタレンジの観測精度は受信機のループ構成によって異なるが，一般には，対応する波長の約 1/100[†] が観測ノイズ（受信機内部精度）のおよその目安になる。例えば[(6)]，C/A コードの波長は約 300 m であるから，C/A コード擬似距離の観測精度は 3 m，P コードの波長は約 30 m であるから，P コード擬似距離のそれは 30 cm となる。一方，L_1 の波長は約 20 cm であるから，L_1 搬送波位相差の観測精度は距離換算で 2 mm となる。デルタレンジの観測精度も数 mm 程度である。

4.3　GPS 測位の基礎

4.3.1　時系と基準座標系

GPS では，GPS 時（または GPS タイム）と呼ばれる時系と，基準座標系として世界測地系の一つである WGS 84（World Geodetic System 1984）が採用されている。

[†]　近年では 1/1 000 まで分解能を向上させた受信機が実現している。

4.3 GPS 測位の基礎　　**171**

　GPS 時は，衛星搭載の原子時計，MS および MCS において追跡管制用に使用される原子時計が刻む平均的なタイムとして定義される数学的あるいは抽象的な時系（ペーパータイム）で，GPS におけるすべてのイベントの時刻基準である．当然ながら，GPS 衛星の軌道暦，および搭載時計の誤差は，この GPS 時をパラメータとして計算できるようになっている．

　GPS 時は，国際原子時 TAI および協定世界時 UTC と同じ 1 秒を単位とし，1980 年 1 月 6 日 0 時 UTC を同年同月同日 0 時（GPS 時）とし，それ以降（閏秒の調整をせずに）完全に連続する時系として定義されている．このため，TAI との時刻差はつねに

$$\text{TAI} - \text{GPS 時} = 19\,\text{s} + \text{co}$$

となるよう保持されている．また閏秒を用いないため，UTC との時刻差は，1999 年 1 月 1 日 0 時 UTC 以降，つぎの閏秒の挿入日時までは

$$\text{UTC} - \text{GPS 時} = -13\,\text{s} + \text{co}$$

となっている．co はたかだか数十 ns（ナノ秒，すなわち 10^{-9} 秒）である．GPS 時と米国海軍天文台（USNO）の管理する時系 UTC（USNO）とはつねに比較がなされ，100 ns 以内に維持されている．さらに UTC（USNO）は国際度量衡局（Bureau International des Poids et Mesures：BIPM）が決定する UTC と数十 ns で維持されている．

　GPS 時の初期元期は，土曜から日曜に移る真夜中（午前 0 時）にあたる．GPS 時の初期元期からの時間軸を形式的に 7 日間で区切り，おのおのを GPS Week と呼ぶ．GPS 時の一番大きな時間単位である．GPS Week は，つねに土曜から日曜に移る真夜中に始まり，土曜の真夜中に終わる．初期元期から最初の 7 日間が GPS Week の第 1 週である．このようにして，GPS 時は，GPS Week 番号と，その GPS Week の始まりからの経過秒によって表される．したがって，経過秒は，0 から 604 800 まで変化することになる．

　GPS における基準座標系は，WGS 84 である．WGS 84 は，一つの慣用地球基準座標系（conventional terrestrial reference system：CTRS）である．CTRS の厳密な定義はさておき，要するに，WGS 84 は**図 4.12** に示すような

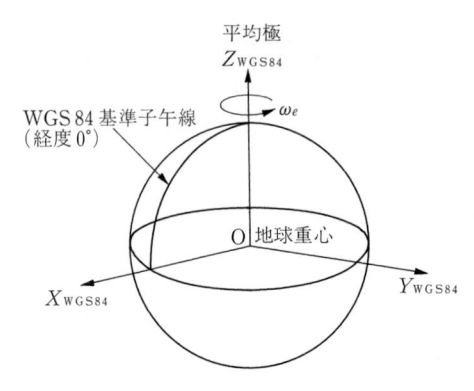

図 4.12 世界測地系 WGS 84 と準拠楕円体

右手系の地球中心・地球固定直交座標系 ECEF（earth contered, earth fixed）である。

図の原点と各軸は以下のように定義される。

原点＝地球重心

Z 軸＝IERS 基準極（IERS reference pole：IRP）。この方向は，BIH 慣用地球極（conventional terrestrial pole：CTP）（元期 1984.0）の方向に 0.005 秒角の精度で一致†。

X 軸＝IERS 基準子午線（IERS reference meridian：IRM），および原点を通り Z 軸に直交する面との交点。IRM は，BIH の経度ゼロ（元期 1984.0）と 0.005 秒角の精度で一致。

Y 軸＝右手直交系。

地球の形状は，回転楕円体でよく近似できることがわかっている。回転楕円体の方程式は次式で与えられる。

$$\frac{x^2 + y^2}{a^2} + \frac{z^2}{b^2} = 1$$

ここで回転軸となる z 軸を形状軸という。x-y 平面は地球の赤道面を定義し，x 軸は経度の基準とし，経度ゼロの方向とする。回転楕円体の形状を決めるパ

---

† 従来の国際報時局（Bureau International de l'Heure：BIH）は，1988 年をもって国際地球回転事業（International Earth Rotation Service：IERS）に改組された。

ラメータは，z 軸を含む平面で切ったときの楕円の長軸 a と，短軸 b または離心率 $e = \sqrt{(a^2 - b^2)}/a$ の二つである．特に測地学では，b または e のかわりに，偏平率 $f = (a - b)/a$ を使うことが多い．e と f の間には，$e^2 = 2f - f^2$ という関係がある．

このような回転楕円体は無数に定義できるが，その中で，中心を地球重心とし，形状軸を WGS 84 の Z 軸と一致させた回転楕円体を WGS 84 準拠楕円体という．WGS 84 で採用されている基本パラメータは，表 4.5 に示したように，長軸（赤道面平均半径）a_e，偏平率 f，重力パラメータ GM，および平均自転速度 ω_e の四つである．

このような座標系はいうまでもなく数学的な抽象である．原点（＝地球重心）や各軸が地表を過ぎるところにマーカがあるわけでもない．ではどのように実現されるのであろうか．

結論からいえば，地表上の複数点の具体的な位置座標によるのである．位置座標を決める手法としては，古典的な星の観測によるものから，近年発展した衛星レーザ測距（SLR）や超長基線電波干渉法（VLBI）などの宇宙測地技術がある．われわれは衛星は地球重心を一つの焦点とした楕円軌道を描くことを知っている．そこで地表の追跡局から衛星運動を観測してやれば，その追跡データの解析から，軌道を知り，軌道面を通して，地球重心を間接的に知ることができる．このような軌道は，追跡局位置に相対的に決まる．追跡局の位置座標は，仮定した準拠楕円体に関する測地座標，すなわち｛経度，緯度，高度｝で示される．例えば，一つの追跡局の経度を東経 123.45678901 度と決めれば，これは経度ゼロを決めたことと同じである．DoD は NNSS 以来，種々の衛星に対するおもに電波追跡データの解析によって，独自の測地基準系，地球形状モデル，重力場モデルを構築してきた．WGS 84 はその最新版である．

このような座標が定義されると，地表または空間の位置（および速度）をこの座標系に関して表すことができる．その方法としては，直交座標表示 $\{x, y, z\}$ または測地座標表示 $\{$経度（λ），緯度（ϕ），高度（h）$\}$ の二つがある

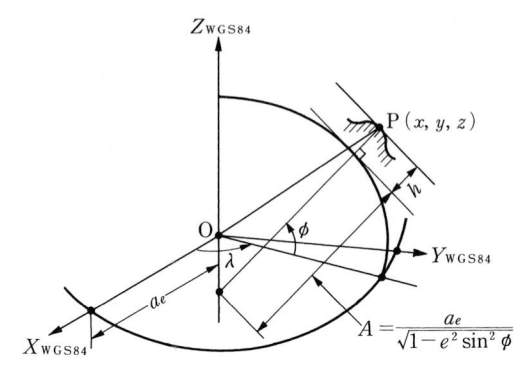

図4.13 測地座標

(図4.13)。それらは，次式によって相互変換できる。

$$\begin{pmatrix} x \\ y \\ z \end{pmatrix} = \begin{pmatrix} (A+h)\cos\lambda\cos\phi \\ (A+h)\cos\lambda\sin\phi \\ [A(1-e^2)+h]\sin\phi \end{pmatrix} \tag{4.1}$$

ここで

$$A = \frac{a_e}{\sqrt{1-e^2\sin^2\phi}}$$

とする。

　GPS受信機では，WGS 84という地心・地球固定直交座標系に関して測位・航法演算を行うので，その内部解は上に述べたような直交座標および測地座標表示になっている。したがって測量用の受信機では，そのまま準拠楕円体からの高度（楕円体高という）が出力される場合が多い。しかし航法用受信機の出力は，楕円体高よりも標高，すなわち平均海面からの高さが望ましい。そのためにWGS 84対応の簡略化したジオイドモデルを搭載し，標高に変換している。とはいっても，GPS単独使用ではもともと経緯度に比べて高度方向の精度が悪い傾向があるうえ，海上ならともかく，陸地では地勢の変化があるから，そのまま信用すると大変なことが起こる。

　カーナビゲーション用などのGPS受信機は，国内地図との対応から日本測地系（またはTokyo Datumともいう）に関しても出力できるようにしてい

る。これは WGS 84 と日本測地系との間の座標変換ができれば可能である。一般に二つの測地系の間の座標変換，例えば，$(u, v, w)^\mathrm{T}$ から $(x, y, z)^\mathrm{T}$ への変換は

$$\begin{pmatrix} x \\ y \\ z \end{pmatrix} = \begin{pmatrix} T_1 \\ T_2 \\ T_3 \end{pmatrix} + \begin{pmatrix} 1+D & R_3 & -R_2 \\ -R_3 & 1+D & R_1 \\ R_2 & -R_1 & 1+D \end{pmatrix} \begin{pmatrix} u \\ v \\ w \end{pmatrix} \tag{4.2}$$

によって与えられる。（ ）$^\mathrm{T}$ は転置を表す。ここで $\boldsymbol{T} = (T_1, T_2, T_3)^\mathrm{T}$ は原点移動，D はスケールファクタで通常は 1 ppm (10^{-6}) ～1 ppb (10^{-9}) 程度，$\boldsymbol{R} = (R_1, R_2, R_3)^\mathrm{T}$ はそれぞれ u, v, w 軸まわりの微小な回転角とする。式 (4.2) を測地座標系間の 7 パラメータ相似変換（Helmert 変換ともいう）といい，測地学においてきわめて重要な関係式である。

国土地理院の資料によれば，WGS 84 系から日本測地系への座標変換は，原点移動だけでよく

$$\boldsymbol{T} = \begin{pmatrix} 147.5 \\ -507.8 \\ -680.2 \end{pmatrix} \quad (単位：m) \tag{4.3}$$

を加算すればよい。回転 $\boldsymbol{R}$ やスケール D は微小なので，とりあえずはゼロとおいてよい。

4.3.2　GPS 観測量と観測誤差

〔1〕 **擬似距離と誤差因**　擬似距離 PR は，ディレイロックループで測定した GPS 信号の伝搬時間 τ（送信時刻 t_2 と受信時刻 t_3 との差）に光速 c をかけたものと定義される（以下では，実際の時計の読みを小文字の t，GPS タイムを大文字の T で表す）。すなわち

$$\begin{aligned} \mathrm{PR}(t_3) &= c\tau \\ &= c(t_3 - t_2) \end{aligned} \tag{4.4}$$

上式の右辺は，GPS タイム（T）を仲介に，つぎの式によって衛星および受

信機の位置座標と関係づけられる。

$$\begin{aligned}
\mathrm{PR}(t_3) &= c\left[(t_3 - T_3) + (T_3 - T_2) - (t_2 - T_2)\right] \\
&= c(T_3 - T_2) + c(t_3 - T_3) - c(t_2 - T_2) \\
&= c(T_3 - T_2) + c(dt_3 - dt_2) \qquad (4.5)
\end{aligned}$$

ここで

T_2：電波信号が衛星アンテナの位相中心を出た瞬間の GPS タイム

T_3：その電波信号が受信機アンテナの位相中心に到着した瞬間の GPS タイム

dt_2：衛星搭載時計の GPS タイムに対するオフセット（$= t_2 - T_2$）

dt_3：受信機時計の GPS タイムに対するオフセット（$= t_3 - T_3$）

とする。なお，dt_3 は，受信アンテナ（の位相中心）から受信機内蔵時計の基準点までのケーブル間の伝搬遅延を含むことに注意する。dt_2 についても同様の回路遅延を含む。

これまで，擬似距離について衛星と受信機間の距離相当と述べてきたが，厳密には，衛星の GPS 信号の送信アンテナの電気的な位相中心（phase center）と，受信機アンテナの位相中心の間の距離を測っていることになる。つまり，GPS によって測られる位置（座標）は，受信機本体の位置でなく，つねに受信アンテナの位置である。このことは記憶にとどめておく必要がある。

さて，式 (4.5) 右辺の第 1 項は GPS 信号が送信アンテナの位相中心から受信アンテナの位相中心まで慣性空間を伝搬した経路長に等しいから，一つの慣性座標系である ECI (earth centered inertial system) に関する送受信アンテナの位相中心の位置ベクトルをそれぞれ $\bm{R}_A(T_2)$，$\bm{R}(T_3)$ とすれば

$$c(T_3 - T_2) = \rho + d_{\mathrm{sag}} + d_{\mathrm{iono}} + d_{\mathrm{trop}} \qquad (4.6)$$

$$\rho = |\bm{R}(T_3) - \bm{R}_A(T_2)| \qquad (4.7)$$

と書ける。ここで ρ は送受信アンテナの位相中心間の幾何学的距離，d_{sag} はサニャック（Sagnac）効果による遅延，d_{iono} は電離層遅延，d_{trop} は対流圏遅延とする。式 (4.6) は，光路差方程式（light-time equation）と呼ばれる。

GPS では，衛星および受信機の位置・速度ベクトルは，地球に固定した，

地球とともに回転する地心直交座標系すなわち ECEF 系で表し，この基本座標系として WGS 84 が使われていることを前項で述べた．したがって，WGS 84 で表す際，電波が衛星から受信機まで有限時間（$T_3 - T_2$）に伝搬する間に地球が回転する分だけ距離が変化する効果を考慮しなければならない．これは回転系で生じる特殊相対論的効果で，サニャック効果と呼ばれる．いま，送受信アンテナの位相中心を WGS 84 で表した位置ベクトルをそれぞれ $r_A = (x_A, y_A, z_A)^T$, $r = (x, y, z)^T$ とする．そのとき

$$d_{\text{sag}} = \frac{\omega_e}{c}[(x_A - x)y_A - (y_A - y)x_A] \tag{4.8}$$

ω_e：WGS 84 採用の地球の平均角速度（表 4.5 参照）

と書ける．式（4.8）は $O(c^{-2})$ を無視した近似式である．なお，利用者の位置座標はつねに受信アンテナの位相中心であることに注意しよう．式（4.8）の導出とサニャック効果のわかりやすい説明が文献（7）にあるので参照してほしい．

以上から，擬似距離の観測量が衛星および受信機の WGS 84 で表した位置座標と陽に関係づけられた．

$$\text{PR}(t_3) = |r(T_3) - r_A(T_2)| + d_{\text{sag}} + d_{\text{iono}} + d_{\text{trop}} + c(dt_3 - dt_2) \tag{4.9}$$

さて，式（4.9）における $r_A(T_2)$ は送信アンテナの位相中心の位置ベクトル（WGS 84 系）である．航法信号の軌道パラメータを用いて計算される時々刻々の衛星位置座標（つまり，放送暦）は実はこの $r_A(T_2)$ であることを特に指摘しておく．一般に，衛星に対する追跡データによる軌道決定によって衛星重心の位置ベクトルが決まる．

そこで GPS では放送暦を使う一般の航法ユーザーの便宜上，地上の主制御局において軌道決定結果を航法信号に変換するとき，送信アンテナの位置座標を直接示すよう，衛星重心に対する送信アンテナの位相中心の位置差（オフセットという）を補正している．どのようなアルゴリズムでオフセット補正をしているかは明らかでないが，この補正量の大きさは以下に示すように約 1 m

強である†。

4.2.1項〔4〕において，精密暦という 5 cm 台の精度の軌道暦があっておもに測地ユーザーが利用していることを述べた。すでに見たように，放送暦は送信アンテナ（の位相中心）の位置（および速度）座標を与えるのに対して，精密暦は衛星重心の位置座標を示す。したがって，例えば精密暦を航法目的に応用する場合にはオフセット補正を行って，送信アンテナ位置へ変換することが必要である。いま，WGS 84 における衛星重心の位置ベクトルを r_{SV} とすると，このようなオフセット補正（d_{AOF}）は，次式によって行うことができる。

$$| r(T_3) - r_A(T_2) | = | r(T_3) - r_{SV}(T_2) | + d_{AOF} \qquad (4.10)$$

$$d_{AOF} = - \text{CM unit}(r_{SV}) \cdot \text{unit}(r_{SV} - r) \qquad (4.11)$$

ここで，CM $= 0.85$ m（ブロックⅠ型衛星）
　　　　　　$= 1.04$ m（ブロックⅡ/ⅡA型衛星）

また unit ( ) は単位ベクトルを表す。なお，4.4節で述べるディファレンシャル GPS という技術を使えば，このような補正を行うことなく，オフセットの影響を除去できる。

ところで擬似距離の誤差源としては，上式で考慮したものがすべてではない。このほかに，マルチパス（多重伝搬）による誤差があって，無視できない場合がある。この誤差（d_{mult} と表す）は，図 4.14 に示すように，受信機アンテナに本来入るべき GPS 電波の直接波のほかに，近くの建物や地面・樹木などに対する反射波も同時にアンテナに入ることによって測距誤差となるものである。この誤差は，入射波の波長（周波数）に依存するとともに，受信アンテナ付近の環境に負うところが大きい。一般に適用できる補正モデルはなく，したがって観測ノイズとして扱うことになる。

地上の静止アンテナについては，まわりの建物などの環境条件に配慮して設置場所を決めるとともに，地上などに反射して下側から入射する波を遮断するためアンテナを特別な構造にしたりあるいはグラウンドプレーンを付けたりす

---

† GLONASS 衛星についても事情はまったく同じで，1.62 m のオフセット補正が行われる。

4.3 GPS 測位の基礎　**179**

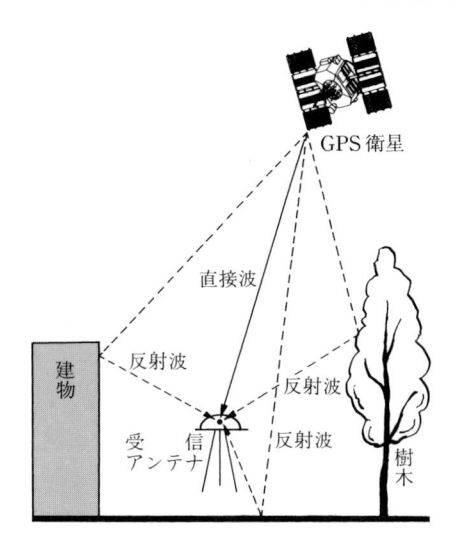

図 4.14　マルチパス

る．近年は，ソフトおよびハード的にマルチパスを低減する工夫をした受信機も市販されている．

さらに放送暦誤差（陽に書くときには d_{eph} と記す），受信機固有のバイアス誤差やランダム誤差（熱雑音，内部雑音など），アンテナの位相中心の転移（電波の受信方向によって位相中心が変位する）などがある．これらの誤差に起因する測距誤差は，通常モデル誤差とみなして観測誤差に含めて扱う．ただし，受信機固有のバイアス誤差やアンテナから受信機までのケーブル長による伝搬遅延などのように一定とみなされる誤差は，測位や航法では，受信機時計バイアス（式 (4.9) の dt_3）に含まれて推定されるので，問題とならない．逆にいえば，それらを分離できないので，時刻同期などの利用においては注意を要する．

式 (4.9) の右辺各項のうち，$r(T_3)$ は未知数とし，$r_A(T_2)$ は航法メッセージの中の軌道情報から計算される．d_{sag} は式 (4.8) から計算できる．以下では残りの各項に対する補正法およびそのモデルを検討する．

① **電離層遅延**（d_{iono}）：GPS 衛星から出た電波は，地表や空・宇宙の利用者に到達する間に，電離層と対流圏からなる大気層（**図 4.15**）を通過する．GPS 電波のようなマイクロ波が電離層を通過するとき，電離層の中では伝搬

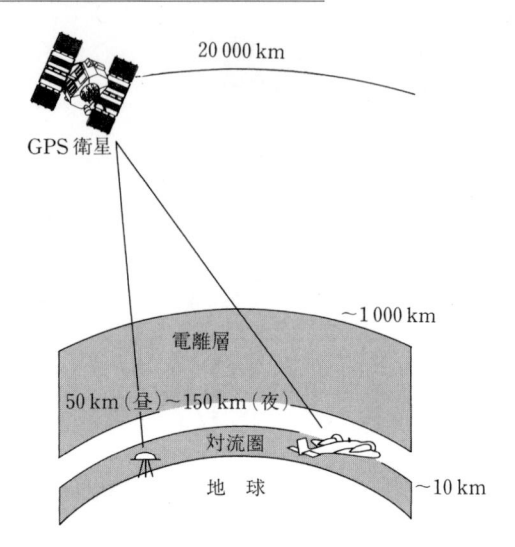

図 4.15 大気層による電波伝搬遅延

速度が変化し，測距誤差の原因となる．その変化は，コード（PRN 符号列など）では真空中より遅くなり，搬送波位相では逆に早くなる．電離層におけるマイクロ波の電波の伝搬遅延は，下記のように（符号は別にしてコード，搬送波位相とも），周波数の 2 乗に反比例することがわかっているので，2 周波の同時観測によってほぼ完全に補正できる．GPS で 2 波があるのはまさにこのためである．

電離層内での電波の伝搬速度は 2 種類あり

$v_{\mathrm{gr}} = c/n_{\mathrm{gr}}$：群速度（コード，メッセージの速度）

$v_{\mathrm{ph}} = c/n_{\mathrm{ph}}$：位相速度（搬送波位相の速度）

である．n_{gr}，n_{ph} は屈折率を表し，それぞれ近似的に

$n_{\mathrm{ph}} = 1 + c_2/f^2$

$n_{\mathrm{gr}} = 1 - c_2/f^2$

によって表される（f^{-3} 以上の高次項を無視）．ここで，f は周波数，c_2 は伝搬経路に沿った電子含有量 N_e のみに依存する係数で，経験的に

$$c_2 = -40.3 N_e \,[\mathrm{Hz}^2] \tag{4.12}$$

によって与えられる．N_e はつねに正数であるから，$n_{\mathrm{gr}} > 1 > n_{\mathrm{ph}}$，したがって $v_{\mathrm{gr}} < c < v_{\mathrm{ph}}$ である．すなわち，コード位相は遅れ，搬送波位相は早まる．言い換えれば，電離層伝搬の幾何学的距離に比べて，コード位相（擬似距離）は長めに，搬送波位相は短く測定される．すなわち，電離層を通過する電波の行路長[†1]に，つぎのような見掛けの変化を生じる．

$$d_{\mathrm{iono,gr}} = \int (n_{\mathrm{gr}} - 1)ds = 40.3 \frac{\mathrm{TEC}}{f^2} \quad \text{（擬似距離）} \quad (4.13)$$

$$d_{\mathrm{iono,ph}} = \int (n_{\mathrm{ph}} - 1)ds = -40.3 \frac{\mathrm{TEC}}{f^2} \quad \text{（搬送波位相）} \quad (4.14)$$

ここで，$\mathrm{TEC}\left(=\int N_e ds\right)$ は伝搬経路上の総電子含有量とする．すなわち，擬似距離および搬送波位相における電離層遅延量は，周波数の 2 乗に反比例し，正負が異なるだけで，絶対値は同じである．

$\mathrm{L_1/L_2}$ の 2 波の受信機は，上で見たように電離層遅延が周波数の 2 乗に反比例する性質を用いて次式により補正する[†2]．

$$\mathrm{PR}(t_3) = \frac{\mathrm{PR}(t_3)_{\mathrm{L1}} - \gamma \mathrm{PR}(t_3)_{\mathrm{L2}}}{1 - \gamma} \quad (4.15)$$

ただし $\gamma = (f_{\mathrm{L2}}/f_{\mathrm{L1}})^2$ とする．ここで，f_{L1}：$\mathrm{L_1}$ 信号の周波数，f_{L2}：$\mathrm{L_2}$ 信号の

[†1] 電離層の厚みは太陽活動などによってかなり変動するが，100 km から 1 000 km ぐらいである．

[†2] $\mathrm{L_1/L_2}$ に対する擬似距離の観測方程式を簡単に

$$\mathrm{PR}_1 = \rho + \frac{A}{f_1^2} + \varepsilon_1$$

$$\mathrm{PR}_2 = \rho + \frac{A}{f_2^2} + \varepsilon_2$$

と書く．両者の線形結合を作ると

$$\alpha \mathrm{PR}_1 + \beta \mathrm{PR}_2 = (\alpha + \beta)\rho + A\left(\frac{\alpha}{f_1^2} + \frac{\beta}{f_2^2}\right) + \alpha \varepsilon_1 + \beta \varepsilon_2$$

そこで，$\alpha + \beta = 1$ および $\alpha/f_1^2 + \beta/f_2^2 = 0$ が同時に成り立つように α および β を決めてやれば

$$\mathrm{PR} = \alpha \mathrm{PR}_1 + \beta \mathrm{PR}_2 = \rho + \alpha \varepsilon_1 + \beta \varepsilon_2$$

となり，合成されたデータ PR は明らかに電離層遅延を含まない．このとき

$$\alpha = \frac{f_1^2}{f_1^2 - f_2^2} = \frac{1}{1 - \gamma}$$

$$\beta = -\frac{f_2^2}{f_1^2 - f_2^2} = -\frac{\gamma}{1 - \gamma}$$

となる．

周波数とする。PR(t_3) は電離層遅延フリーとなる。

L_1 のみの C/A コード受信機は数学モデルによって補正する。一般には，GPS 採用電離層モデル[8]を使うとされ，それに必要なパラメータ値は航法信号の中に与えられている。このモデルによって，電離層遅延の 50％程度を補正できるとされる。

② **対流圏遅延**（d_{trop}）：中性大気の効果を対流圏遅延と呼んでいる。中性大気は成層圏にも存在するので，この表現は必ずしも正確ではないが，慣例による。対流圏は空気層であるが，空気そのもの（乾燥空気という）と水蒸気が混在し，両者はやや違う振る舞いをする。対流圏では伝搬速度は真空中より遅くなるだけで，周波数依存性はない。このことは，2 波を使っても，遅延量を補正できないことを意味する。

対流圏におけるマイクロ波の伝搬遅延は，地表における気温，気圧，湿度を使って近似的にモデル化できる。1973 年にザースタモイネン（Saastamoinen）が提案した，高度角 20 度以上の衛星に対するつぎの伝搬遅延モデルはその一例である。

$$d_{trop} = 0.2277 \sec \zeta \left[P + \left(\frac{1255}{T_0} + 0.05 \right) e - \tan^2 \zeta \right] \quad (4.16)$$

ここで，d_{trop}：大気による遅延〔cm〕，ζ：衛星の天頂角〔度〕，P：地表における気圧〔mbar〕，T_0：地表における気温〔K〕，e：地表における水蒸気分圧〔mbar〕

海面での標準大気を代入すると，天頂方向の対流圏遅延として約 2.3 m となる。

③ **受信機の時計誤差**（dt_3）：未知数 $b(= cdt_3)$ として解く。これは GPS の最大の特徴の一つである。これによって，利用者は精密な周波数標準を装備する必要がない。dt_3，または距離単位にした b をクロックバイアス（clock bias）またはクロックオフセット（clock offset）と呼んでいる。さらに，位置とともに速度情報を必要とする利用者は，擬似距離とともに，GPS 信号に対するドップラーまたはデルタレンジのデータを使う。これらのデータの処理

においては，b とともに，b の時間変化率（クロックドリフトという）を未知数として解く．

④ **衛星時計の誤差**（dt_2）：GPS 衛星には，セシウム原子時計（バックアップとしてルビジウム）が搭載され，GPS タイムに同期した GPS 時（時計の読み）を刻む．原子時計といえども，時の経過とともに GPS タイムからずれていき，無視できない測距誤差になる．例えば，GPS 衛星の時計は主制御局 MCS において管理されているが，それによると最大 10^{-6} 秒（1 マイクロ秒）程度ずれている衛星時計もあり，これは 300 m の距離誤差に相当する．そこで，GPS においては，GPS タイムに対するオフセットを 2 次多項式に一般相対論効果による補正を加えた次式によって計算することになっている．

$$dt_2 = a_{sv} + b_{sv}(T_2 - T_{20}) + c_{sv}(T_2 - T_{20})^2 + \delta T_r \tag{4.17}$$

ここで

$$\delta T_r = -4.443 \times 10^{-10} e\sqrt{a} \sin E \tag{4.18}$$

とし，e は軌道離心率，a は軌道長半径〔m〕，E は離心近点離角である．T_{20} は 2 次多項式の係数値を与える基準時刻で，係数とともに航法信号データとして与えられている．また a_{sv} は回路遅延の効果をも含んだ値である．δT_r は，時計が理想的なものであっても地球重力と楕円軌道の影響で地表の理想的な時計とは動きが異なるための補正項（一般相対論効果）である．衛星時計は，その打上げ前に，平均的な進み分である -4.45×10^{-10} 倍だけ周波数オフセットされているので，δT_r には周期項だけが考慮される．

〔2〕 **搬送波位相と誤差因** 衛星から送信される位相変調された L バンド信号から搬送波を再生し（逆拡散という），受信機内部の周波数標準から作った衛星の送信周波数に等しい基準信号とのビートをとったうえで，そのビート信号の位相を測定できる．正確には，受信された衛星の搬送波の位相と，受信機の搬送波の位相との差，すなわち搬送波位相差（以下では簡単のため搬送波位相という）を測定できる．受信機内ではビート信号の波数を連続的に積算し，この積算された波数が位相として 1 波長以下の成分まで精密に測定され

る。1波長の 1/100，すなわち 0.01 サイクルまで測定することは現在のディジタル電子技術では容易である。GPS では1波長（L_1）は約 20 cm であるから，これは 20 cm/100＝2 mm の測定精度に相当する（4.2.3項参照）。

いま，時刻 t_1, t_2, t_3, …, t_k, …（受信機の時計の読み）において搬送波位相データ $\phi(t_1)$, $\phi(t_2)$, $\phi(t_3)$, …, $\phi(t_k)$, …（単位は通常サイクル）が得られたとしよう。

そのとき，観測開始時刻 t_1 では

$$\phi(t_1) = （搬送波位相差の端数）+ 未知の整数$$
$$= \mathrm{Fr}(t_1) + N(t_1) \qquad (4.19)$$

という形で搬送波位相データが測定される。ここで Fr（・）は端数を表す。そこでこの電波の伝搬経路内にある波の個数を $N_1(t_1)$ とし

$$N(t_1) = N_1(t_1) + N_1 \qquad (4.20)$$

とおく。$N_1(t_1)$, N_1 はともに未知の整数である。すると

$$\phi(t_1) = \mathrm{Fr}(t_1) + N_1(t_1) + N_1 \qquad (4.21)$$

と書き表せる。

同様に観測時刻 t_k では

$$\phi(t_k) = （搬送波位相差の端数）+ 未知の整数$$
$$= \mathrm{Fr}(t_k) + N(t_k)$$
$$= \mathrm{Fr}(t_k) + (N(t_k) - N(t_1) + N_1(t_1)) + N_1 \qquad (4.22)$$

ここで，$(N(t_k) - N(t_1))$ は，受信機がカウントした時刻 t_1 から t_k までのフルサイクル数の増分を表し，この時間に変化した衛星までの距離の増分（波長の整数倍）に等しい。また $N_1(t_1)$ は観測開始時刻 t_1 における受信機-衛星間の電波伝搬距離であったから，結局，右辺第2項は時刻 t_k における受信機-衛星間の電波伝搬距離を表している。すなわち

$$N_k(t_k) = N(t_k) - N(t_1) + N_1(t_1)$$

とおくことができて

$$\phi(t_k) = \mathrm{Fr}(t_k) + N_k(t_k) + N_1 \qquad (4.23)$$

となる。上式の右辺第1，2項の和は衛星から受信機までの電波（の位相の）

4.3 GPS 測位の基礎

伝搬距離（両時計の誤差を含む）を表す．すなわち

$$\phi(t_3) = \phi_r(t_3) - \phi_s(t_3) + N_1 \tag{4.24}$$

（受信機によっては，位相差の定義が逆，すなわち $\phi_s(t_3) - \phi_r(t_3)$ となっている場合があるので注意を要する）いま，f を周波数とし，さらに位相は電波伝搬によって変わらないから，$\phi_s(t_3) = \phi_s(t_2)$ という関係を使って上式を変形すると

$$\phi(t_3) = \phi_r(t_3) - \phi_s(t_2) + N_1$$
$$= f(t_3 - t_2) + N_1 \tag{4.25}$$

上式の単位はサイクルである．$c = f\lambda$ なる関係を用いて距離単位に変換すると

$$\Phi(t_3) = \lambda\phi(t_3)$$
$$= c(t_3 - t_2) + \lambda N_1 \tag{4.26}$$

となる（単位は距離，例えば m）．上式から，擬似距離の場合と同様の誤差が入ってくることもわかる．すなわち

$$\Phi(t_3) = |\,r(T_3) - r_A(T_2)\,| + d_\mathrm{sag} - d_\mathrm{iono} + d_\mathrm{trop} + c(dt_3 - dt_2) + \lambda N_1 \tag{4.27}$$

上式において，電離層遅延量が負であることに注意する．また搬送波位相データにも，マルチパスによる誤差 d_mult がある．この誤差の大きさは擬似距離のところで述べたように波長に依存する．C/A コードの波の約 300 m（P コードは 30 m）に対して搬送波の波長は 20 cm 程度であるから，擬似距離のそれよりもはるかに小さい（実際には 1/4 波長以下）．

式 (4.25) または式 (4.27) で表される観測量を搬送波位相差または単に搬送波位相と呼ぶ．このデータは，衛星の電波がロックされている限り，一定の（しかし未知な）バイアス（波長の整数倍の）を含んだ超精密な距離情報を与える．この一定の未知の整数（N_1）を特に整数値バイアス，またはあいまいさ（ambiguity）と呼ぶ．

観測途中でなにかの障害によって衛星電波とのロックがはずれた場合，N_1 は別の未知の整数値 N_1new に跳ぶ．この現象をサイクルスリップ（cycleslip）

という。例えば，航空機が大きくバンクした場合，翼によって衛星が一時的に遮断されることがある。このようなサイクルスリップは1回の観測期間（セッションという）中にまったく起こらないこともあれば，何回となく起こることもある。その場合のあいまいさの跳び量 $\Delta N_1 = N_{1new} - N_1$ は電波の中断時間の長さに依存し，ΔN_1 は数サイクルのこともあれば，数メガから数ギガサイクルのこともある。そしてサイクルスリップが起こるたびにその衛星に対する位相データは不連続になる。サイクルスリップが起きた場合の対応が位相データ利用の鍵になる。ポスト解析の場合は，なんらかの方法で ΔN_1 を修復し，位相データからその分差し引くことにより，1セッション内で連続になるよう補正できる。

擬似距離の式（4.11）と搬送波位相差の式（4.27）では，電波が電離層を通過するときの群速度と位相速度の違いによって，電離層遅延の符号が正反対になることを先に述べた。重要なことは，$\Phi(t_3)$ が 2 mm の精度で測定できることで，したがって搬送波位相は，衛星および受信機の時計誤差，電波伝搬遅延，受信機固有の誤差，整数値バイアスなどが高精度に補正または消去できれば，きわめて高精度な距離データを与える。

このような誤差は，複数の受信機間，さらには衛星間で観測データの適当な線形結合を作ることによって誤差の主要部分を消去または減少できる。

まず一重差（single difference）は，**図 4.16** に示すように，同一衛星に対する二つの受信機の擬似距離または搬送波位相データの差（Δ）と定義される。

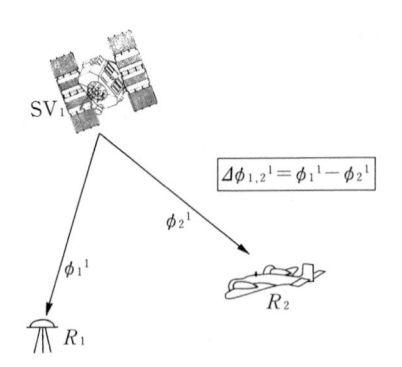

図 4.16　一重差データ

これによって二つの観測データに共通な誤差，例えば，搭載時計誤差，軌道誤差，電離層遅延や対流圏遅延など大気伝搬遅延を消去または減少できる．軌道誤差としては地上制御部分におけるもともとの軌道決定誤差のほかに，SAとして意図的に挿入される軌道誤差が含まれる．明らかに受信機間の距離（＝基線長）[†]が短いほど，二つの観測データに共通な誤差成分は相関が高く，一重差によってほとんど完全に消去できる．4.4節で詳しく述べるディファレンシャルGPS (differential GPS)，いわゆるDGPSはこの性質を有効に使ったものである．逆に基線長が長くなるほど観測データにおける誤差成分の相関は弱くなり，一重差によっても十分消去できなくなる．

一重差の観測量は，式 (4.9) と式 (4.27) を用いて，つぎのように書ける．

$$\Delta PR = \Delta\rho + \Delta d_{\mathrm{iono}} + \Delta d_{\mathrm{trop}} + c\Delta dt \tag{4.28}$$

$$\Delta\Phi = \Delta\rho - \Delta d_{\mathrm{iono}} + \Delta d_{\mathrm{trop}} + c\Delta dt + \lambda\Delta N_1 \tag{4.29}$$

ここで，$\rho = |\boldsymbol{r} - \boldsymbol{r}_A|$ とする．一重差においては，対象衛星の時計誤差項 $c(dt_2)$ はほぼ完全に消去できる．さらにサニャック効果も相殺するので省略している．Δd_{iono} や Δd_{trop} は，二つの観測データにおけるそれぞれ電離層遅延，対流圏遅延成分の差を表し，基線長が小さいほどそれらの大きさも小さくなる．特に基線長が10 km以内では無視できるほど小さい．一方，受信機の時計誤差は一重差によって消去できず，$c\Delta dt$（両受信機の時計誤差の差）は未知数として取り扱わなければならない．一重差データは相互に独立である．すなわち，一重差データ間で観測ノイズに相関はない．ただし，理論上，ノイズレベル（1σ）がもとの $\sqrt{2}$ 倍に増えるという不利益はある．

ここまでは，同一衛星に対する二つの受信機間の一重差を定義したが，これと正反対に，1受信機による二つの衛星間の一重差を定義することもできる．その場合には，衛星時計の誤差（の差）が残り，受信機の時計誤差は厳密に消去できることになる．衛星間の一重差は，例えば，受信機の位置が正確にわかっているとして，衛星の軌道を決める問題に有用である．

[†] 二つの受信機（のアンテナの位相中心）を結ぶ線分を基線 (baseline)，その長さを基線長という．

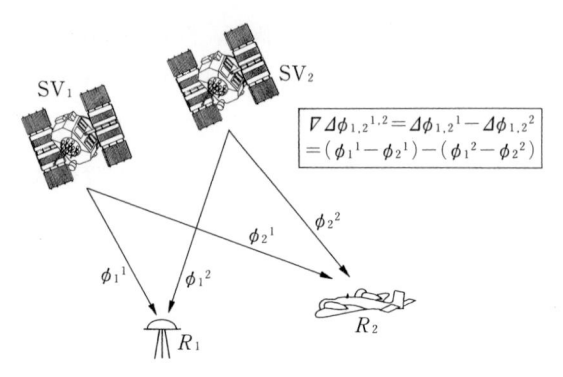

図 4.17 二重差データ

つぎに二重差（double difference）は**図 4.17**に示すように，2 受信機の 2 衛星に関する一重差の差（$\nabla\Delta$）として定義される（受信機間の一重差の差としても，または衛星間の一重差の差としても，二重差の結果は変わらない）。すなわち二重差の観測量は

$$\nabla\Delta\mathrm{PR} = \nabla\Delta\rho + \nabla\Delta d_{\mathrm{iono}} + \nabla\Delta d_{\mathrm{trop}} \tag{4.30}$$

$$\nabla\Delta\Phi = \nabla\Delta\rho - \nabla\Delta d_{\mathrm{iono}} + \nabla\Delta d_{\mathrm{trop}} + \lambda\nabla\Delta N_1 \tag{4.31}$$

となる。二重差によって，一重差で残った受信機の時計誤差を消去できる。また二重差はもはや独立なデータとはならず，観測誤差が相関をもってくる。実際，二重差データの誤差共分散行列は，4.4.2 項〔2〕の式（4.77）によって与えられる。式（4.77）から明らかなように，観測ノイズ（1σ）はもとの 2 倍程度に増える。

さらに二重差の観測時刻に関する差（$\delta\nabla\Delta$）を三重差（triple difference）と呼ぶ。

$$\delta\nabla\Delta\mathrm{PR} = \delta\nabla\Delta\rho + \delta\nabla\Delta d_{\mathrm{iono}} + \delta\nabla\Delta d_{\mathrm{trop}} \tag{4.32}$$

$$\delta\nabla\Delta\Phi = \delta\nabla\Delta\rho - \delta\nabla\Delta d_{\mathrm{iono}} + \delta\nabla\Delta d_{\mathrm{trop}} \tag{4.33}$$

このように，三重差によって搬送波位相二重差のあいまいさ項（$\lambda\nabla\Delta N_1$）を消去できる。一方，観測ノイズ（1σ）はもとの $2\sqrt{2}$ 倍大きくなる。三重差搬送波位相データにはあいまいさ項がないので，容易に測位やリアルタイム航法に適用できる。しかし，ノイズレベルがもとの 2.8 倍に増えるというペイを支

払わなければならない。また，サイクルスリップが起これば，時間に関してあいまいさ項に不連続が発生し，三重差データには大きな飛びとなって現れる。このことから，三重差データはサイクルスリップの監視に使用できる。

このように受信機間（あるいは衛星間）で観測データの線形結合が可能であることは，各受信機はあらかじめ設定した観測計画

$$t_i = t_1 + (i-1)\triangle, \quad i = 1, 2, 3, \cdots \tag{4.34}$$

（△：観測時間間隔，通常受信機において任意に設定できる）に従って，（受信機の時計で測って）ほぼ同時観測が行えることによる。これも GPS の大きな特徴のひとつである。特に二重差は衛星および受信機の時計の誤差をほぼ完全に取り除くため，位相干渉測位すなわちキネマテティック GPS における基本的な観測量として広く用いられている。

受信機は，衛星に対する（瞬時の）ドップラー周波数を測定できる。一般にドップラー周波数（Δf）と視線距離の時間変化率（$d\rho/dt$）の間には

$$\Delta f = f_r - f_0 = \frac{1}{c}\frac{d\rho}{dt} \cdot f_0 \tag{4.35}$$

という関係があり，Δf は速度に関するデータであることがわかる。ここで，f_r は受信機で受信されるドップラー偏移した周波数，f_0 は基準周波数とする。上式はさらに，単位を m/s になるようスケールすると，搬送波位相差 $\varPhi$ の時間微分 $d\varPhi/dt$ に等しくなる。

$$\mathrm{DP}(t_3) = \frac{d}{dt}\varPhi(t_3)$$

$$= \frac{d}{dt}[\rho + d_{\mathrm{sag}} - d_{\mathrm{iono}} + d_{\mathrm{trop}} + c(dt_3 - dt_2)] \tag{4.36}$$

これは，両時計の誤差（周波数のドリフト）を含むので擬似距離変化率といわれる（あいまいさ項の時間微分が消えていることに注意する）。ドップラー周波数を一定時間積分した積分ドップラーは，瞬時のドップラー周波数データよりも精度が高い。すなわち，式（4.36）を積分して

$$\mathrm{DR}(t_3) = \varPhi(t_3) - \varPhi(t_3 - \triangle) \tag{4.37}$$

このデータは，△ 時間（ドップラー積分時間）に衛星までの（擬似）距離が

どれだけ変化したかを表し，積分ドップラーまたはデルタレンジ（delta-range）と呼ばれる．やはり速度情報を与える．このように，GPS受信機は，擬似距離から位置を，擬似距離変化率（またはデルタレンジ）から速度を決定する．搬送波位相の未知整数バイアスは，位相を連続的に観測している限り一定（N_1 が一定）であり，したがって搬送波位相の差分をとるとあいまいさの項が消える．この性質から，DRデータはサイクルスリップの検知に使用できることがわかる．

4.3.3 単独測位と精度

擬似距離の観測方程式は式（4.9）から，大気圏遅延や相対論効果などを補正した後，j 番目の衛星に対して

$$\mathrm{PR}_j = |\boldsymbol{\rho}_j| + b - b_{\mathrm{sv}_j} + \varepsilon_j \tag{4.38}$$

$$\boldsymbol{\rho}_j = \boldsymbol{r}_{\mathrm{sv}_j} - \boldsymbol{r} \tag{4.39}$$

と書ける．以下では，$b = c(dt_3)$，$b_{\mathrm{sv}_j} = c(dt_2)$，また ε_j は補正後の誤差を含めた測距誤差とする．$\boldsymbol{r}_{\mathrm{sv}_j}$ および b_{sv_j} は航法メッセージから計算できる既知量であるから，未知数は $\boldsymbol{r} = (x,\ y,\ z)^{\mathrm{T}}$ と b の4個である．したがって，4個以上の可視衛星に対する擬似距離を同時に取得できれば，連立して解ける[†]．

式（4.38）は未知数に対して非線形であるから，あるアプリオリ値に関して線形化し，最小2乗法を適用するのが常套である．

$$\varDelta \mathrm{PR}_j = \boldsymbol{u}_j^{\mathrm{T}} \varDelta \boldsymbol{r} + b + \varepsilon_j \tag{4.40}$$

$$\boldsymbol{u}_j = -\frac{\boldsymbol{\rho}_j}{|\boldsymbol{\rho}_j|} \tag{4.41}$$

ここで，$\boldsymbol{\rho}_j/|\boldsymbol{\rho}_j|$ は視線方向の単位ベクトルである．

そこで未知数ベクトル

$$\boldsymbol{x} = (\varDelta \boldsymbol{r},\ b)^{\mathrm{T}} \tag{4.42}$$

[†] 地上の車両とか海上の船舶のように，緯度・経度に関心がある利用者は，原理的には3衛星を観測すればよい．例えば，$\boldsymbol{r}$ を測地座標（λ, ϕ, h）で表し，$h = 0$ または一定（ジオイド高）として経度 λ，緯度 ϕ，b の三つを解く．ジオイド高とは準拠楕円体からジオイド（平均海面）までの鉛直距離である．

を定義すると

$$\varDelta \mathrm{PR} = H\boldsymbol{x} + \boldsymbol{\varepsilon} \tag{4.43}$$

ここで

$$\varDelta \mathrm{PR} = \begin{pmatrix} \varDelta \mathrm{PR}_1 \\ \varDelta \mathrm{PR}_2 \\ \cdots \\ \varDelta \mathrm{PR}_n \end{pmatrix}, \quad H = \begin{pmatrix} \boldsymbol{u}_1^\mathrm{T}, & 1 \\ \boldsymbol{u}_2^\mathrm{T}, & 1 \\ \cdots & \\ \boldsymbol{u}_n^\mathrm{T}, & 1 \end{pmatrix}, \quad \boldsymbol{\varepsilon} = \begin{pmatrix} \varepsilon_1 \\ \varepsilon_2 \\ \cdots \\ \varepsilon_n \end{pmatrix} \tag{4.44}$$

式 (4.43) の（重みつき）最小2乗法解は

$$\hat{\boldsymbol{x}} = (H^\mathrm{T} R^{-1} H)^{-1} H^\mathrm{T} R^{-1} \varDelta \mathrm{PR} \tag{4.45}$$

$$\hat{P} = (H^\mathrm{T} R^{-1} H)^{-1} \tag{4.46}$$

ここで R は ε の $n \times n$ 共分散行列

$$R = \begin{pmatrix} E[\varepsilon_1^2] & \cdots & E[\varepsilon_1 \varepsilon_n] \\ E[\varepsilon_2 \varepsilon_1] & \cdots & E[\varepsilon_2 \varepsilon_n] \\ & \cdots & \\ E[\varepsilon_n \varepsilon_1] & \cdots & E[\varepsilon_n^2] \end{pmatrix} \tag{4.47}$$

とする。さらに擬似距離の測距誤差を平均値0，標準偏差 σ_{PR} の正規分布に従うとし，特に $n=4$ で，$R = \sigma_{\mathrm{PR}}^2 I$（$I$ は単位行列）ならば[†]

$$\hat{\boldsymbol{x}} = H^{-1} \varDelta \mathrm{PR} \tag{4.48}$$

また対応する推定誤差共分散行列（4×4）は

$$\hat{P} = \sigma_{\mathrm{PR}}^2 M \tag{4.49}$$

$$M = (M_{ij}) = (H^\mathrm{T} H)^{-1} \tag{4.50}$$

すなわち，測位精度は受信機の測距誤差 σ_{PR} と，利用者に対する衛星の見え方，すなわち幾何学的配置のみによって決まる。

そこで，衛星の幾何学的配置の良さの程度を表すスカラー関数である DOP (dilution of precision) を以下のように定義する。DOP は「精度劣化係数」というような意味である。

---

† GPS では通常この仮定は満たされる。擬似距離を測定するチャネル間で相関がないことを意味する。

$$\text{GDOP} = \sqrt{\text{trace}\, M} = \sqrt{M_{11} + M_{22} + M_{33} + M_{44}} \tag{4.51}$$

$$\text{PDOP} = \sqrt{M_{11} + M_{22} + M_{33}} \tag{4.52}$$

$$\text{TDOP} = \sqrt{M_{44}} \tag{4.53}$$

ここで，GDOP：幾何学的精度劣化係数（geometrical dilution of precision），PDOP：位置精度劣化係数（position dilution of precision），TDOP：時刻精度劣化係数（time dilution of precision）とし，明らかに GDOP $=\sqrt{\text{PDOP}^2 + \text{TDOP}^2}$ である。

さらに M 行列を利用者位置における局所水平鉛直座標系（local north-east-down system：NED）に変換して

$$M_{ned} = \begin{pmatrix} M_{nn} & M_{ne} & M_{nd} \\ M_{en} & M_{ee} & M_{ed} \\ M_{dn} & M_{de} & M_{dd} \end{pmatrix} \tag{4.54}$$

となったとき

$$\text{HDOP} = \sqrt{M_{nn} + M_{ee}} \tag{4.55}$$

$$\text{VDOP} = \sqrt{M_{dd}} \tag{4.56}$$

を定義する。ここで HDOP：水平面精度劣化係数（horizontal dilution of precision），VDOP：高度精度劣化係数（vertical dilution of precision）と呼ぶ。明らかに PDOP $= \sqrt{\text{HDOP}^2 + \text{VDOP}^2}$ である。

このように定義される DOP を用いると，測位（時刻）精度はおよそ次式で予測できる。

$$\sigma = \text{DOP} \times \sigma_{\text{PR}} \tag{4.57}$$

例えば，（水平面位置精度）＝HDOP ×（測距精度）となる。

式（4.44），（4.49）および式（4.50）から，$\det(\hat{P})$（確率楕円体の体積！）は $\det(M)$ に比例すること，さらに $n=4$ の場合，$\det(M)$ は受信機から 4 衛星の方向に向かう四つの視線ベクトルの「単位ベクトル」の端点が作る 4 面体の体積の逆数であることがわかる。すなわち，4 面体の体積が大きいほど，$\det(\hat{P})$ は小さくなる。この関係を使うと，測位にとってはどのような衛星配

置が望ましいかを事前に判断できる。24衛星配置では，全世界的にほぼ4～8衛星がつねに視野にあるので，特にチャネル数の少ない受信機はできるだけ最適配置（PDOPが最小）に近い4～5衛星を選択する必要がある†。

測距誤差は，受信機のハードウェアに固有なバイアスやランダムノイズ（熱雑音）のほか，SA誤差，大気圏遅延，放送暦誤差，衛星の時計誤差，マルチパスなど種々の誤差因に対する補正誤差（モデル誤差）またはモデル化されなかった誤差の総合である。これらの各誤差を測距誤差に換算したものを利用者等価測距誤差（user equivalent range error：UERE）と呼んでいる。UEREを用いると，式（4.57）はまた

$$\sigma = \text{DOP} \times \text{UERE} \tag{4.58}$$

と書ける。

測位精度を表す指標として，期待値のばらつきを表す標準偏差（σ）は一般的によく使われるが，平面内または空間の動径方向に着目した指標も特に航法においてはしばしば用いられる。例えば，drms(distance root mean square)が

$$2\,\text{drms} = 測定値の少なくとも95\%を含む円（または球）の半径 \tag{4.59}$$

として定義される。同様に，CEP（circular error probable），SEP（spherical error probable）が，それぞれ測定値の少なくとも50%を含む円または球の半径，すなわち中央値（＝メディアン，median）として定義される。特に平面内の動径方向の精度指標に対しては，つぎのような関係がある。

$$\begin{aligned} 2\,\text{drms} &= 2.5 \times \text{CEP} \\ &= 2 \times \text{HDOP} \times \text{UERE} \end{aligned} \tag{4.60}$$

表4.7に擬似距離観測における誤差因とそのUERE，および測位精度の典

---

† GPSの初期においては，衛星数も少なく，受信機のコストはもともと高いうえチャネル数とともに高価になるので，特に航法用として1チャネル，2チャネル，4チャネルなどの低コスト受信機が製作された。このような受信機では衛星選択はきわめてクリティカルであった。しかし近年はチャネル数が10を超える多チャネル受信機を低コストで製作できるようになり，可視衛星の電波信号をすべて受信し測位に使うのが普通である。

表 4.7 誤差因と UERE (単位:m)

擬似距離誤差源	C/A コード SA オン	C/A コード SA オフ	P(Y) コード	DGPS*
衛星時計誤差	2	2	2	0
軌道暦誤差	4	4	4	0
電離層遅延	8	8	1	0
対流圏遅延	3	3	3	0
受信機雑音	0.5	0.5	0.3	0.5
マルチパス	1.0	1.0	0.7	1.2
SA	32	0	0	0
UERE** (1σ)	33	10	6	1.3
HDOP	1.5	1.5	1.5	1.5
平面誤差 (95%)	100	30	18	4
VDOP	2.2	2.2	2.2	2.2
高度誤差 (95%)	145	44	26	5.6

* ディファレンシャル GPS (DGPS) については,4.4.1 項で述べる.

** 各誤差の rss (root-sum-square)

型的な数値例を示す.この表の例では,HDOP=1.5,UERE=33 m(SA オン時)であるから,平面内精度は,2 drms(=2×1.5×33 m)=99 m となる.同様に SA オフの場合,UERE=10 m であるから,2 drms=30 m が期待されることになる.誤差因の中では,SA 誤差が卓越していること,そしてこの SA 誤差は,ディファレンシャル GPS (DGPS) によってのみ消去できることに注目したい.

4.3.4 SA と AS

1980 年代の GPS 試験段階において,民間用の C/A コード受信機が種々製作され,いろいろな乗り物で試験されたが,その結果はいずれも計画段階で民間用に予測された測位精度の下限 100 m をはるかに上回る 20〜30 m であった(P コード受信機では 20 m 以内を達成).この結果に安全保障上危機感を抱いた DoD は,民間利用者の測位精度を故意に劣化させることを決定し,これを選択利用性(selective availability:SA)と呼んでいる.現在では,SA は DoD が国家安全保障上,航法メッセージの軌道パラメータおよび衛星搭載時

計に故意な誤差を付加することによって，標準測位業務（standard positioning service：SPS）すなわち民間利用者の測位（および速度，時刻）の精度を劣化させることと定義される†。精密測位業務（precise positioning service：PPS）すなわち軍関係の利用者はSA誤差を除去する情報が与えられ，SAの影響をまったく受けない。

SAは，放送される軌道パラメータに人工的な誤差を挿入する操作と，衛星時計のディザリング（dithering）による操作の2段構えで実施され，前者は周期の長いSA誤差を，また後者は長周期および短周期のSA誤差成分を与える。このようなSA誤差は，擬似距離の誤差成分の中では，最大でほぼ30 m（rms）の測距誤差となる。この場合の3次元測位精度は120 m，すなわち水平面（緯度，経度）で100 m（2 drms），高度で150 m（95％）程度である。SAオフ時のSPSによる測位精度は20〜40 mであるから，これは3倍の精度劣化に相当する。ちなみに速度と時刻の精度もそれぞれ0.3 m/s，300〜400 ns（ナノ秒，10^{-9}s）まで劣化する。SA誤差は単独測位では除去できず，後述するDGPSによってのみその大部分を除去できる。

SA機能は，概念実証用として1978年から1985年にかけて打ち上げられたブロックI型衛星にはなく，運用形として1989年2月から打上げの始まった新しいブロックII型衛星のみが有している。

耐謀略性（anti-spoofing：AS）はもともと，有事においてPコードまがいの偽の航法信号の送信があった場合，Pコードを秘密のYコードに変えることによって，測位性能を保護する能力と考えられていた。しかし近年では，本来軍用で秘密なPコード情報が解読されて民間でもPコード受信機を製作できるようになったことに対し，Pコードをもはや送信せず秘密のYコードを送信することによって，市販されるようになったPコード受信機を不能にす

---

† GPSにおいては民間利用者はC/Aコードのみ受信できて，軍用のPコードにはアクセスできないとされていた。ところがある時期から，Pコード受信のための情報が民間のわかるところとなり，民間でもPコード受信機を製作できるようになった。そこでDoDは従来からのコードによる区別をやめ，SAの影響を受けない精密測位業務をPPS（軍用），それ以外の標準測位業務をSPS（民間用）と区分けした。

ること，と解されている。

　DoDは，1992年8月1日からASの試験を断続的に繰り返していたが，1993年12月8日の初期運用段階（initial operational capability：IOC）へ移行という宣言に基づいて，1994年1月31日0時（UTC）から，すべてのブロックII型衛星に対して定常的に実施し，現在に至っている。したがって，YコードがPコードにとって代わり，SPS利用者はもはやPコードにアクセスできない。

　AS試験の当初は，週末土，日の2日間に限ってASオンになっていた。そして，Pコード受信機は航法メッセージを記録できなかった，位相データの質が劣化した，などいろいろな不具合が報告されたが，それらの大部分はソフトウェアの改修によって解決された。もっとも，航法目的の民間利用者は，単独測位の場合には，ASオフ時にPコード受信機によりPコード擬似距離を観測してもSAを除去する手段にアクセスできないので，測位精度はC/Aコードの場合と大差はない。

　SPSは，Lコードの両方，すなわちC/Aコード，Pコード，および航法メッセージにアクセスできる。PPSは，SPSと同様にアクセスできるほか，Yコードならびに軌道データおよび時計の周波数の操作を補正する手段にアクセスできる。さらにSPSは一般に開放され，PPSは米国と同盟国の軍および特に許可された民間の利用者のみに制限されている。SAおよびAS下のSPSとPPSの測位精度を**表4.8**に示す。

表4.8　SAおよびAS下の測位精度

		SPS 民生用	PPS 軍用
SA	C/Aコード	>100 m	～30 m
	Pコード	>100 m	～10 m
AS	Yコード	アクセスなし	～10 m

　Yコードについては，従来のPコードに511.5 kHzの周波数の暗号のWコードをかけ合わせたものということがわかっている。

ASに対応して，Trimble, Ashtech など，おもに精密測量用の受信機を製作しているメーカーは，Yコードを使わないコードレス受信の方法を開発している。例えば，Ashtechは，L_1とL_2信号の相互相関をとる前に，受信機内で発生させたPコードと相関をとり，信号の帯域幅を1/20に狭めることでSN比の劣化を抑えるという手法である。現在知られているところでは，この方法を採用した受信機が最も良い性能を示している。このようなPコード（Yコード）受信機は，航法にも利用でき，特に後述するキネマティックGPSにおいて有効である。

4.4 ディファレンシャル GPS（DGPS）

4.4.1 コード DGPS

GPSのC/Aコード擬似距離による単独測位は，人工的な精度劣化SAにより，水平面100 m（95％），高度150 m（95％）である。このように，SA下のGPSによる絶対位置計測の精度には限界がある。レジャーなどこの程度の精度で満足できる利用者は多いが，もっと高精度を必要とする利用者がある。これはディファレンシャルGPSまたは差動GPS（DGPS）と呼ばれる相対測位によって実現できる。

DGPSの基本的な考え方は，図4.18に示すように，位置が既知である一つの受信機（基準局という）に対する他方の受信機の相対的位置（および速度）

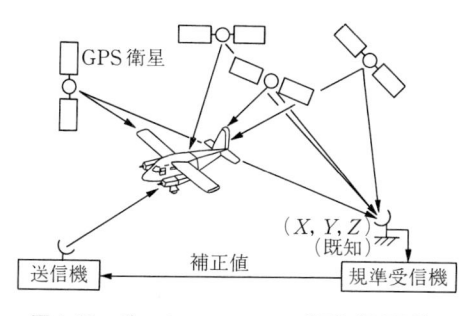

図4.18 ディファレンシャル GPS（DGPS）

を求めようとするものである。両受信機に共通な誤差を相殺することによって結果的に相対的な測位精度を改善するといってよい。どのような誤差因がキャンセルするかについては，表4.7のDGPSの列に示されている。最大の誤差因であるSA誤差がDGPSによってほとんど消去できることに注目したい。受信機雑音やマルチパスは受信機に固有であって，相殺の対象にはならない。同表によれば，SAオン時のC/Aコード擬似距離による典型的な測位精度（平面内）として，GPS単独の100 m（95％）に対し，DGPS単独では1.5 m（95％）が期待できる。

DGPSには，使用する観測データに応じてつぎの二つの手法がある。
- コードDGPS（擬似距離データを使用）
- 搬送波位相DGPS

搬送波位相DGPSはまた，キネマティックGPSとも呼ばれる。

このようなDGPSを実現する方式として，一般的につぎの四つの考え方が代表的である。対象とする移動体（乗り物）の運動性，航法要求などによって最適な方式を選択する。

（1） 地上の基準受信機で取得した観測データ(擬似距離，搬送波位相，デルタレンジ)の誤差を推定し，それらを補正量としてなんらかの手段(通常無線)で利用者側に送信する（これを観測領域での補正法という）。

（2） 地上の基準受信機で取得した観測データから測位計算を行い，測量値との差（測量値−測位解）を補正量としてなんらかの手段で利用者側に送信する（これを航法または解領域での補正法という）。

（3） 利用者側の受信機による観測データをそのまま地上局に送信し，地上の受信機でも取得した観測データの誤差を考慮して，利用者の航法計算を地上で行う。必要ならば，その結果を利用者に送信する（トランスレータ方式という）。

（4） 地上に設置した擬似衛星から，GPS衛星とまったく同じ航法信号を送信するとともに，（1）または（2）のDGPS補正量も同時に送信する（擬似衛星方式という）。

4.4 ディファレンシャルGPS (DGPS)

いずれも，基準局の受信機は位置の既知な点に静止していると仮定される．しかし，(1)～(3)では，基準局が移動体であってもかまわない．例えば，宇宙でのランデブー・ドッキング（国際スペースステーションISSを基準として，スペースシャトルの相対位置を決定），あるいは航空機どうしの編隊飛行や空中給油などのミッションに適用できる．

一般的に，(1)の観測領域でのDGPS補正が実用的で精度もよいとされ，米国の海上無線技術委員会 RTCM 104[9] から，DGPS 補正量の送信フォーマットや使用電波の周波数などについての勧告が出されており，今日大部分の受信機はこれを標準としている．

擬似距離に対する観測領域での補正量は，一般につぎのように算出される．まず観測された擬似距離データ p_m に対する補正量を

$$\Delta p_m = \rho - p_m \tag{4.61}$$

によって計算する．ここで，$\rho = |\boldsymbol{r} - \boldsymbol{r}_A|$．$\boldsymbol{r}$ は基準受信機の位置ベクトルで，これはGPS測量などによって十分な精度でわかっているものとし，また $\boldsymbol{r}_A$ は衛星の（送信アンテナの位相中心の）位置ベクトルで放送暦から計算できる．この補正量は明らかに観測ノイズを含むので，適当なフィルタ（例えばカルマンフィルタ）を通して平滑化する．この過程で同時に Δp_m の時間変化率も推定する．衛星ごとに計算された Δp_m とその時間変化率を，その時刻（GPS時）とともに利用者に送信する．Δp_m は，基準局の受信機の時計バイアスを含み，この値は時によって数 ms（〜300 km）に達することがある．そこであらかじめ，p_m から受信機や衛星の時計バイアスを差し引いておくことも行われる．

(2)は，衛星数が少なかった概念実証段階（1985年ぐらいまで）において提案された考え方である．可視衛星のすべての四つの組合せごとに測位解 $\hat{\boldsymbol{r}}$ を計算し，補正量 $\Delta \boldsymbol{r} = (\Delta x, \Delta y, \Delta z)^T$ を

$$\Delta \boldsymbol{r} = \hat{\boldsymbol{r}} - \boldsymbol{r}^* \tag{4.62}$$

によって算出する．$\boldsymbol{r}^*$ は基準解，すなわち既知の位置ベクトルとする．$\Delta \boldsymbol{r}$ は，その4衛星の組合せで測位計算した場合に見込まれる誤差成分の予測値を

意味する。このようにして得られた $\mathit{\Delta}r$ を衛星の組合せ情報とともに利用者側に送信する。利用者側においては最適配置の衛星組合せによる測位解を計算し, 受信した衛星組合せに対する補正を加えて真値とみなすのである。

このように概念的には非常にわかりやすいのであるが, 可視衛星が少なかった概念実証段階ではともかく, 可視衛星が増えた現段階では組合せ数がばく大となり現実的でない。例えば, 可視衛星数を $N=6$ とすると, 4 衛星の組合せは $C_N{}^4=60$, また $N=8$ ならば, じつに 40 320 となる。

(1), (2) ともサポートできるユーザー数は無制限である。これに対して, (3) は同時に複数の利用者をサポートできない欠点はあるが, 地上の大形計算機が使用できること, ポストフライト解析に適していることなどの理由からロケットやミサイルなど高速移動体の飛しょう試験では常用されている。(3) では立場を逆にして地上の観測データを補正量などに加工せず, そのまま直接機上へ送信し, 利用者側で航法処理するという方式も成り立つ。機上計算機の負担は増えるが航法結果が機上で得られる, 地上システムが簡便という利点がある。そのため, この方式は宇宙でのランデブー・ドッキングや滑走路への進入着陸誘導などへ応用できよう。

(4) は, DGPS 機能に加えて, 衛星配置が悪い場合でも, 地上の擬似衛星と組み合わせることによって PDOP の向上を同時に狙ったものである。地上の擬似衛星は GPS 衛星の電波信号と同じ形式で送信するように設計されており, 利用者にとってはあたかも可視な GPS 衛星が 1 個増えたのと同じ効果がある。特に PDOP 値改善への効果は大きい。

このアイデアは元来 18 衛星配置の場合に局所的に発生する数十分間の劣化した PDOP の改善を目指すもので, 現在のような 24 衛星配置では顕著な効果はあまりないかもしれない。しかしながら, 機体運動や地形・建物による電波の中断が見込まれる場合には PDOP を良好に保てるので航空機の進入着陸に有望視されている。実利用のためには擬似衛星を何個, どこに設置するか, また GPS 衛星に比べて近すぎることによる電波強度の影響などが検討課題になる。

このタイプの DGPS は, わが国が開発中の無人有翼宇宙往還試験機 HOPE

-X の自動着陸技術を確立するために行われた ALFLEX (automatic landing flight experiment) の飛行実験において，わが国では初めて試験された．

（1）〜（4）はローカルエリアに限定した DGPS という意味で，LADGPS (local area DGPS) とも呼ばれている．これは空港のターミナルエリアにおける航空機の進入着陸や船舶の多い湾岸での交通管制などの限られた狭い領域を対象に高品質な DGPS 補正量をサービスするのに適している．測位精度としては 1 m は容易で，さらに搬送波位相を使用すれば 10 cm 以内も可能である．したがって航空機の場合，いわゆるカテゴリー I 相当の精密進入が可能になる．

これに対して，海上を含め国内のどこでも DGPS 補正量を利用できて，それによって DGPS による高精度航法が保証されるならば，カーナビゲーション，船舶，航空機の運航など応用範囲は大幅に拡大する．このようなシステムは，原理的にはローカルな DGPS 基準局を中心とする数百 km の円で全日本を覆うことで達成できるが，そのようなシステムはコストおよび管理運用の点で実用的とは言い難い．そこで広域 DGPS，すなわち WADGPS (wide area DGPS) という考え方が欧米を中心に研究されている．

WADGPS は大陸間レベルを対象に静止衛星（GEO）を介して DGPS 補正情報などを放送するもので，静止衛星形衛星航法補強システム（Satellite Based Augmentation System：SBAS）と呼ばれる．SBAS としては近年，米国の広域補強システム（Wide Area Augmentation System：WAAS），欧州連合の EGNOS (European Geostationary Navigation Overlay Service) (4.6.2 項参照)，日本の MSAS(MTSAT Satellite based Augmentation System)が計画され，整備が進められている（これに対して，LADGPS を狭域補強システム(Local Area Augmentation System：LAAS)と呼ぶことがある）．

SBAS では，先に述べたようなローカルな意味での補正情報では不十分で，（1） GPS と同様の測距信号，（2） GPS/GEO 衛星のディファレンシャル情報（擬似距離誤差，衛星位置誤差，電離層遅延補正データなど）および(3) GPS/GEO 衛星のインテグリティ（完全性）情報をサービスする機能がある．

米国で開発中の WAAS は，1999 年に初期運用段階に，2001 年から完全運用段階に入る予定で，カテゴリー I の精密進入までのエンルートに対する航空航法を支援する。

4.4.2 搬送波位相 DGPS

〔1〕 **キネマティック GPS** 搬送波位相データは，波長の整数倍のあいまいさのある，衛星-受信機間の距離についての情報で，その内部精度は距離換算で数 mm である。この観測量は GPS の計画段階ではほとんど注目されなかったが，1980 年代初頭の概念実証段階における観測試験を通して，精密測量への潜在的能力が認められるところとなった。そうして 1990 年代には，GPS は VLBI および SLR と並ぶ宇宙測地技術として確固たる地位を確保し，特にローカルな測地測量や地殻変動観測などの最有力手段になっている。これを VLBI との対比から，GPS 位相干渉測位法（GPS interferometric positioning）と呼んでいる。

この測位法では，測りたい複数点に受信機を置いて，独立に，ある時間静止して測定する（この意味から，スタティック（静的）測量と呼ばれる）。その後，観測データを持ち寄り，搬送波位相の二重差データなどの解析から基線間の相対位置ベクトルと基線長を計算する。静止観測は，通常，数十分から数時間必要である。基線が長いほど，観測時間も長くなる。これは，搬送波位相データに内在するあいまいさ（未知な整数値バイアス）を解くため，受信機に対する衛星の幾何学的配置の時間変化を利用するからである。なお，未知な整数値バイアスに対する真の整数解が求まることを「あいまいさを解く（または，解決する）」という。

いったん搬送波位相データのあいまいさが解決できれば，それらは数 cm 台の距離情報を与える。ここでいうあいまいさは，搬送波位相二重差（または一重差）に対する整数値バイアスである。位相差単独のあいまいさを解くことは，一般には難しい。

いま，二つの受信機で地上の基準点に対して他の（複数個の）測量点の相対

位置を測定する場合を考えてみよう．もちろん，上で述べたスタティック測量は適用できる．この場合には，基準点に受信機1台を固定し，もう一つの測量点にもう1台の受信機を設置して，ある時間観測する．観測が終われば，つぎの測量点に移動してまたある時間観測する．観測が終われば，つぎの測量点に移動してまたある時間観測する．

このような操作を全部の測量点に対して行うから，かなりの時間が必要になる．特に繰り返し観測が必要な場合にはもっと大変である（もちろん，十分な台数の受信機があれば問題はないが）．そこで，もっと短時間に，かつ連続的にGPS測量を行う手法が考えられている．スタート時に2点間で二重差のあいまいさを解いておいて，測量点側の受信機を衛星信号にロックしたまま，つぎつぎの測量点に移動し，それらの測量点で短時間（通常数分）停止して観測データを集める手法である．この手法をキネマティックGPSと呼び，ミリメートルオーダの測量精度を期待できる．初期あいまいさは，つぎのいずれかの方法で解く．

① スタティック観測
② 位置がわかっている2点に受信機を置く
③ アンテナスワップ（antenna swap）法

これらの基本になる式は，搬送波位相の二重差である．すなわち

$$\nabla \Delta \Phi = \nabla \Delta \rho + \lambda \nabla \Delta N_1 \tag{4.63}$$

ここで，初期エポックにおいては，二つのアンテナは十分に近く，大気圏遅延を無視できると仮定している．そして，n個の衛星を可視とすれば，独立な$(n-1)$個の搬送波位相二重差の観測方程式が得られる．

①は通常のスタティック測量そのもので，30分程度の観測データから，基線ベクトルの3成分と，$(n-1)$個の搬送波位相二重差のあいまいさ$\nabla \Delta N_1$を未知数として同時に解く（基準点の位置は既知とする）．②では，2点の高精度な位置座標から，基線ベクトルは既知となり，$(n-1)$個の搬送波位相二重差の$\nabla \Delta N_1$だけを未知数として解く．これは数分間の観測で十分である．③は，電波にロックしたままで，アンテナの位置を入れ替える方法である．はじ

めの数分間観測して

$$\nabla \Delta \Phi(1) = \nabla \Delta \rho(1) + \lambda \nabla \Delta N_1$$

を得る．つぎにアンテナを電波にロックしたままその位置だけを入れ替えて（したがって，$\nabla \Delta N_1$ は変わらない），さらに数分間観測すると

$$\nabla \Delta \Phi(2) = -\nabla \Delta \rho(2) + \lambda \nabla \Delta N_1$$

が得られる．両式から，$\lambda \nabla \Delta N_1$ を消去できて

$$\nabla \Delta \Phi(1) - \nabla \Delta \Phi(2) = \nabla \Delta \rho(1) + \nabla \Delta \rho(2)$$

を得る．上式から，基線ベクトルの3成分について高精度に解くことができるから，結局，②のケースに帰着する．

なお，キネマティックGPSでは，基準および移動受信機のデータを観測後持ち寄って解析する方法と，基準受信機の観測データを無線で移動受信機側へ送り，移動側で実時間で解析する方法とがある．後者は搬送波位相によるDGPSであって，特に実時間キネマティック（real time kinematic : RTK）と呼ばれ，測量点で観測しながら測量結果をほとんど瞬時に得られる．一般に位相の観測は受信機の運動にかかわらず行えるので，キネマティックGPSの自然な拡張として，移動体の相対航法（連続位置決定）への応用がある．

例えば，地上に静止した受信機を基準として，もう一方の受信機が地上または空，または宇宙空間を運動する場合に適用できる．基準となる受信機は運動していてもよい．いずれの場合も，基準受信機に対する相対位置が数十cm以内の精度で決定できる．この相対測位の精度は，両受信機の運動（力学特性）と両受信機間の距離(基線長)に依存する．航空機の場合，滑走路への進入着陸はもとより，編体飛行とか空中給油に応用できる．

また写真測量，航空重力・磁気測定などのリモートセンシング分野ではすでに実用化されている．宇宙の場合には，宇宙機どうしのランデブー・ドッキングや多衛星の編隊飛行に応用できる．従来のキネマティックGPS測量では，地上の静止した状態で初期整数値バイアスを解いたが，移動体航法への応用においては，静止または運動中によらず，任意の時点でこれを解けることが不可欠である．すなわち，搬送波位相データの航法への応用に関しては，つぎの問

題が解決されなければならない。

　1）航法開始時に初期あいまいさをいかに解くか
　2）飛行中にサイクルスリップが起こった場合の処理法
　3）新たに視野に入ってきた衛星に対するあいまいさの処理

いずれも航空機や宇宙機が地上，空中や宇宙のどこにいても，（実時間で）あいまいさを解決できる能力を要求する。これを「ambiguity resolution on-the-fly」と呼び，そのためのアルゴリズムをOTF（on-the-fly）アルゴリズムと呼ぶ。OTFアルゴリズムとしては，受信機のタイプ（2波，1波，コードレス），他の航法センサによる援助などによって，いろいろなアプローチが可能である。ここでは，C/Aコード擬似距離とL_1位相のみを観測できる受信機を仮定し，最も基本的な最小2乗探索法（least squares search method：LSM）[10]~[13]と呼ばれるあいまいさを解決する考え方を説明する。

〔2〕**最小2乗探索法によるOTFアルゴリズム**　搬送波位相の観測量は，いろいろな誤差因を陽に書くと，次式のようになる。

$$\Phi(t_3) = \rho - d_{iono} + d_{trop} + d_{sag} + d_{SA} + d_{eph} + d_{mult} + c(dt_3 - dt_2) + \lambda N_1$$
(4.64)

ただし，$\rho = |r(T_3) - r_A(T_2)|$は幾何学的距離，$\lambda = c/f$とする。ここで未知な整数$N_1$（整数値バイアス）は，サイクルスリップが起きない限り，一定値をとるから，いったんなんらかの方法でN_1の厳密な整数解を求めることができれば，それ以後（サイクルスリップが起こるまで）式（4.64）は非常に高精度な（精度が数mm～数cmの）距離データとなる。

任意時刻において，N_1の厳密な整数解を求めるためには，受信機位置，軌道暦，衛星時計，大気圏遅延などの諸量が波長λ（例えば，L_1の波長は20 cm）に比べて十分小さい誤差範囲で決められなければならないが，これは航法の利用者には一般に不可能である。単独データでだめならば，線形結合をとればどうであろうか。じつはつぎに述べるように，一重差または二重差をとることにより可能性がでてくる。三重差の場合，あいまいさの項は消去されるの

でそれを解決する問題はなくなるが,ノイズ成分がおよそ $2\sqrt{2}$ 倍に増幅するというデメリットがある。

搬送波位相の一重差および二重差に対する観測量はそれぞれ

$$\Delta\Phi = \Delta\rho - \Delta d_{\text{iono}} + \Delta d_{\text{trop}} + \Delta d_{\text{SA}} + \Delta d_{\text{eph}} + \Delta d_{\text{sag}}$$
$$+ \Delta d_{\text{mult}} + c(\Delta dt_3 - \Delta dt_2) + \lambda\Delta N_1 \qquad (4.65)$$

$$\nabla\Delta\Phi = \nabla\Delta\rho - \nabla\Delta d_{\text{iono}} + \nabla\Delta d_{\text{trop}} + \nabla\Delta d_{\text{SA}} + \nabla\Delta d_{\text{eph}} + \nabla\Delta d_{\text{sag}}$$
$$+ \nabla\Delta d_{\text{mult}} + c(\nabla\Delta dt_3 - \nabla\Delta dt_2) + \lambda\nabla\Delta N_1 \qquad (4.66)$$

と書ける。ここで Δ は1衛星に対する2受信機間の一重差をとる作用素,$\nabla\Delta$ はそのような一重差の2衛星間の一重差,すなわち二重差をとる作用素を表す。式で書けば

$$\Delta\Phi(i, j; p) = \Phi(i; p) - \Phi(j; p)$$
$$\nabla\Delta\Phi(i, j; p, q) = \Delta\Phi(i, j; p) - \Delta\Phi(i, j; q)$$

ここで,i, j は受信機の番号($=1, 2, 3, \cdots$),p, q は衛星の番号($=1, 2, 3, \cdots$)とする。

この定義は,搬送波位相やその線形結合データ,あるいは擬似距離データにもそのまま適用できる。このとき,一重差の式において,二つの受信機が十分近ければ,言い換えれば受信機間の距離である基線長が短ければ,同一の1衛星に対する両受信機までの電離層遅延,対流圏遅延,軌道暦誤差,SA誤差,サニャック効果の各誤差項はスケール的にほとんど同程度である(相関が高い)と見なせる。したがって一重差をとればそれらの効果はキャンセルするか,またはきわめて減少する。すなわち,基線長が短ければ(通常は10 km以内)

$$\Delta d_{\text{iono}} \fallingdotseq 0, \ \Delta d_{\text{trop}} \fallingdotseq 0, \ \Delta d_{\text{SA}} \fallingdotseq 0, \ \Delta d_{\text{eph}} \fallingdotseq 0, \ \Delta d_{\text{sag}} \fallingdotseq 0 \qquad (4.67)$$

としてよい。とりわけ,絶対値が大きくかつモデル化の難しいSA誤差のほとんどをキャンセルできることの利益はきわめて大きい。さらに

$$\Delta dt_2 \fallingdotseq 0 \qquad (4.68)$$

が成り立つ。これは同一衛星の時計誤差バイアスの差であるが,対象とする2

4.4 ディファレンシャルGPS（DGPS）

受信機への送信時刻は必ずしも一致しないものの，原子時計の誤差の主要部分（特に絶対値の大きい定数項）を相殺できるのでこのように近似してよい．以上のような各誤差項の近似は基線長が長くなるほど精度が悪くなるので，その場合にはなんらかの数学モデルを使うとか，電離層遅延については2波受信機を使うなどの措置が必要になる．

一方，Δdt_3 は，定義によって2受信機の時計バイアスの差であるが，これらは明らかに独立であって一重差をとってもキャンセルしないので一つの未知数として解かなければならない．同様に ΔN_1 もやはり未知なある整数値である．多重伝搬（マルチパス）誤差 Δd_{mult} は各受信機の置かれたローカルな環境に大きく依存するので一重差によって一般にはキャンセルしない．同様に受信機固有のバイアスやその他の観測誤差も一重差によってキャンセルできない．

二重差については，一重差についてのうえの議論がそのまま当てはまる．さらに Δdt_3 についても二重差によって完全にキャンセルする．これは二重差の大きな特徴である．$\nabla \Delta d_{mult}$ は二重差によっても消去できない．$\nabla \Delta d_{iono}$, $\nabla \Delta d_{trop}$, $\nabla \Delta d_{SA}$, $\nabla \Delta d_{eph}$, $\nabla \Delta d_{sag}$ については，一重差で見たように，それらのほとんどを除去または低減する．またこの効果は基線長が短ければ短いほど顕著である．特に平面内の利用者は，基線長が5～10 km以下ならば，大気圏遅延量を陽にモデル化しなくても，二重差によってほとんど消去できる．しかし，高度方向に変化する利用者（例えば，航空機の進入着陸）の場合は，基線長の大きさによらず，高度変化を考慮した対流圏遅延（d_{trop}）モデルを採用する必要があることが知られている．ただし，電離層遅延のほうは，二重差によってほとんどキャンセルできる．

一方，$\nabla \Delta N_1$ は未知な整数値バイアスとして残る．すなわち，二重差データは，整数値バイアス $\nabla \Delta N_1$ と両受信機の3次元位置座標のみを未知数とする高精度な距離データということになる．特に基準受信機の位置を既知とし，それに相対的にユーザー受信機の位置を決める（つまりキネマティックGPS）問題では，一つの二重差データの未知数は，搬送波位相二重差の整数値バイア

スとユーザー受信機の3次元位置座標の4（＝3+1）個になる．したがってN個の独立な二重差データでは，未知数は$(N+3)$個となり，つねに観測データ数よりも未知数が3だけ多く，方程式の問題としては不定ということになる．

しかしながら，①整数値バイアスは文字どおり整数値であること，②この値に+1だけ誤差があると距離が1波長分（L_1の場合は20 cm）だけ伸びること（逆に-1だけ誤差があると距離が1波長分だけ短くなること），さらに③搬送波位相二重差の観測誤差のばらつきは数cmであること（さらに誤差分布は正規性であることを仮定する），この三つの性質をうまく活用することによって，この不定方程式は解けるのである．

以下では二重差データに限定することとし，また記述の簡単のため，二重差によりキャンセルできる各誤差項を省略して，観測量を以下のように書くこととする．

$$\nabla\varDelta\varPhi = \nabla\varDelta\rho + \lambda\nabla\varDelta N_1 \tag{4.69}$$

ちなみに，観測方程式は上式に観測誤差（多重伝搬誤差などを含めて）$\nabla\varDelta\varepsilon_\varPhi$を加えたものである．式(4.69)において，整数値バイアス$\nabla\varDelta N_1$をなんらかの方法で決定できれば，$\nabla\varDelta\varPhi$は距離情報だけを含み，航法に利用できることになる．$\nabla\varDelta N_1$を飛行中に解くための計算法が，キネマティックGPS航法におけるOTFアルゴリズムである．式(4.69)の二重差の整数値バイアスはつぎのような手順で求めることができる．

まず，基準受信機の位置座標を既知とする．これは高精度であるほどよく，今日ではGPSを用いた測地測量によって簡単に知られる．そしてある時刻において，ユーザー受信機（移動受信機）の位置に対する近似解が求まっているとしよう．近似解についても高精度であるほど望ましく，例えば，コード位相（擬似距離と同義），または搬送波位相で平滑化したコード位相[*1]の二重差などを用いて計算できる．INSと複合化を組んでいる場合には，高精度な慣性航法出力結果が利用できる．また単独測位ではSAのために100 mを超える場合があるので，コード位相の二重差から測位を行うことが望ましく，その場

4.4 ディファレンシャルGPS (DGPS)

合少なくとも4衛星が可視である必要がある．その場合，搬送波位相についても独立な二重差は3個（$N=3$）作れて，適当な方法で整数値バイアスが解ければ，それに対応して位置座標が一つ決まる．

実際には7～9衛星が可視となる率が高い．そこで，可視な衛星を四つの主（primary）衛星と，残りの従（secondary）衛星という2組に分ける．主衛星に対するデータを測位に使用し，従衛星に対するデータは，主衛星のあいまいさが正確に解けているかのチェックに使用する（通常は6衛星以上可視である状態が望ましい）．そのために，主衛星としては，時間的空間的に配置のよい四つが選択される．配置がよいという意味は，両受信機から見て半天球に衛星が適当に散らばっていると同時に，仰角が適当にあって（通常は10度以上の衛星を使う）ある程度の長い時間，継続観測が可能ということである．

4個の主衛星からは，六つの二重差（コード位相および搬送波位相の）を合成できる．そしてコード位相の二重差から（例えば最小2乗法によって），ユーザー受信機の位置座標（r）が一意に計算できる（基準受信機の位置座標は既知とする）．この位置解を $r \sim N(r_0, P_{r0})$[†2]としよう．この位置解を式 (4.69) に代入して，$\nabla\Delta N_1(i)$ ($i=1, 2, 3$) について最小2乗解を求めることができる．その解を $\nabla\Delta N_1 \sim N(\nabla\Delta N_{01}, P_{\nabla\Delta N_{01}})$ とする．ただし，最小2乗解は実数であるので，それに最も近い整数値を $\nabla\Delta N_{01}$ とする．また

$$P_{\nabla\Delta N_{01}} \doteqdot \frac{H P_{r0} H^{\mathrm{T}}}{\lambda^2} \tag{4.70}$$

[†1] （前ページの脚注）搬送波位相による擬似距離の平滑化は，例えば，以下のようにする[14],[15]．時刻 k における平滑化された擬似距離を $\hat{P}_k$ とすると
$\hat{P}_k = W_{pk} P_k + W_{\Phi k}[\hat{P}_{k-1} + (\Phi_k - \Phi_{k-1})]$
$\hat{P}_1 = P_1$
$W_{p1} = 1.0, \ W_{\Phi 1} = 1.0 - W_{p1} = 0.0$
ここで，P_k は生の擬似距離，W_{pk} は擬似距離に対する重み，$W_{\Phi k}$ は搬送波位相に対する重みとする．さらに
$W_{pk} = W_{pk-1} - 0.01$，すなわち，$0.01 < W_{pk} < 1.00$
$W_{\Phi k} = W_{\Phi k-1} + 0.01$，すなわち，$0.00 < W_{\Phi k} < 0.99$
とする．

[†2] $x \sim N(a, P)$ は，確率変数 x（n次元ベクトル）が平均値（期待値）a，共分散行列 $P(n \times n)$ の正規分布に従うことを意味する．特に $n=1$ の場合，$P=\sigma^2$ と書き，P を分散，σ を標準偏差という．

ここで，H は $\partial \nabla \Delta \rho / \partial \boldsymbol{r}$ を成分とする 3×3 行列とする．

こうして，$\nabla \Delta N_1$ の分布について，$\nabla \Delta N_{01}$ を原点とし，共分散行列 $P_{\nabla \Delta N_{01}}$ によって決まる3次元確率楕円体を定義できる．そして，真の $\nabla \Delta N_1$ は，この確率楕円体に含まれる格子点（整数点）のどこか1点に存在すると仮定し，その格子点をしらみ（虱）つぶしに探索する．探索する格子点の範囲を探索空間（search space）と呼ぶ．探索空間として先の確率楕円体を使うと，理論的には最適であるが，境界の格子点の判定がわずらわしいうえ，つぎに述べるような単純な探索空間と比べて，探索すべき格子点の総数はほとんど変わらない．

最も簡単で，よく使われる探索空間は，図 4.19 に示すような立方体で，これを探索立方体（search cube）と呼ぶ．探索立方体は，確率楕円体を含む，できるだけ小さい立方体とし，その1辺は通常 $\nabla \Delta N_{01}(i)$ の標準偏差の2〜3倍とする．探索立方体のサイズが大きければ大きいほど，整数値バイアス解の候補が多くなり，したがって計算時間も長くなる．しかし，真の解が存在する可能性は高くなる．逆に時間の短縮のために探索立方体を絞りすぎると真の解をはずしてしまう場合が出てくる．例えば，探索立方体は

$$\nabla \Delta N_{01}(i) - m \leq \nabla \Delta N_1(i) \leq \nabla \Delta N_{01}(i) + m \quad (i = 1, 2, 3) \quad (4.71)$$

によって定義される．m は $\kappa \cdot \sigma (\nabla \Delta N_{01}(i))$ の適当な関数で整数値とする．$\sigma (\nabla \Delta N_{01}(i))$ は式（4.70）左辺の共分散行列の対角要素の平方根，すなわち標

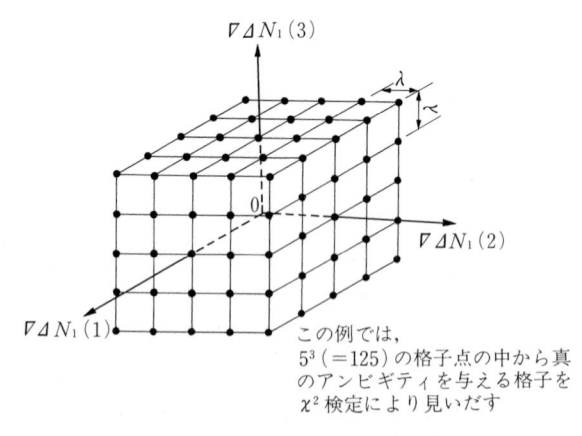

この例では，
$5^3 (=125)$ の格子点の中から真のアンビギティを与える格子を χ^2 検定により見いだす

図 4.19　探索立方体と探索格子

準偏差に最も近い整数とし，κ は 2 または 3 とする．この場合，この探索立方体の中の格子点の総数は，$(2m+1)^3$ となる．

最小 2 乗探索法（LSM）によるあいまいさの解法は，つぎの二つの仮定に基づいている．

（1） 搬送波位相の二重差のあいまいさのうち，三つだけが独立であること，すなわち，四つの主衛星に対する三つの二重差のあいまいさが（なんらかの方法で）解ければ，それに対応して移動受信機の位置を正確に決定できるとともに，その位置座標を用いて，残りの従衛星に対する二重差のあいまいさも確定できる．

（2） 搬送波位相の二重差の残差を正規分布と仮定すれば，LSM はあいまいさの真値で最小になる．

以上の準備のもとで，最小 2 乗探索法による OTF アルゴリズムは，つぎのような手順から構成される．

① 移動体の（アプリオリな）位置ベクトル r_2 を計算する．これは，四つの主衛星（$j = 1, 2, 3, 4$）に対する擬似距離の二重差から求める（$j = 1$ を基準衛星とする）．

② 位置ベクトル r_2 を固定して，四つの主衛星に対する位相二重差（$\nabla\Delta\Phi(2)$, $\nabla\Delta\Phi(3)$, $\nabla\Delta\Phi(4)$）のあいまいさの（アプリオリな）推定値（$\nabla\Delta N_{01}(2)$, $\nabla\Delta N_{01}(3)$, $\nabla\Delta N_{01}(4)$）と標準偏差（$\sigma_{\nabla\Delta N_{01}(2)}$, $\sigma_{\nabla\Delta N_{01}(3)}$, $\sigma_{\nabla\Delta N_{01}(4)}$）を最小 2 乗法によって計算し，例えば

$$m = \kappa \cdot \max\{\sigma_{\nabla\Delta N_{01}(2)}, \sigma_{\nabla\Delta N_{01}(3)}, \sigma_{\nabla\Delta N_{01}(4)}\} \tag{4.72}$$

とする．ここで $\nabla\Delta\Phi(j)$ および $\nabla\Delta N_{01}(j)$ はそれぞれ基準衛星と j 番目の衛星の間の二重差およびそのあいまいさを表す．

③ 探索立方体

$$\{\nabla\Delta N_1(j) : |\nabla\Delta N_1(j) - \nabla\Delta N_{01}(j)| \leq m\} \quad (j = 2, 3, 4) \tag{4.73}$$

の一つの格子点の組合せ（$\nabla\Delta N_1(2)$, $\nabla\Delta N_1(3)$, $\nabla\Delta N_1(4)$）ごとに四つの主衛星に対する位相二重差（$\nabla\Delta\Phi(2)$, $\nabla\Delta\Phi(3)$, $\nabla\Delta\Phi(4)$）から最小 2 乗法により，位置座標解 $r_2(k)$ を計算する．（k は探索立方体の格子点の個数だけあ

る。また四つの主衛星に対する三つの位相二重差の残差はノイズレベルになっている。)

④ おのおのの $r_2(k)$ に対して，従衛星に対する位相二重差（$\nabla \varDelta \varPhi$ (5), $\nabla \varDelta \varPhi$ (6), $\nabla \varDelta \varPhi$ (7)）（可視衛星が 7 個の場合）の残差から，あいまいさ（$\nabla \varDelta N_1$ (5), $\nabla \varDelta N_1$ (6), $\nabla \varDelta N_1$ (7)）を次式により計算する。

$$\nabla \varDelta N_{1s}(j) = \mathrm{nint}\left[\frac{\nabla \varDelta \varPhi_{\mathrm{obs}}(j) - \nabla \varDelta \varPhi_{\mathrm{calc}}(j)}{\lambda}\right] \tag{4.74}$$

ここで，$\nabla \varDelta N_{1s}(j)$ は基準衛星と従衛星 j (=5, 6, 7) の間の二重差のあいまいさ，nint [·] は最も近い整数値を表し，$\nabla \varDelta \varPhi_{\mathrm{obs}}(j)$ は搬送波位相二重差を，また $\nabla \varDelta \varPhi_{\mathrm{calc}}(j)$ は二重差の計算値を，λ は搬送波の波長を示す。

⑤ このようにして，いったんあいまいさが決定されると，すべての従衛星に対して，二重差の観測残差

$$\nu(j) = \nabla \varDelta \varPhi_{\mathrm{obs}}(j) - \nabla \varDelta \varPhi_{\mathrm{calc}}(j) - \nabla \varDelta N_{1s}(j) \tag{4.75}$$

を計算する。

⑥ 主衛星に対するあいまいさの真偽を，この残差を用いて，以下に述べる判定によって調べる。k に対応する組合せが棄却されれば，③に戻り，つぎの組合せを調べる（$k := k+1$）。

⑦ つぎの χ^2 検定を行う。

$$\chi^2 = \nu^{\mathrm{T}} C^{-1}(\mathrm{obs}) \nu \tag{4.76}$$

ここで ν は，主および従衛星に対する二重差の残差ベクトルとし，$C(\mathrm{obs})$ は（二重差の）観測誤差共分散行列とする。現時刻での可視衛星数が N_{sv} ならば，独立な二重差は $(N_{\mathrm{sv}}-1)$ 個とれる。これが ν の次元となる。このとき，$C(\mathrm{obs})$ は $(N_{\mathrm{sv}}-1) \times (N_{\mathrm{sv}}-1)$ 行列となり，合成する前の搬送波位相の生データの観測ノイズの標準偏差は両受信機とも等しく，σ と仮定すれば

$$C(\mathrm{obs}) = \sigma^2 \begin{pmatrix} 4 & 2 & \cdots & 2 \\ 2 & 4 & \cdots & 2 \\ & & \cdots & \\ 2 & 2 & \cdots & 4 \end{pmatrix} \tag{4.77}$$

で与えられる（すなわち，二重差データは相互に相関のあるデータである）。ランダムノイズ成分は mm のオーダであるが，マルチパスやいろいろな誤差項に対する補正誤差などを含めて，$\sigma = 1 \sim 2$ cm（1 波の場合）程度に見積もられる。式（4.77）の逆行列は解析的に解けて，次式で与えられる。

$$C(\text{obs})^{-1} = \frac{1}{2} N_{\text{sv}} \sigma^{-2} \begin{pmatrix} N_{\text{sv}} - 1 & -1 & \cdots & -1 \\ -1 & N_{\text{sv}} - 1 & \cdots & -1 \\ & & \cdots & \\ -1 & -1 & \cdots & N_{\text{sv}} - 1 \end{pmatrix} \quad (4.78)$$

また，確率変数 ν の次元は（$N_{\text{sv}} - 1$）であるが，自由度 df (degree of freedom) は df $= (N_{\text{sv}} - 1) - 3 = N_{\text{sv}} - 4$ であることに注意する。このことから，ν の分布は正規性であることを仮定すれば，χ^2 は自由度 $N_{\text{sv}} - 4$ の χ^2 分布に従う。以上から，仮説

$$H_0 : \sigma^2 = \sigma_0^2 \text{ (すなわち，} C(\text{obs}) = C_0(\text{obs})) \quad (4.79)$$

を検定するためには，この仮定のもとでの χ^2 の値

$$\chi_0^2 = \nu^{\mathrm{T}} C_0(\text{obs})^{-1} \nu \quad (4.80)$$

を計算し，有意水準 α に対して

$$\chi_0^2 > \chi^2_{\text{df},\alpha} \text{ (対立仮設 } H_1 : \sigma^2 > \sigma_0^2\text{, 片側検定)} \quad (4.81)$$

ならば，仮説 H_0 を棄却する。つまり，そのあいまいさ候補は偽と判定されて棄却される。ここで $\chi^2_{\text{df},\alpha}$ は自由度 df($= N_{\text{sv}} - 4$)，有意水準 α の χ^2 値である。

この手順によって，ある観測時刻で，真と判定される $\nabla \Delta N_1(j)$ は，ただ一組とは限らない。そこで，棄却されずに残ったすべての組合せ $\nabla \Delta N_1(j)$ に対して，つぎの観測時刻で再度，①〜⑦を繰り返す。この判定を繰り返して，最後にただ一組残った組合せを真のあいまいさとする。

以上，二重差データに対して最小 2 乗法を用いたあいまいさの解法を説明した。これによって，真と判定されたあいまいさの組合せに対応して移動受信機の位置座標が一組求まった。すでに述べたように，あいまいさの解決は観測時

間ごとにやるのではなく，どれかの衛星についてサイクルスリップが発生した場合，あるいはこれまで可視であった衛星が水平線に沈んだ場合，逆に新しい衛星が水平線に昇ってきた場合，これらの場合のみ，搬送波二重差の整数値バイアスを決め直すことが必要になることに注意したい。近年は受信機技術の発展によって，以前のように電波のわずかな変動でサイクルスリップを起こすようなことは少なくなり，いったん整数値バイアスをフィックスすると，かなりの時間，その組合せで測位が行える状況である。

ここまでに述べた最小2乗法による解法は1点測位（point positioning）と呼ばれる方法で，過去の軌道とは無関係に，観測時刻ごと（通常1または2Hz）に測位解が得られる。利用者によっては，観測時刻のみならず，任意の時点での軌道情報を必要とする。そのような場合には，1点測位よりは逐次最小2乗法（シーケンシャルバッチ推定）または逐次推定法（カルマンフィルタ）を使う。これによって，1点測位では観測誤差のために時間的にばらつくことが救済される。

GPS単独測位（絶対測位）およびDGPS単独による相対測位によって期待できる精度を図4.20にまとめる。DGPSによって，ダイナミックな利用者で数m，定常な利用者で1m以内，特に搬送波位相DGPS（キネマティックGPS）によれば数cm台の精度が達成できる。またコード位相を使うDGPS

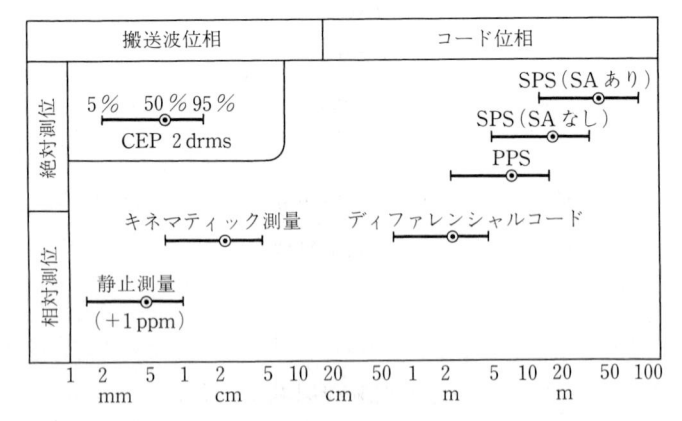

図4.20 GPSおよびDGPSの測位精度（2次元）

単独であっても，搬送波位相による平滑化などを行えば，精度1mぐらいまで可能である。

〔3〕 **ワイドレーンとナローレーン**　これまでは1波受信機を仮定してきたが，2波受信機の場合には，LSMによるOTFアルゴリズムをもっと高速化できる。いま，2波のP（Y）コード受信機を考え，L_1/L_2のPコード擬似距離 $\{P_1, P_2\}$† と L_1/L_2 の搬送波位相 $\{\phi_1, \phi_2\}$ を観測できるとしよう。

そこで，2波の搬送波位相データから，つぎの線形結合を作る。

$$\phi_\delta = n_1\phi_1 + n_2\phi_2 \tag{4.82}$$

ここに n_1, n_2 は任意の整数である。こうして新しく合成した観測量の波長は，c を光速度として

$$\lambda_\delta = \frac{c}{n_1 f_1 + n_2 f_2} = \frac{c}{f_\delta} \tag{4.83}$$

によって与えられる。

いま，$n_1 = 1$, $n_2 = -1$ とすれば

$$\phi_\delta = \phi_1 - \phi_2, \ \lambda_\delta = 86.2 \text{ cm} \tag{4.84}$$

となる。この観測量はワイドレーン（widelane）と呼ばれる。L_1, L_2の波長（それぞれ $\lambda_1 = 19.3$ cm, $\lambda_2 = 24.42$ cm）のおよそ4倍長いので，あいまいさの解決にきわめて有用である。

つぎに，$n_1 = n_2 = 1$ とすれば

$$\phi_\delta = \phi_1 + \phi_2, \ \lambda_\delta = 10.7 \text{ cm} \tag{4.85}$$

となる。この観測量はナローレーン（narrowlane）と呼ばれる。その他の有用な線形結合については文献(14)が詳しい。

このような搬送波位相の線形結合のノイズレベル（距離換算）は

$$\lambda_\delta \sigma_\delta = \lambda_\delta \sqrt{(n_1 \sigma_{\phi 1})^2 + (n_2 \sigma_{\phi 2})^2} \tag{4.86}$$

---

† Trimble社の受信機 4000 SSE では，ASオフのとき $\{P_1, P_2\}$ を，ASオンのとき，L_1チャネルで P_{C/A_1}, L_2チャネルでYコードのクロスコリレーション（cross-correlation）(Y_2-Y_1) を測定する。これらのデータから，$P_{C/A_2} = P_{C/A_1} + (Y_2 - Y_1)$ を作り，これを L_2 の擬似距離とみなす。さらに搬送波位相による平滑化によって，擬似距離の精度は10 cm台となっている。

となる．すなわち，単独時の観測精度（約 0.2 cm）に比べて，ワイドレーンでは約 6 倍，ナローレーンでは 0.7 倍になる．このことから，ワイドレーンはあいまいさの解決にもっぱら使われ，ナローレーンは観測精度が単独時よりも小さく，測位用ということができる．

4.5 GPS の実際と応用例

4.5.1 カーナビゲーション

近年，GPS が最も世の中で知られているのは，カーナビゲーション（**口絵 4**）への応用であろう．カーナビゲーションへの応用では，自動車の地図上の位置を正確に求めることが必要である．

自動車用の GPS アンテナとしては，現在ほとんどの製品で，デザイン上の配慮を優先して，自動車室内のフロントウインドウの下と，リアウインドウの下の 2 か所に分散して取り付けるダイバシティ（diversity）アンテナ方式が採用されている．自動車室内では上空の視野を広くとれないので，通常，受信機は高速で二つのアンテナを切り換えて電波を受信している．アンテナの視界の制限や道路周辺の建物などが GPS 衛星を遮断するため，3 次元測位に十分な PDOP を確保することができない場合が多い．このため，高度データを地図などから入手して，高度を固定して 2 次元水平成分のみの測位解を得る方法も採用されている．

道路では，周囲の建物や地上からのマルチパスの影響が大きい．このため，直接波を検出する手段として，「相関値検出・識別方式」を採用している．これはある相関値のしきい値に対して，その値を超えた時点で前後のピーク値も検出し，最大値をとるものを真のピークと見なし，測位に利用する方法である．

ビルの谷間やトンネル内のように GPS 電波の届かないところでは，慣性航法用センサを併用して，GPS 測位ができない時間の位置を外挿する．慣性航法用センサとしては，振動ジャイロが一般的であり，車の発進や停止，カーブ

4.5 GPSの実際と応用例

での横加速度を検知して車の向きや速度などをつねに監視している．さらにスピードメータなどに利用されている車速パルスによって自車の前後方向の動きを検出し，ジャイロセンサと併せて利用することで，GPS衛星からの電波が届かない場所でも自車位置を正確に測位する自律的航法機能を有するものもある．

また，GPSから直接得られる位置・速度情報は，WGS 84系に関するものである．一方，日本国内でカーナビゲーションを行う場合には，日本地図が準拠する日本測地系（Tokyo Datum）に関して位置座標，すなわち経緯度が知られなければならない．それは，二つの測地系の間の座標変換によって行えることを4.3.1項で述べた．

以上のように，GPSによる絶対位置および速度計測と，ジャイロや車速センサによる走行軌跡を併用し，さらに地図と走行軌跡のマッチングによって正しい道路上の位置を特定していくのである．同時に観測結果を総合し，センサ特性（ジャイロセンサの回転軸のずれなど）を自動補正する機能を付加した製品も出ている．

最近は，装置自体のコンパクト化とともに，道路交通情報通信システム

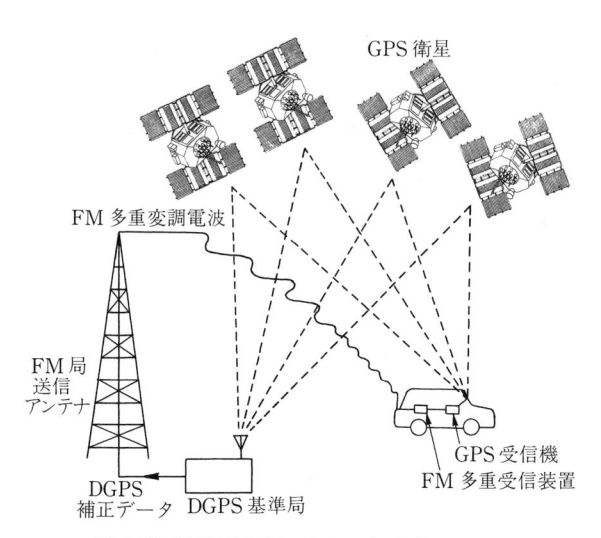

図 4.21 DGPSを用いたカーナビゲーション

(vehicle information & communication system：VICS)の渋滞情報やFM文字多重放送の見えるラジオにも対応したFM多重チューナを内蔵したり，さらにGPSによる測位精度を一段と向上させるDGPS対応を可能とし，カーナビゲーションの精度を100mからメートルオーダに向上した自車位置表示を可能にしている(図4.21)。DGPS補正データはFM放送を通じて24時間絶え間なく無償で提供されている。

4.5.2 宇宙航空への応用

〔1〕 **GPSによる宇宙機航法** 宇宙用GPS受信機の目的は，1)軌道決定(リアルタイム航法およびポストフライトの軌道再構成)，2)精密軌道決定(科学目的)，3)相対航法(ランデブー・ドッキングや編隊飛行など)，4)姿勢決定，5)時刻合せ，および6)科学観測(GPS電波の掩蔽(オカルテーション)を利用した気象学への応用など)に分類される。

宇宙へ打ち上げられたGPS受信機は，1982年7月LANDSAT-Dに搭載されたMagnavox社製のGPSPAC[16]が最初であったが，打上げ後間もなくして故障した。続いて1984年3月に，同型受信機を搭載したLANDSAT-Eが打ち上げられた。両衛星とも，GPSは主航法センサとしてではなく，宇宙での軌道決定と時刻同期の実証試験を目的とするものであった。GPS受信機を搭載した衛星は，80年代にはこれらの2衛星以外になかったが，90年代に入り，GPSの24衛星配置がほぼ完了し，初期運用段階から完全運用段階への移行と相まって，NASAスペースシャトルや国際宇宙ステーション(international space station：ISS)を含み50機以上を数えている。さらに今後21世紀初頭にかけてGPS受信機を搭載した衛星ミッションが多数計画されている。

わが国もこれまでにGPS受信機を搭載した衛星を4機打ち上げている。打上げの順に，OREX(1994年2月)，SFU(1995年2月)，HALCA(MUSES-B)(1997年2月)，技術試験衛星VII型(ETS-VII)(1997年11月)である。さらに21世紀初頭には，HOPE-X(H-II Orbiting Plane-Experimental) 試験機，地球観測衛星 ADEOS-II (Advanced Earth Observing Satellite-II)，などで GPS 航法の使用が予定されている．

　GPS による他衛星の航法や軌道決定への応用では，そのほとんどが高度 1 500～2 000 km 以下の低高度な，いわゆる LEO (low earth orbit) 衛星に対するものであるが，これは高々度衛星（静止衛星を含む）を除外するものではない．適用できるためには，少なくとも GPS 電波信号を受信できることが必要である．GPS 電波信号は地球中心に向けて天底角が 30 度程度の円すい形内へ送信されているので，高度が 20 000 km に近づくほど可視衛星が減少するとともに，一方で電波強度が強くなる．高度 20 000 km を超えると，高度 36 000 km の静止衛星を含めて，地球の反対側にある GPS 衛星から送信される電波信号のみを受信できるが，大部分の衛星は地球によって遮断されるため，可視衛星数は極端に減るとともに，SN 比もきわめて悪くなることが予想される．

　このような制限はあるものの，高々度衛星（超偏平な楕円軌道を含む）においても GPS による航法の可能性はなきにしもあらずである．すでにいくつかの GPS 受信機が高々度軌道に打ち上げられ，それによって GPS 電波の受信状況や航法能力が試験されている．例えば，米空軍・コロラドスプリングス大学共同の Falcon-Gold ミッション (1997 年 10 月) は静止高度での GPS の軌道決定能力を試験することを目的とし，また米国の Equator-S 衛星 (1997 年 12 月) は超楕円軌道を飛行し，高度変化による GPS の航法性能を評価するものであった．残念ながら，両衛星とも軍機関の衛星であったせいか，結果は公表されていない．

　LEO 衛星の GPS 単独航法による 3 次元測位精度は，今日 SA のために 120 m (rms) 程度である．これに対して，数 cm の高精度位置情報を必要とする科学観測衛星の追跡と精密軌道決定に，GPS が大きなポテンシャルを有することが，1992 年 8 月打ち上げられた海洋観測衛星 TOPEX[†]/Poseidon (T/P) において実証された．

　[†] ocean TOPography EXperiment

T/P は，それぞれ NASA およびフランス国立宇宙開発センター (Centre National d'Etudes Spatiales：CNES) が開発した電波高度計を搭載し，共に数 cm の精度で海面から衛星までの高さを測定できる。電波高度計データから，海面高やその起伏，海洋大循環などを観測するためには，衛星位置，特にラジアル方向が少なくとも電波高度計の測高精度に匹敵する精度で決まっていることが必須である。そのために，SLR および CNES 開発のドップラー計測装置である DORIS (Doppler Orbitgraphy and Radio positioning Integrated by Satellite) からなる全世界的な追跡システムが動員され，同時に試験用として GPS 受信機も搭載された。

GPS 受信機は全軌道上で擬似距離と搬送波位相を観測し，その観測データはデータ中継衛星 (Tracking and Data Relay Satellite：TDRS) を介して地上に送られた。そして，GPS 衛星に対する地上の GPS 追跡ネットワークのデータを組み合わせて，もっぱら搬送波位相データから，T/P と GPS 衛星の同時精密軌道決定が行われた[6]。

軌道決定の精度は，ラジアル方向で 4〜5 cm と見積もられ，SLR/DORIS データから決めた精密軌道に勝るとも劣らない結果が得られている。これは搬送波位相データの高精度に加えて，GPS の広いカバレージによるところが大きい。すなわち，低高度衛星が陸域上はもとより，世界の 70％を占める海洋上にあっても，GPS によって連続的に追跡データを取得できる。T/P ミッションでは GPS 追跡は試験的であったが，この成功により，GPS は将来の地球観測衛星の追跡用としての役割を確固たるものにした。

T/P で実証されたように，GPS による LEO 衛星の追跡は，高精度な搬送波位相データとともに，その全球的な追跡カバレージによって，科学観測衛星の精密軌道決定のためにきわめて有望である。このことは同時に地球重力場モデルの改良に大きな進展が見込めることを意味する。例えば，2001 年 6 月打上げ予定の米独共同の GRACE (Gravity Recovery And Climate Experiment) 計画では，2 衛星を 170〜270 km 離して縦並びに編隊飛行させ，重力場の変動による衛星間距離の変化を観測して，5 年間 30 日ごとに精密な重力

場モデルを作成することとしている.2衛星は高度480kmの極軌道に配置され,また衛星間の相対距離はGPS受信機を結合した高精度マイクロ波リンクによって測定される.

そのほか,ESA/NASAのARISTOTELES (Application and Research Involving Space Techniques Observing The Earth's fields from Low Earth orbiting Satellite) 計画や2000年7月15日打上げられたドイツのCHAMP (CHAllenging Microsatellite Payload) も重力場や磁場の研究を目的としている.

一方,海洋観測では,米海軍の電波高度計による海洋観測衛星GEOSATの後継機 (follow-on) のGFO衛星が1998年2月打ち上げられ,さらにNASA/CNESのTOPEX/Poseidon後継プロジェクトであるJason-1衛星が2000年5月の打上げを待っている.これらの地球観測衛星計画では,そのミッション目的の達成に,GPS追跡による精密軌道決定が決定的に重要な役割を果たすのである.

〔2〕 **DGPS/INS複合航法** GPSの民間航空への利用を阻んできた最大の理由は,インテグリティ (integrity, 完全性),すなわち,そのシステムが航法に使用すべきでないほど誤差が大きくなったときにそのことを航空機のパイロットにタイムリーに警報するシステムの能力に欠けるということであった.例えば,衛星の故障などにより性能が低下した場合,利用者にそれを短時間で知らせる機能がないことを意味する.しかしながら,近年,WADGPSやLADGPSなどGPS補強システムの研究開発によって,インテグリティ問題に対する解決が見えてきた.そして4.1節で述べたように2000～2010年にはGPSを中心とした衛星航法が航空分野において唯一の航法手段として世界標準になる模様である.

インテグリティ問題の解決策として,二つの方法が検討されてきた.一つは,地上の定点でGPSシステムによる測位性能を監視して,システムの異常を通信衛星を介して利用者である航空機に知らせる方法で,これをGIC (GPS Integrity Channel) と呼んでいる.すでにINMARSAT (International Maritime Satellite Organization) が航空サービスの一つとして次世代型の通信用静止衛星 (INMARSAT-3) でGICデータを放送することを表明し，実施に向けた実験に入っている．

送信される信号は，GPSおよびGLONASSの測距信号，両システムを構成する各衛星の健康度，DGPS補正量などである．これをGPSオーバレイという．このような通信衛星はGPSと同様の航法信号を送信するので，利用者にとってはGPS/GLONASS衛星が増えたのと同じ効果をもち，幾何学的な衛星配置の改善に役立つ．GPS補強システムとして開発中の米国WAASやわが国のMTSATは静止衛星を利用してGICデータを送信する計画である．

もう一つは，受信機自動インテグリティ監視 (Receiver Autonomous Integrity Monitoring：RAIM) と呼ばれる方法である．RAIMでは，GPS受信機と他の航法センサを統合した複合航法システムを組むことによって，受信機の中で衛星の故障発生を判断する．このような複合航法システムの例としては，GPS/INSのほかに，GPS/気圧高度計，GPS/ロランC，GPS/GLONASSなどがある．航空機の進入着陸などのように，特に高精度が要求される場合には，DGPSとの複合になることは当然である．

GPSをすべての飛行フェーズにおける航法手段として使用するには，解決しなければならない問題点がいくつかある．インテグリティの確保のほか，24衛星配置であっても利用性や連続性が低下する場所や時間帯のあること，さらに空港への精密進入においては航法精度が不十分であることである．例えば，カテゴリーIII[†]の自動着陸に要求される縦方向の測位精度は $0.8\,\mathrm{m}$ (95%) である．DGPS/INS複合航法システムは，これらすべての問題に対する要件をすべて満たす可能性をもつものである．

[†] 計器着陸方式は，機器などの精度により3段階に大別され，カテゴリーI (CAT I)，II (CAT II)，III (CAT III) と呼ばれ，それぞれについて最低気象条件と，対応する航空機，乗員資格，滑走路設備の要件が定められている．CAT Iでは，その気象条件以降は手動装置で進入着陸する．CAT IIでは，自動操縦で当該気象条件まで進入し，以後は手動または自動で進入着陸する．CAT IIIでは，さらにa, b, cの3段階に細分されていてすべて自動着陸が要件となっている．

4.5 GPS の実際と応用例

慣性航法システム (inertial navigation system：INS)[†] は，短時間動的安定性を有し，かつ応答が速いことに着目し，自己内蔵形の航法システムとして，宇宙航空をはじめ，各種の乗り物の航法に使われてきた．しかし，INS の航法誤差は，時間の経過とともに増加する積分形の誤差であるので，高精度が要求される長時間ミッションに単独で使用することは難しい．例えば，現用の高精度ジャイロの誤差は 0.01 度/時程度であるが，これは INS 航法誤差換算で約 1 海里/時に相当する．したがって，動的挙動の大きい飛行体の航法に INS を使用する場合には，GPS など外部基準情報を用いて INS 出力を補正することが必要になる．

一方，GPS は WGS 84 に準拠した絶対位置を与えるが，時間とともに増大するような誤差源はない．しかし，GPS は電波航法システムであるので，応答は一般に遅く，利用者の動的挙動に対する追従性が悪いという欠点を有している．特に高ダイナミクス環境下で GPS 受信機が信号捕捉ミスを起こした

[†] 運動する物体の並進運動を表すニュートンの運動方程式は，一つの慣性座標系に関して，次式で表される．

$$\frac{د r}{d t} = v, \quad \frac{d v}{d t} = g + a$$

ここで r は運動体の位置ベクトル，v は速度ベクトル，g は重力加速度ベクトル，a は重力加速度以外の加速度，いわゆる非重力加速度ベクトルとする．

INS の原理はきわめて単純である．すなわち，$(dv/dt - g)$，すなわち a を加速度計によって計測する．g は現時点の位置情報から数学モデルを用いて計算できる．したがって，初期位置および速度ベクトルを与えて，上式を 1 回積分すれば，速度ベクトルが更新され，さらにもう 1 回積分すれば位置ベクトルが更新される．一方，姿勢運動はその角加速度をジャイロによって計測し，以下に述べるようにそれによって慣性基準が維持される．このように INS によって 3 次元 6 自由度の機体情報が得られる．

INS には，つぎのような二つの方式がある．一つは，加速度計とジャイロののったプラットフォームをジャイロ出力によって（ジンバル機構により）慣性空間に静止（固定）させる安定化プラットフォーム (stable platform) 方式で，加速度計出力は直接慣性座標に関して得られる．もう一つは，加速度計とジャイロを機体に固定し，機体固定座標系から慣性座標系へ座標変換行列をジャイロ出力から搭載計算機によって生成するストラップダウン (strapdown) 方式で，機体座標系に関して計測された加速度計出力を座標変換行列によって慣性座標へ変換するのである．前者は慣性基準を機械的に維持し，後者は計算機の中に維持するといえる．

近年は，電子技術の発展と高精度な光学的ジャイロの開発によって，高精度かつ小形・軽量化の可能なストラップダウン方式が主流になった．

り，航法フィルタのミスマッチが発生する可能性がつねに存在する。

そこで，GPS データによって INS ドリフトを除去し，また INS によって GPS のインテグリティを監視することができる。すなわち，両システムを統合することによって，各システム単独では得られない性能と信頼性をもつ複合航法システムを構成できる（**表 4.9**）。応答が速い（数十ミリ秒）という INS の利点と，長時間高精度であるという GPS の利点を生かした位置・速度計測システムが GPS/INS 複合航法システムである。GPS の代わりに DGPS を用いれば，SA 誤差，大気圏遅延など共通の誤差の影響を除去できるので，利用者が地上局から遠くないところに位置している限り，航法誤差を受信機の誤差程度に低減できる。

表 4.9　GPS, INS, GPS/INS の特性比較

GPS	INS
・衛星の故障に対して弱い ・長時間にわたって精度が安定 ・すべての場所，時間においてよい衛星配置（DOP）とは限らない ・姿勢情報が得られない* ・データレートが低い（数 Hz）	・自律航法である ・短時間の精度に優れる ・位置誤差が時間とともに増大 ・姿勢情報が得られる ・データレートが高い（ほぼ連続的）
GPS/INS 複合航法	
・GPS 使用中は位置誤差は増大しない ・飛行中のアライメントが可能 ・INS の低価格化	

* 複数の GPS 受信機を使えば，INS と同等か，またはそれ以上の精度で姿勢決定が可能である（4.5.2項〔3〕参照）。

このような GPS/INS 複合システム†は，GPS の初期段階から研究されてきたが，近年のリングレーザジャイロや光ファイバジャイロの目覚ましい発展とともに，再び注目されてきている。

航空宇宙技術研究所で採用している DGPS/INS 複合航法システムの構成と

---

† 従来，INS が行っていた航法誘導計算機能は，近年では，飛行管理計算機（flight management computer：FMC）に移り，INS はジャイロと加速度計からなるセンサの役割に限定され，IRS（inertial reference system）または IMU（inertial measurement unit）と改められた。したがって，意味的には GPS/IRS または GPS/IMU と呼ぶほうが正確な場合がある。

4.5 GPSの実際と応用例

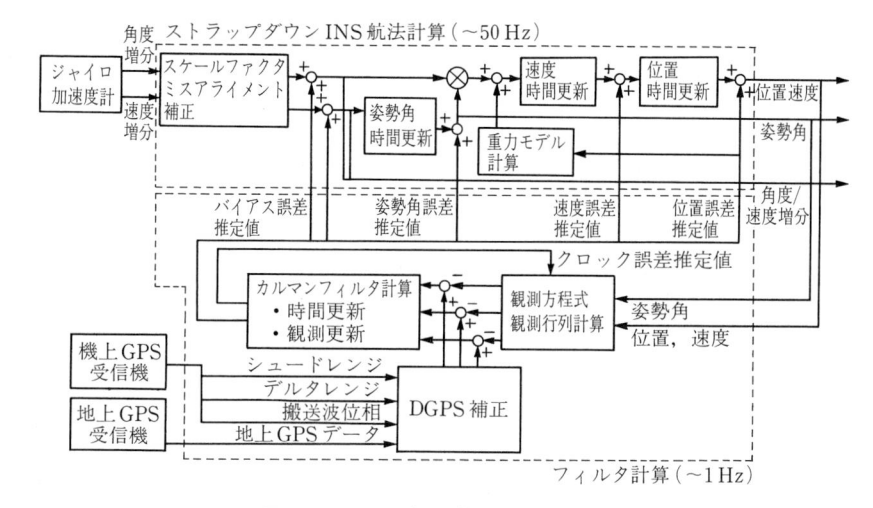

図4.22 DGPS/INS複合航法システム

データフローを**図4.22**に示す[17]。このケースでは，GPSデータは標準的な擬似距離とデルタレンジ（積分ドップラー）を使っている。ダイナミックレンジが広く，情報内容が豊富なINS航法の特徴を生かすとともに，GPSデータは測位には使わず，INSにおける時間とともに増加するドリフト誤差を推定するための観測データとして用いる。

図の上半分はストラップダウンINS航法演算の部分で，ジャイロと加速度計の出力を50 Hzで積分計算する。このループを早いループ（fast-loop）という。これによって，INS航法は航空機のダイナミックスに十分対応できるダイナミックレンジをもつことになる。下半分はGPSデータを利用してINSのドリフト誤差を推定する航法フィルタ部分である。このループを遅いループ（slow-loop）という。ここでは，1 Hzで入力されるGPSデータとそれに同期したINS航法データを取り込み，両者を比較することでINS航法データに含まれるドリフト誤差とその原因となるセンサ誤差をカルマンフィルタによって推定する。推定された誤差はストラップダウンINS航法演算にフィードバックされ，それぞれの状態量の更新に用いられる。

この結果，DGPS/INS複合航法ではINSのオープンループによる計算が

GPS データを使ったフィードバックループに変わり，安定した航法情報を出力できる．このような DGPS/INS 複合航法システムによって，精密進入着陸時に各軸 2 m (95 %) 程度の測位精度を達成できることが飛行実験で確認されている．また複合航法システムはその利用性と連続性において，GPS 単独航法に勝っている．

遅いループでは，INS の位置誤差(3)，速度誤差(3)，姿勢角誤差(3)，GPS 受信機の時計誤差(2)，ジャイロ誤差(3)，加速度計誤差(3)を加えた 17 個が航法フィルタの状態変数となる．閉ループ系では，センサ誤差の推定値のフィードバックによって，センサ誤差はつねにゼロ近傍に保たれるので，各誤差モデルの線形性は長時間安定である．誤差モデルのミスマッチが生じても航法精度が劣化することはほとんどない．その一方で，状態変数の増加，情報伝達ループの増加によってシステムが複雑化することが欠点である．

〔3〕**姿勢決定** GPS によって航空・宇宙機の姿勢決定ができる．機体に二つのアンテナを設置し，搬送波位相を同時観測すると，その二つのアンテナを結ぶ基線ベクトル（長さは既知かつ一定）の方向余弦ベクトルが WGS 84 に関して連続的に精密決定できる．これは GPS 位相干渉測位として，精密測地ですでに実用化された技術である．例えば，機体の中心軸にそって配置すれば，それからピッチおよびヨー運動が決まり，主翼にそって配置すれば，ロールおよびヨー運動が決まる．したがって少なくとも 3 個のアンテナを機体に設置すれば，3 次元の姿勢情報が位置・速度情報とともに同時に決定できる[18],[19]．

姿勢決定は従来からジャイロの独壇場であったから，このような GPS による姿勢決定を「GPS ジャイロ」と呼ぶことがある．精度としては，数ミリラジアン（1 mrad = 0.057 度）以下が可能で，このレベルはジャイロの姿勢決定精度にほぼ匹敵する．従来から慣性センサまたは恒星センサに頼っていた姿勢決定が，（航法と同時に）GPS センサのみで行えることになり，ランデブー・ドッキング，アンテナのポインティングなどに威力を発揮する．GPS による姿勢決定はまた，ダム，ブリッジ，パイプライン，高層ビルなど巨大構造物

の変形や変位を連続して無人で監視するシステムに応用できる。

姿勢は，ある基準座標系（以下，基準系という）に関する機体軸（body frame）の回転として定義される．基準系としては通常，局所水平座標系（local level frame）を使う．機体軸系は機体に固定した（直交）座標系であるが，このような座標系の決め方は一通りではない[†]．GPSによる姿勢決定を目的とした場合には，つぎのように定義するのが簡単である．

まず，三つのアンテナがあれば，一つの平面が定まることに注意する．図4.23のように，基準アンテナ（0）から，他のアンテナ（1, 2）に至る位置ベクトルをそれぞれ r_1 および r_2 としよう．各アンテナを結ぶ線分を基線，r_i（$i = 1, 2$）を基線ベクトル，またその長さを基線長という．ベクトル r_1 は，ほぼ機体軸方向（機首方向を正とする）に沿っているとして，これを機体軸の x 軸とする．つぎにベクトル積 $z = \text{unit}(r_1 \times r_2)$，$y = z \times x$ を作ると，原点を基準アンテナとする右手直交座標系ができる．この機体固定座標系において，ベクトル r_1，r_2 の要素は

$$r_1 = (r_1,\ 0,\ 0)^T \tag{4.87}$$

$$r_2 = (r_2 \cos \alpha,\ r_2 \sin \alpha,\ 0)^T \tag{4.88}$$

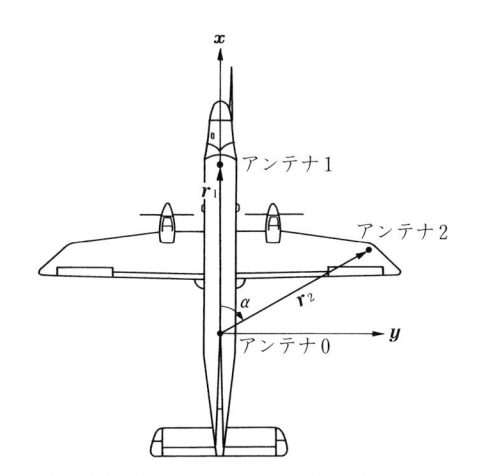

図 4.23 3 アンテナによる姿勢決定

[†] 航空機の機体座標系は，原点を機体重心に，機軸方向に X 軸，それに直交して主翼方向に Y 軸，そして地面方向（下向き）に Z 軸を右手系になるように定めるのが慣例である．

となる。ここで r_1, r_2 はアンテナ (0-1) および (0-2) 間の距離（基線長）とし，またベクトル r_1, r_2 のなす角を α とする。航空機の静止時における搬送波位相干渉測位によって，基線ベクトル（WGS 84）を 1 cm 以内の精度で決め，それらから，r_1, r_2 および α の値を決定し，式 (4.87)，(4.88) から機体軸系での基線ベクトルを計算できる。

時々刻々の基準アンテナの位置座標（WGS 84）は，地上の基準局との間のキネマティック GPS によって高精度に求められる。そこで基準アンテナ (0) のある時刻における位置（WGS 84 系）を，測地座標で (λ, ϕ, h) とすると，アンテナ位置を座標原点とする局所水平座標系（NED 系という）が以下のように定義される（図 4.24）。

$$\left.\begin{aligned} \boldsymbol{D} &= (-\cos\phi\cos\lambda,\ -\cos\phi\sin\lambda,\ -\sin\phi)^\mathrm{T} \\ \boldsymbol{E} &= \mathrm{unit}(\boldsymbol{Z}\times\boldsymbol{D}) \\ \boldsymbol{N} &= \boldsymbol{D}\times\boldsymbol{E} \end{aligned}\right\} \tag{4.89}$$

ここで，$\boldsymbol{Z}$ は Z_WGS84 軸方向の単位ベクトル，すなわち，$\boldsymbol{Z} = (0\ 0\ 1)^\mathrm{T}$ である。$\boldsymbol{D}$ は鉛直下方，$\boldsymbol{E}$ は真東方向，$\boldsymbol{N}$ は真北方向の単位ベクトルを表す。WGS 84 系の任意のベクトルは，次式によって NED 系へ変換できる。

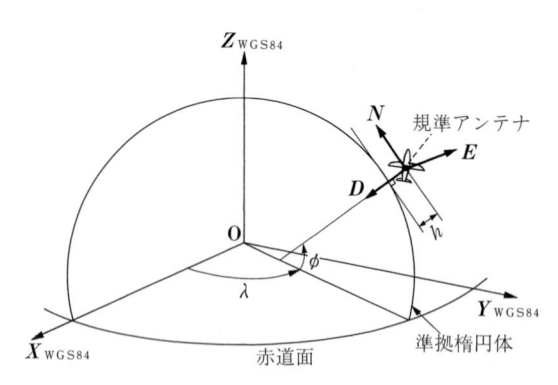

図 4.24　アンテナ位置を原点とする局所水平座標系

$$r_{\text{NED}} = \begin{pmatrix} E^{\text{T}} \\ N^{\text{T}} \\ D^{\text{T}} \end{pmatrix} r_{\text{WGS84}} \tag{4.90}$$

つぎに NED 系から機体軸系(x, y, z)への座標変換は，① D 軸まわりの回転（ロール角 Φ），② E 軸まわりの回転（ピッチ角 Θ），および③ x 軸まわりの回転（ヨー角 Ψ）によって行う（回転は右手系を正とする）．すなわち

$$r_B = R(\Phi, \Theta, \Psi) r_L = R_x(\Phi) R_y(\Theta) R_z(\Psi) r_{\text{NED}} \tag{4.91}$$

または

$$r_{\text{NED}} = R(\Phi, \Theta, \Psi)^{\text{T}} r_B \tag{4.92}$$

となる．ここで

$$R(\Phi, \Theta, \Psi) =$$

$$\begin{pmatrix} \cos\Theta \cos\Psi & \cos\Theta \sin\Psi & -\sin\Theta \\ \sin\Phi \sin\Theta \cos\Psi - \cos\Phi \sin\Psi & \sin\Phi \sin\Theta \sin\Psi + \cos\Phi \cos\Psi & \sin\Phi \cos\Theta \\ \cos\Phi \sin\Theta \cos\Psi + \sin\Phi \sin\Psi & \cos\Phi \sin\Theta \sin\Psi - \sin\Phi \cos\Psi & \cos\Phi \cos\Theta \end{pmatrix}$$
$$\tag{4.93}$$

とする．

 GPS による姿勢決定では，式 (4.92)（または式 (4.91)）が基本になる．式 (4.92) は，r_B という機体座標系での定ベクトルを NED 系という回転座標系で観測して，r_{NED} という観測データを得たということであり，回転角が未知パラメータになる（もちろん，もともとは WGS 84 系で基線ベクトルを求めている）．

 いま，$r_1 = (r_1, 0, 0)^{\text{T}}$ に対する GPS 観測値を $r_{1\text{NED}} = (N, E, D)^{\text{T}}$ とすると，式 (4.92)，(4.93) から，ピッチ角とヨー角が

$$\Theta = -\tan^{-1}\left(\frac{D}{\sqrt{N^2 + E^2}}\right) \tag{4.94}$$

$$\Psi = \tan^{-1}\left(\frac{E}{N}\right) \tag{4.95}$$

と求まる．しかし，ロール角 Φ は決まらない．すなわち，ヨー，ピッチはア

ンテナ0, 1の基線ベクトルに対するGPS局所水平座標から直接計算できる(他のアンテナは使わない). 3アンテナになると, r_2に対するGPS局所水平座標を使って, さらにロール角が次式によって決まる.

$$\Phi = \tan^{-1}\left(\frac{z'}{y'}\right) \tag{4.96}$$

ここで, 式 (4.91) 右辺の $R_y(\Theta)R_z(\Psi)r_{\text{NED}} = (x', y', z')^{\text{T}}$ とする. このように, 三つのアンテナのみから3次元姿勢を決定する手法を直接的計算法と呼ぼう. 長所は, 式 (4.94)～(4.96) からわかるように, 機体軸系のアプリオリな知識を要しないこと, つまり, 式 (4.87) および (4.88) のように機体軸系での基線ベクトルの定義に使った r_1, r_2 および a の値は, 姿勢決定になんら使っていないのである. 他方, 欠点は, 冗長な多アンテナ系 (例えば, 4アンテナ系) に対応できないことである.

Nアンテナ系 ($N \geq 3$) の場合には, 最小2乗法による3次元姿勢決定が可能である. 最小2乗法による姿勢推定は, 局所水平系から機体軸系への回転行列 $R(\Phi, \Theta, \Psi)$ のすべての9要素がロール, ピッチ, ヨーに依存していることを用いる. 機体軸系の座標が精度良く既知ならば, 次式によってロール, ピッチ, ヨーの最小2乗推定解を得ることができる.

$$r_{Bi} = R(\Phi, \Theta, \Psi)r_{Li} \quad (i = 1, 2, \cdots, N) \tag{4.97}$$

すなわち

$$J(\Phi, \Theta, \Psi) = \sum_{i=1}^{N} |r_{Bi} - R(\Phi, \Theta, \Psi)r_{Li}|^2 \tag{4.98}$$

を三つの未知パラメータ (ロール, ピッチ, ヨー) に関して最小化する. この手法の長所は, 全アンテナ (三つ以上) に対する基線解を使用してロール, ピッチ, ヨーの最適推定値を計算するから, 姿勢計算がより厳密に行えることである.

GPSによる姿勢決定の宇宙機 (衛星) への最初の応用は, 1993年6月の米空軍の衛星RADCAL (RADar CALibration) においてであった. RADCALは, Trimble社のTANS Vectorをもとにスタンフォード大学によって

改修された受信機 TANS Quadrex を搭載し，姿勢決定精度は 0.5°（rms）であった．この後，NASA スペースシャトル，PoSat-1（ポルトガル）をはじめ多数の衛星が姿勢決定機能を含む GPS 受信機を搭載している．

4.6 衛星航法の将来

4.6.1 GPS の動向

1996 年 3 月 29 日，米国大統領声明の中で，今後の GPS に関する基本施策が明らかにされた．航空航法と衛星技術の分野における米国の優位性の維持とその経済効果の観点から民間利用のさらなる促進を国内外に声明したもので，その要点は以下のようである．

- GPS 衛星電波の利用について，将来にわたって課金することはないこと
- 民生利用のための GPS の改善，すなわち
    1) 10 年以内に(すなわち 2006 年までに)選択利用性 SA を廃止すること
    2) 第 2，第 3 の民間用周波数の追加
    3) GPS およびその補強システムの国際標準化への取組み

等々である．1) については，1991 年 7 月 1 日から現在まで，測距誤差に換算して約 30 m（rms）の人工的な誤差，すなわち SA が定常的に加えられており，その結果，SPS 利用者の単独測位精度は平面内で 100 m（95 %）となっている（4.3.4 項参照）．SA が廃止されると，SPS 利用者の単独測位精度は平面内で 10〜20 m（95 %）またはそれ以上を期待でき，多くの民間利用者には朗報である[†]．

2) については，2003 年までに C/A コードが L_1 に加えて L_2 でも送信される予定で，P（Y）コードユーザーと同様に，2 波観測によって電離層遅延（SA に次ぐ大きな誤差因）を正確に補正できることになる．さらに次世代型

[†] 2000 年 5 月 1 日，米国クリントン大統領は，翌日から SA を永久に廃止すると表明した．ただし，国家安全保障上の見地から軍事的な紛争地域では SA の実施を留保するとしている．この声明によって，その日の 4 時（世界時），SA は解除され，この結果，C/A コードの単独測位精度として上記の値が期待できることになった．

のGPS衛星"ブロックⅡF"は2005年までに1 176.45 MHzの第3の民間用周波数(L_5)でも送信を始める計画という。

3)については，4.1節でみたように，現在航空航法の国際標準となっているいろいろなシステムがGPS補強システムの開発進展によって2010年までにフェーズアウトする構想と密接に関係している。しかしこれらの改善によってDGPSは不要になるというわけではない。航空機やヘリコプタの進入着陸など数mあるいは1mを切る測位精度を要求するユーザーはやはりなんらかのGPS補強システムを必要とする。

以上見たようなGPS施策は，遅くとも2003年から配置が始まる次世代型のGPS衛星"ブロックⅡF"から実施される。

このような施策を確かなものにする動きとして，1997年2月27日，DoDとDoTは民間利用に際して以下の仕様変更に合意したことを正式に認めた。

- C/Aコードについて将来第2の周波数でも送信し，民間に公開する方向で検討を開始する，さらに
- DoDはL_2搬送波位相の民間アクセスを認める。

GPS電波利用に関するこれまでの米国の公式見解は，L_2に関しては，P(Y)コードはもとより，L_2搬送波位相の観測についても軍用であって，民間利用はできないとするものであった。ところが米国の受信機メーカーを中心にして，Yコードを解読することなくL_2搬送波位相を観測できる受信機がすでに市販されており，おもに精密測地分野において利用されてきた。このような状況から，米国はL_2搬送波位相の使用を正式に追認したものである。これによって，2波の搬送波位相の利用者は不安なく利用できるようになった。

4.6.2 広域航法衛星システム — GNSS —

現行のGPSやGLONASSについては，1991年9月ICAOの第10回航空会議において，GPSは1993年から少なくとも10年間，GLONASSは1995年から15年間無償利用できるとする声明が出された。以来，GPS/GLONASSはその利用が急速に拡大かつ高度化しつつあるが，一方でGPS/

GLONASS 共に軍が管理運用するシステムであるため，その最高性能を民間側がつねに信頼してかつ安全に利用できないという問題があった．

そのため，ESA（欧州宇宙機関），欧州委員会（EC），および欧州安全航空航法機構（European Organization for the Safety of Air Navigation：Eurocontrol）は欧州三者グループを構成し，完全に民間主導の管理運営による全世界衛星航法システムを開発するとし，そのようなシステムを GNSS[20] と呼んでいる．このシステム開発はつぎの2段階で実施される．

〔1〕 GNSS-1　　第1世代システムで，20 000 km の高度を飛行する24個の衛星からなる米国の GPS，19 100 km の高度を飛行する24個の衛星からなるロシアの GLONASS，およびこれらに対する三つの補強システム，すなわち，米国の WAAS，日本の MSAS，および欧州の EGNOS を基盤として構成される．EGNOS は，静止衛星に搭載される航法用ペイロードで，その役割は，GPS および GLONASS システムの性能を完全性や観測精度を改善することによって補強することである．

GPS/GLONASS は元来軍用に設計され，後に一部の機能が民間に開放されたが，GPS については SA や AS が実施されている．このことは，両システムによって提供される情報は，安全性がクリティカルな輸送応用に要求される測位精度を満たすものではなく，したがって，地上において LAAS などの補助的装置が使われなければならないことを意味する．空，海，陸の輸送を安全にするために設計された EGNOS は，以下のようなサービスへのアクセスをユーザーに提供する．

- 測距サービス：EGNOS は GPS と同様の測距データを与える．
- インテグリティサービス：サービスエリアから見える GPS/GLONASS 衛星から送信されるデータに不具合が発生したとき，ユーザーに6秒以内に警報信号を送信できる．
- ディファレンシャル補正サービス：EGNOS は，改善された軌道暦や電離層遅延に対するきめ細かい補正情報を送信することによって GPS/GLONASS 衛星に対する観測精度を上げ，また SA の影響を除去できる．

- サービスの使用可能性や連続性を拡大：EGNOS 衛星は GPS や GLONASS 衛星配置よりも高々度な静止軌道にあるので，24 時間を通して欧州全体のカバレージを提供する。

EGNOS システムは，航空機，船舶，トラックなどに共通に使える信号を送信する。これは GNSS の最大の特徴である。北米の WAAS や日本の MSAS など類似のシステムが開発中であるが，それらのサービスはもっぱら航空航法に限定されている。もう一つの利益は，WAAS や MSAS はもっぱら GPS データのみに頼っているのに対し，EGNOS ユーザーは GPS および GLONASS を共用利用できることである。

EGNOS は 2003 年初頭まで運用される。一つのターミナルによって GPS，GLONASS，および EGNOS 情報を受信でき，測位精度は GPS のみを使う乗り物で 7.7 m 以下，GPS と GLONASS の両方を使う乗り物で 4 m 以下が可能である。

〔2〕 **GNSS-2** GNSS の第 2 世代システムで，軍の管理下にある GPS や GLONASS と違って，完全に民間主導で管理運用を行い，かつ民間ユーザーにサービスを提供する。このために，欧州連合（EU）と ESA が中心となって Galileo 計画を提唱しており，国際協力のもとで推進するとしている。

Galileo は欧州の広域的航法衛星システムということができる。21 個以上の衛星から構成されると考えられているが，最終的な衛星数は，国際協力のレベル，地上インフラや地域的・局所的な補強システムなどに依存して決定される。衛星は，GalileoSat と呼ばれ，その地上制御部分とともに ESA 主導で開発する。衛星の大部分は，略円の中高度地球軌道（Medium Earth Orbit：MEO）にあるが，さらに静止衛星によって補強されると考えられており，典型的には，欧州領域に静止衛星 3 個程度配置される。

Galileo の地上インフラは，モニタ局の広域ネットワーク，システム制御用地球局などから構成され，GPS との共用を追求し，相互利用を可能とするとともに，特定のサービス要求に応えるためシステムの増強を可能とする。Galileo の性能は現用の GPS 標準測位業務をはるかに超え，すべてのユーザ

一に数 m の精度を提供する．また衛星配置を最適化して，高緯度の国々にもサービスできるように配慮される．

　Galileo は，先進的な GPS とともに，次世代 GNSS を構成するものである．一方，ロシアによれば，GLONASS は徐々に民間機関の管理下に移行し，最終的には Galileo に統合されるという．Galileo と GPS は独立なシステムであるが，全世界のユーザーに最大の利益を提供するために両システムは完全に互換性がありかつ相互運用が可能である．両システムを組み合わせた利用は，ある種の応用にとっては要求性能レベルを達成するためにきわめて重要である．

　現計画によれば，Galileo は遅くとも 2008 年には完全運用になり，信号送信は 2005 年に開始される見込みである．

4.6.3　利　用　・　応　用[20]

　衛星航法は，航法，交通，追跡官制，捜索および緊急呼出しシステムなど輸送システムのあらゆる分野に使用できる．衛星航法の応用は，従来の民間航法や海事サービスから道路交通分野に移ってきている．ある調査報告によれば，輸送時間の 30 % 短縮，走行距離の 40 % 短縮，ドライブ支援システムによるドライバーのストレスの 90 % 開放，総合的な安全性の向上，事故したがって生命に対する危険の減少，環境への影響の減少などに大きく寄与するという．

　さらに非輸送的な応用も数多くある．農業分野では，衛星航法による種蒔き機や田植機など農業機械の自立走行とか，ヘリコプタによる肥料や殺虫剤の散布などが一部実用化されているように，肥料や殺虫剤の使用量を最小にしかつ収穫を最大にする，いわゆる精密農法（precision farming）への応用が注目されている．さらに衛星航法は，沖合の鉱床や油田の探索において発掘作業のみならずプラットフォームの操作運用や，領地の帰属権問題などにおいて重要な役割を果たす．精密測地測量への応用はすでに全世界的に広まっている．例えばダムの変形をミリメータレンジで監視できる．さらに衛星は位置情報のみならず世界的な時刻基準を提供する．おもに通信系の同期やパワープラントの周波数標準として時刻の市場は急速に成長しつつある．

民間航空分野では，適当な通信系と結合した衛星航法の応用は最短ルート，簡単化した航法手順による空港への速やかなアクセスを提供し，その結果として現存する航空機およびエアポートインフラの効率的使用に有効である。さらにカテゴリーⅠの要件に従った，大部分のエアポートへの最終進入着陸を可能にし，乗客の安全性を改善し，かつ地上インフラのコストを著しく低減する。鉄道への応用は初期段階であるが，鉄道管理者は配車管理，信号，列車制御のために衛星航法の使用を検討している。また海では，航海のあるゆるフェーズにおける安全航法のために衛星航法が応用されよう。コンテナ船官制や海事遭難システムのほか，漁業のコントロールにも使用される。

ユーザー装置の将来市場は，空・海・鉄道のマーケットは1％以下に対して，道路輸送が80％近くまで伸びると予測されている。

―――――――――――――――――――――――――――――――

[茶飲み話] **GPS EOW ロールオーバ問題**

航法メッセージの1番目のサブフレーム（300ビット）を見ると，61ビットから70ビットまでの10ビットをWN（すなわちGPS Week番号）に当てることになっている。すなわち，第1週は，0000000001，第2週は，0000000010，…，このまま増えるので，第1023週は，1111111111である。この週の終りは1999年8月21日24h（正確には，23：59：47 UTC，これに9時間足すと日本時間になる）に当たり，22日0hから始まる1024週は，0000000000にリセットされてしまう。1025週は，0000000001である。すなわち，8月22日0h以降は，受信したWNに1024を加算するなどの対応をしない限り，GPS受信機の時間管理がまったく狂ってしまうのである。これをGPS EOW（End-of-the-Week）ロールオーバ，すなわち巻き戻し問題と呼んでいる。

GPSを設計した人は，20年ももつとは思わなかったのであろうか。このようなロールオーバ問題は，今後も20年ごとに発生するのである。なお，この日から132日後には，いわゆる2000年（Y2K）問題が控えている。すなわち，およそ1980年以前は計算機の記憶媒体はたいへん高価であって，そのためメモリーを節約するため，1985年を85というように，下2桁の数字で表した。そうすると99は，1999年を意味するが，その翌年は，00となる。計算機はこれを2000年とは見ず，1900年と解釈し，誤作動する恐れがある，というのがY2K問題である（Yは年year，Kはキロkilo）。

―――――――――――――――――――――――――――――――

略　語　集

AGC	automatic gain control	自動利得制御
AOS	acquisition of signal	信号捕捉
AS	anti-spoofing	耐謀略性
AU	astronomical unit	天文単位
Az	azimuth	方位角
BIH	Bureau International de l'Heure	国際報時局
BIPM	Bureau International des Poids et Mesures	国際度量衡局
BPSK	bi-phase shift keying	2相切換え（シフトキーイング）
bps	bit per second	
CAPPI	constant altitude PPI	定高度平面投影表示
C/A	clear and acquisition または coarse and access	粗測定
CCD	charge coupled device	電荷結合素子
CEP	circular error probable	円状誤差確率
CFAR	constant false alarm rate	誤警報確率一定化
CFA	cross-field amplifier	交差電界増幅器
CNES	Centre National d'Etudes Spatiales	国立宇宙開発センタ（仏）
COHO	coherent oscillator	コヒーレント発振器
CTRS	conventional terrestrial reference system	慣用地球基準座標系
CW	continuous wave	連続波
DBF	digital beam forming	ディジタルビーム形成
DGPS	differential GPS	差動GPS（ディファレンシャルGPS）
DME	distance measuring equipment	距離測定装置
DoD	Department of Defense	（米）国防総省
DOP	dilution of precision	精度劣化係数
DORIS	Doppler Orbitgraphy and Radio Positioning Integrated by Satellite	衛星によるドップラー軌道電波測位装置（仏）
DoT	Department of Transportation	（米）運輸省

DRVID	differenced range versus integrated Doppler	差分距離対積分ドップラー
DSN	Deep Space Network	深宇宙ネットワーク
ECEF	earth centered, earth fixed	地心地球固定
ECI	earth centered inertial system	地心慣性系
El	elevation	仰角
ESA	European Space Agency	ヨーロッパ宇宙機関
ETS	Engineering Test Satellite	技術試験衛星
ET	ephemeris time	暦表時
FET	field effect transistor	電界効果トランジスタ
FFT	fast Fourier transform	高速フーリエ変換
FGAN	Research Society for Applied Science	応用科学研究所（ドイツ）
FM-CW	frequency modulated continuous wave	周波数変調連続波
FM	frequency modulation	周波数変調
FOC	full operating capability	完全運用段階
FRP	Federal Radionavigation Plan	連邦電波航法計画
GDOP	geometric dilution of precision	幾何学的精度劣化係数
GEO	geostationary earth orbit	静止地球軌道
GIC	GPS integrity channel	GPS完全性チャネル
GLONASS	Global Navigation Satellite System	全世界航法衛星システム（ロシア）
GNSS	Global Navigation Satellite System	広域航法衛星システム
GPS	Global Positioning System	全世界測位システム
HDOP	horizontal dilution of precision	水平面精度劣化係数
HEMT	high electron mobility transistor	高電子移動度トランジスタ
HGA	high gain antenna	高利得アンテナ
HPFW	half-power full-width	半値全幅
ICAO	International Civil Aviation Organization	国際民間航空機関
IERS	International Earth Rotation Service	国際地球回転事業
ILS	instrument landing system	計器着陸システム
IMU	inertial measurement unit	慣性計測装置
InSAR	interferometric SAR	干渉計合成開口レーダ
INS	inertial navigation system	慣性航法システム

略語集

IOC	initial operating capability	初期運用段階
IRS	inertial reference system	慣性基準システム
ISAR	inverse synthetic aparture radar	逆合成開口レーダ
ISS	international space station	国際宇宙基地
JJY		標準周波数局
KSC	Kagoshima Space Center	鹿児島宇宙空間観測所
LCS	Lincoln Calibration Sphere	リンカーン研究所較正球（米国）
LDEF	long duration exposure facility	長期暴露試験設備
LEO	low earth orbit	低高度地球軌道
LGA	low gain antenna	低利得アンテナ
LNA	low noise amplifier	低雑音増幅器
LORAN	long range navigation	ロラン
LOS	loss of signal	信号喪失
LSM	least squares search method	最小2乗探索法
MCS	master control station	主制御局
MEO	medium earth orbit	中高度地球軌道
MGA	medium gain antenna	中利得アンテナ
MMIC	monolithic microwave integrated circuit	モノリシックマイクロ波集積回路
MS	monitor station	モニタ局
MTI	moving target indication	移動標的の検出
MUレーダ	Middle and Upper atmosphere radar	中層・超高層大気レーダ（日本）
M系列	maximum-length sequence	最大周期系列
NASA	National Aeronautics and Space Administration	（米国）国家航空宇宙局
NAVSTAR	navigation system with time and ranging	時間および測距による航法システム
NNSS	Navy Navigation Satellite System	米海軍航行衛星
NORAD	North American Defense Command	北米防衛指令部
OTF	on-the-fly	飛行中
PDOP	position dilution of precision	（3次元）位置精度劣化係数
PLL	phase lock loop	位相同期ループ
PM	phase modulation	位相変調
PN	pseudo noise	擬似雑音
PPI	plan position indicator	平面投影表示
PPS	precise positioning service	精密測位業務

PRN	pseudo random noise	擬似ランダム雑音
PXS	proximity sensor	近傍センサ
Radar	radio detection and ranging	レーダ（電波探知機）
RAIM	receiver autonomous integrity monitoring	受信機自動インテグリティ監視
RARR	range and range-rate	距離と距離変化率
RDI	range-Doppler interferometry	レンジドップラー干渉法
RHI	range-height indicator	距離-高度表示
RTCM	Radio Technical Commission for Maritime Service	海上無線技術委員会（米）
RTK	real time kinematic	実時間キネマティク
RTLT	round-trip light time	往復光時間
RVR	rendezvous radar	ランデブーレーダ
SAR	synthetic aperture radar	合成開口レーダ
SA	selective availability	選択利用性
SEP	spherical error probable	球面誤差確率
SLR	satellite laser ranging	衛星レーザ測距
SPS	standard positioning service	標準測位業務
SRDI	single range Doppler interferometry	単一レンジRDI法
STALO	stable local oscillator	安定化局部発振器
STFT	short-time Fourier transform	短時間フーリエ変換
SVN	space vehicle number	衛星番号
TAI	international atomic time	国際原子時
TDOP	time dilution of precision	時刻精度劣化係数
TEC	total electron content	全電子含有量
TEM波	transverse electro-magnetic	横電磁界波
TF	terminal phase finalization	接近開始点
TI	terminal phase initiation point	相対接近開始点
TRスイッチ	transmit-receive switch	送受切換器
TWT	traveling wave tube	進行波管
UDSC	Usuda Deep Space Center	臼田深宇宙空間観測所
UERE	user equivalent range error	利用者等価測距誤差
USB	unified S-band	統合S帯
USNO	United States Naval Observaory	米海軍天文台
UTC	coordinated universal time または universal time coordinated	協定世界時
VCO	voltage controlled oscillator	電圧制御発振器

VDOP	vertical dilution of precision	高度精度劣化係数
VHF	very high frequency	超短波（30～300 MHz）
VICS	vehicle information and communication system	道路交通情報通信システム
VLBI	very long baseline interferometer	超長基線干渉計
	very long baseline interferometry	超長基線干渉法
VSOP	VLBI Space Observatory Program	VLBI 宇宙観測計画
WAAS	Wide Area Augmentation System	広域補強システム（米）
WGS	World Geodetic System	世界測地系

参 考 文 献

〔2章〕

(1) B. Edde："Radar：Principles, Technology, Applications", Prentice Hall (1993).
(2) M. I. Skolnik："Radar Handbook", 2nd Ed., McGraw Hill (1990).
(3) T. Hagfors and D.B. Campbell："Mapping of planetary surface by radar", *Proc. IEEE*, Vol. 61, pp. 1219-1221 (1973).
(4) M. Nagatomo, H. Matsuo and K. Uesugi："Some considerations on utilization control of the near earth space in future", *Proc. 9th Int. Symp. Space Tech. Sci.*, pp. 257-263 (1971).
(5) 戸田勧, 八坂哲雄, 小野田淳次郎, 鈴木良昭："スペースデブリ問題の現状と課題", 日本航空宇宙学会誌, Vol. 41, pp. 603-614 (1993).
(6) 八坂 哲雄："宇宙のゴミ問題 スペースデブリ", ポピュラーサイエンス, 裳華房 (1997).
(7) P. A. Jackson："Space surveillance satellite catalog maintenance", *Orbital Debris Conference*, AIAA-90-1339 (1990).
(8) T. Sato, H. Kayama, A. Furusawa and I. Kimura："MU radar measurements of orbital debris", *J. Spacecraft*, Vol. 28, pp. 677-682 (1991).
(9) T. Takano, M. Yajima and K. Tsuchikawa："Space-debris monitoring by networking large antennas", *Proc. 19th Internl. Symp. Space Technology and Science*, No. ISTS 94-n-06, Yokohama (1994).
(10) Y. Yamaguchi, T. Nishikawa, M. Sengoku, W.-M. Boerner and H. J. Eom："Fundamental study on synthetic aperture FM-CW radar polarimetry", *IEICE Trans. Commun.*, Vol. E77-B, pp. 73-80 (1994).
(11) R. F. Woodman："High-altitude resolution stratospheric measurements with the Arecibo 430-MHz radar", *Radio Sci.*, Vol.1 5, pp. 417-422 (1980).
(12) L. Cohen："Time-frequency distributions-A review", *Proc. IEEE*, Vol. 77, pp. 941-981 (1989).
(13) R. C. Singleton："An algorithm for computing the mixed radix fast Fourier transform", *IEEE Trans. Audio Electroacoustics*, Vol. AU-17, pp. 93-103 (1969).
(14) M.I. Skolnik："Introduction to Radar Systems", McGraw Hill, New York (1980).

(15) F. Hlawatsch and G.F. Boudreaux-Bartels : "Linear and quadratic time-frequency signal representations", *IEEE Sig. Proc. Mag.*, Vol. 9, pp. 21-67 (1992).

(16) H-I Choi and W.J. Williams : "Improved time-frequency representation of multicomponent signals using exponential kernels", *IEEE Trans. Acoust. Speech Sig. Proc.*, Vol. 37, pp. 862-871 (1989).

(17) K. Wakasugi and S. Fukao : "Sidelobe properties of a complementary code used in MST radar observations", *IEEE Trans. Geosci. Remote Sens.*, Vol. 23, pp. 57-59 (1985).

(18) E. Spano and O. Ghebrebrhan : "Sequences of complementary codes for the optimum decoding of truncated ranges and high sidelobe suppression factors for ST/MST radars systems", *IEEE Trans. Geosci. Remote Sens.*, Vol. 34, pp. 330-345 (1996).

(19) 柏木濶:"M系列とその応用"，昭晃堂 (1996).

(20) W. L. Weeks : "Antenna Engineering", McGraw-Hill (1968).

(21) J. D. Kraus : "Antennas, 2nd Ed"., McGraw-Hill (1988).

(22) 新井宏之:"新アンテナ工学"，総合電子出版社 (1996).

(23) 吉田孝:"改訂レーダ技術"，電子情報通信学会 (1996).

(24) 近藤倫正，大橋由昌，実森彰郎:"計測・センサにおけるディジタル信号処理"，昭晃堂 (1993).

(25) J. L. Walker : "ange-Doppler imaging of rotating objects", *IEEE Trans. Aero. Electr. Systems*, Vol. AES-16, pp. 23-52 (1980).

(26) D. L. Mensa : "High Resolution Radar Cross-Section Imaging", Artech House, Boston (1991).

(27) D. Mehrholz : "Radar tracking and observation of noncooperative space objects by reentry of Salyut-7/Kosmos-1686", *Proc. Internat. Workshop on Salyut-7/Kosmos-1686 Reentry*, bfESA SP-345, pp. 1-8 (1991).

(28) H. A. Zebkar and R. M. Goldstein : "Topographic mapping from interferometric SAR observations", *J. Geophys. Res.*, Vol. 91, pp. 4993-4999 (1986).

(29) T. Sato : "Shape estimation of space debris using single-range Doppler interferometry", *IEEE Trans. Geosci. Remote Sens.*, Vol. 37, pp. 1000-1005 (1999).

(30) R. T. Prosser : "The Lincoln Calibration Sphere", *Proc. IEEE*, Vol. 53, pp. 1672-1676 (1965).

(31) T. Sato, T. Wakayama, T. Tanaka, K. Ikeda and I. Kimura : "Shape of space debris as estimated from RCS variations", *J. Spacecraft*, Vol. 31, pp. 665-670 (1994).

(32) T. Takano, M. Yoshikawa, Y. Ishibashi, T. Michikami, J. Watanabe, T.

Nakamura, T. Tajima, M.Toda, and B. Suzuki : "Leonids measurement campaign in Japan and its results", *Proc. 50th IAF Congress*, IAA-99-IAA. 6. 4. 06, Amsterdam (1999).

[3章]

(1) P. R. Escobal : "Method of Orbit Determination", John Wiley and Sons, Inc., New York (1965).
(2) H.K.Bijl (ed) : "Space Research", Proc. of 1st International Space Science Symp., North-Holland Publishing Co. (1960).
(3) 鶴宏 : "人工衛星", 工学図書 (1983).
(4) 斎藤成文 : "初の国産衛星「おおすみ」と科学衛星プロジェクト", 電子通信学会誌, Vol. 54, No. 3, pp. 321-326, 3月 (1971).
(5) F.I. Ordway, III, J.P. Gardner, M.R. Sharpe, Jr. and R.G. Wakeford : "Applied Astronautics-An Introduction to Space Flight", Prentice-Hall, Inc. (1963).
(6) A. V. Balakrishnan (ed) : "Advances in Communication Systems", Academic Press, New York (1966).
(7) 斎藤成文, 野村民也, 桑野龍士, 田野邦雄, 春野達夫 : "PNコードによる人工衛星距離測定方式", 電子通信学会技術報告, SANE 71-24 (1972).
(8) E. H. Ehling (ed) : "Range Instrumentation", Prentice-Hall, Inc. (1967).
(9) W. C. Lindsey : "Telecommuication Systems Engineering", Prentice-Hall, Inc. (1973).
(10) J. H. Yuen (ed) : "Deep Space Telecommunications Systems Engineering", Plenum Press, New York (1983).
(11) D. E.B. Wilkins : "From HF radio to unified S-band: An historical review of the development of communications in the space age", *Acta Astronautica*, Vol. 19, No 2, pp. 171-190 (1989).
(12) A.R. Thompson, J.M. Moran and G.W.Swenson, Jr. : "Interferometry and Syntheis in Radio Astronomy", John Wiley and Sons, Inc., New York (1986).
(13) 広澤春任 : "科学衛星「はるか」, スペースVLBIの道を拓く", 日本航空宇宙学会誌, Vol. 46, No. 531, pp. 198-205 (1998).
(14) 髙野忠, 名取通弘, 大西晃, 三好一雄, 井上登志夫, 水溜仁士, 箭内英雄, 広澤春任 : "ケーブルで構成した展開形の大口径衛星搭載アンテナ", 電子情報通信学会論文誌, Vol.J 81-B-11, No. 7, pp. 673-682 (1998).
(15) J. S. Border, W. M. Folkner, R. D. Kahn and K. S. Zukor : "Precise tracking of the Magellan and Pioneer Venus orbiters by same-beam interferomety-Part 1 : data accuracy analysis", *TDA Progress Report* 42-110, JPL (1992).
(16) E. K. Smith and S. Weintraub : "The constants in the equation for atmo-

spheric refractive index at radio frequencies", *Proc. IRE*, Vol. 41, pp. 1035-1037 (1953).
(17) 海上保安庁水路部編:"平成9年度天体位置表"(1996).
(18) 若生康二郎編:"現代天文学講座1, 地球回転"恒星社厚生閣 (1979).
(19) 中谷一郎, 鶴田浩一郎:"火星探査機「のぞみ」の開発", 第42回宇宙科学技術連合講演会, 98-2 B 12 (1998).
(20) 野村民也, 林友直, 市川満, 関口豊, 腰坂三郎, 稲田隆, 富田秀徳, 五十嵐俊文:"ディープスペース地球局RARRシステム", 電子通信学会技術報告, SANE 84-44 (1985).
(21) T. Hayashi, T. Nishimura, T. Takano, S. Betsudan and S. Koshizaka: "Japanese Deep-Space Station with 64-m-diameter antenna fed through beam waveguides and its mission applications", *Proc. IEEE*, Vol. 82, No. 5, pp. 646-657 (1994).
(22) 河野巧, 杢野正明, 堀口博司:"自動ランデブ・ドッキング技術〜ETS-VIIランデブ・ドッキング実験システム", 計測と制御, Vol. 35, No. 11, pp.837-841 (1996).

〔4章〕

(1) U. S. Department of Defense and U. S. Department of Transportation: "1996 Federal Radionavigation Plan" (1997).
(2) 日本測地学会編著:"GPS―人工衛星による精密測量システム―", 日本測量協会 (1989).
(3) B. Hofmann-Wellenhof, H. Lichtenegger and J. Collins: "GPS-Theory and Practice", Springer-Verlag, Wien, New York (1992).
(4) D. Wells (ed): "Guide to GPS Positioning", Canadian GPS Associates (1986).
(5) Arinc Research Corporation: "Navstar GPS Space Segment/Navigation User Interfaces", ICD-GPS-200 (1993).
(6) 西村敏充, 金井喜美雄, 村田正秋:"航空宇宙における誘導と制御", 計測自動制御学会 (1995-9).
(7) 藤本眞克:"GPSによる時刻同期", 計測と制御, Vol. 27, No. 7, pp. 47-52 (1988).
(8) J. Klobuchar: "Design and characteristics of the GPS ionospheric time-delay algorithm for single frequency users", *Proc. of the IEEE Position Location and Navigation Symposium*, Las Vegas (1986).
(9) RTCM Special Committee No. 104: "RTCM recommended standards for differential NAVSTAR GPS service", RTCM Paper 134-89/SC 104-68 (1990).

(10) T. Tsujii, M. Murata, M. Harigae, T. Ono and T. Inagaki : "Development of kinematic GPS software KINGS and flight test evaluation", TR-1357T, National Aerospace Laboratory (1998).

(11) M. Murata, T. Tsujii and M. Harigae : "Flight experiment results for aircraft positioning with carrier phases", *Proc. of ION GPS-94*, Salt Lake City, pp. 1519-1526 (1994).

(12) 辻井利昭，村田正秋，張替正敏："二周波GPS受信機に対する高速化OTF (On-the-Fly) アルゴリズムと飛行実験による評価"，計測自動制御学会論文集，Vol.33，No.8，pp.743-751（1997）.

(13) 辻井利昭，張替正敏，村田正秋："キネマティクGPSソフトウエアKINGSの開発と伊豆諸島地域の地核変動観測への適用"，日本測地学会誌，Vol.43，No.2，pp.91-105（1997）.

(14) M.E. Cannon and G. Lachapelle : "Analysis of a high-performance C/A-code GPS receiver in kinematic mode", Navigation : *Journal of The Institute of Navigation*, Vol. 39, No. 3, pp. 285-299 (Fall 1992).

(15) G. Lachapelle, W. Falkenberg and M. Casey : "Use of phase data for accurate differential GPS kinematic positioning", *Bulletin Geodesique*, Vol. 61, No. 4, pp. 367-377 (1987).

(16) Mathematical specifications of the onboard navigation package (ONPAC) simulator (Revision 1), NASA-TM-84797 (1981).

(17) 張替正敏，辻井利昭，小野孝次，稲垣敏治，富田博史："搬送波位相DGPS/INS複合航法による精密進入着陸―理論精度解析と飛行実証―"，第15回誘導制御シンポジウム，計測自動制御学会（1998）.

(18) 辻井利昭，村田正秋，張替正敏："GPSによる航空機の姿勢決定実験"，日本航空宇宙学会誌，Vol. 44，No. 515，pp. 741-743（1996）.

(19) T. Tsujii, M. Murata and M. Harigae : "Airborne kinematic attitude determination using GPS phase interferometry", AAS 97-168, pp. 827-838 (1997).

(20) European Commission : "Galileo-Involving Europe in a New Generation of Satellite Navigation Services", Brussels (1999).

索引

【あ】

あいまいさ　　　91, 169, 185
あいまい除去信号　　　91
あいまい度関数　　　40
アポロ計画　　　88
アレーアンテナ　　　54
アレーファクタ　　　56
安定化プラットフォーム
　　　　　　　　　223
アンテナスワップ　　　203

【い】

移相器　　　65
位相計測精度　　　114
位相差測定　　　90
位相速度　　　112, 180
位相中心　　　176
位相追尾　　　168
位相同期ループ　　　87
位相変調　　　130, 135
一重差　　　186
一次レーダ　　　2, 45
位置推定　　　2
位置精度劣化係数　　　192
1点測位　　　214
一般摂動法　　　129
一般相対論効果　　　183
緯度引数　　　154
インコヒーレント　　　92
インコヒーレント積分　　　34
インコヒーレント方式
　　　　　　　　　132
インテグリティ　　　201, 221

【う】

ウィグナー分布　　　38
宇宙ごみ　　　2
宇宙ステーション　　　141
宇宙探査機　　　1
宇宙部分　　　153
閏　秒　　　171

【え】

衛星番号　　　154
衛星レーザ測距　　　173
永年項　　　125
エクスプローラ　　　87
エネルギー分配損失　　　139
遠地点　　　124
円偏波　　　14

【お】

往復ドップラー　　　102, 134
往復光時間　　　98
オメガ　　　149

【か】

海軍航行衛星システム
　　　　　　　　　151
解析信号　　　35
海洋観測衛星 TOPEX/
　　Poseidon　　　219
ガウス雑音　　　114
科学衛星　　　88
拡散スペクトル　　　160
確率楕円体　　　210
可視域　　　57
火星軌道投入　　　135

【き】

片側表示　　　92
片道ドップラー　　　102, 134
カーナビゲーション　　　216
ガリレオ計画　　　152
カルテシアン軌道要素
　　　　　　　　　123, 162
カルマンフィルタ　　　128
慣性空間　　　118
慣性航法装置　　　146, 223
慣性座標系　　　121, 176
完全性　　　152, 201, 221
観測値―推定値　　　141
慣用地球基準座標系　　　171

【き】

幾何学的精度劣化係数
　　　　　　　　　192
擬似衛星　　　159, 198
擬似距離　　　169, 175
擬似距離変化率　　　170, 189
技術試験衛星　　　141
擬似乱数符号　　　157
基　線　　　86, 187
機体軸　　　227
軌道改良　　　126
軌道計画　　　118
軌道傾斜角　　　124
軌道決定　　　2, 118
軌道制御計画　　　118
軌道生成　　　128
軌道長半径　　　123
軌道伝搬　　　128
軌道要素　　　118, 123
軌道予測(予報)　　　118
キネマティック GPS

索引

197, 198, 203
逆拡散　　　　　　160, 168
協調形レーダ　　　　　　2
協定世界時　　　　118, 171
極運動　　　　　　　　121
局所水平座標系　　　　227
距離　　　　　　　86, 169
距離および距離変化率　88
距離計測精度　　　　　114
距離分解能　　　　　　22
距離変化率　　　　86, 170
近地点　　　　　　　　124
近地点引数　　　　　　124
近傍センサ　　　　　　144

【く】

下り回線　　　　　　　101
下り/上りの周波数比　92
クライストロン　　　　63
クラッタ　　　　　　　30
グリニッジ恒星時　　　119
グレーティングローブ　57
クロックオフセット　　182
クロックドリフト　　　183
クロックバイアス　　　182
群速度　　　　　　112, 180

【け】

計器着陸システム　　　148
計器着陸方式　　　　　222
ケプラー軌道要素
　　　　　　　　123, 162
ケプラーの3法則　　　123
元期　　　　　　　　　119
原子時　　　　　　　　118
原子時計　　　　　　　156
検出確率　　　　　　　32

【こ】

広域補強システム　　　201

高次モード生成形　　　105
合成開口レーダ　　　　66
恒星時　　　　　　118, 153
光線追跡法　　　　　　112
航法　　　　　　　　　146
航法メッセージ　　　　157
光路差方程式　　　　　176
国際原子時　　　　120, 171
国際地球回転観測事業
　　　　　　　　　　　120
国際民間航空機関　　　147
誤警報確率　　　　　　32
コスタスループ　　97, 168
コードレス受信　　　　197
コニカルスキャン方式
　　　　　　　　　　　103
コヒーレント積分　　　33
コヒーレントトランス
　　ポンダ　　　　　　88
コヒーレント方式　　　92
コヒーレントレーダ　　62
コマンド　　　　　　　97

【さ】

歳差　　　　　　　　　121
最小2乗探索法　　205, 211
最小2乗法　　　　　　127
サイドトーン方式　96, 131
サイドローブ　　　　　52
サーキュレータ　　　　63
ザースタモイネン　　　182
雑音指数　　　　　　　65
差動GPS　　　　　　　197
サニャック効果　　　　176
差分距離対積分ドップラー
　　　　　　　　　　　114
三重差　　　　　　　　188
散乱行列　　　　　　　19

【し】

ジオイド高　　　　　　190
ジオイドモデル　　　　174
時角　　　　　　　　　119
時系　　　　　　　117, 170
視恒星時　　　　　　　119
指向性利得　　　　　　16
指向特性　　　　　　　52
時刻精度劣化係数　　　192
自己相関関数　　　　　108
姿勢決定　　　　　　　226
視線方向の速度　　　　86
実時間キネマティック
　　　　　　　　　　　204
ジッタ　　　　　　　　114
磁方位　　　　　　　　147
修正ケプラー要素　　　163
周波数計測精度　　　　116
重力パラメータ　　　　173
受信機自動インテグリ
　　ティ監視　　　　　222
主信号　　　　　　　　91
主制御局MCS　　　　　167
順次受信機　　　　　　167
瞬時周波数　　　　　　113
順次トーン方式
　　　　　　　87, 95, 135
順次ビーム走査法　　　59
瞬時包絡線　　　　　　36
順次ロービング法　　　103
昇交点赤経　　　　　　124
冗長性　　　　　　　　91
章動　　　　　　　　　119
深宇宙探査機　　　　88, 91
信号雑音分配損失　　　139
信号喪失　　　　　　　85
信号捕捉　　　　　　　85
真春分点　　　　　　　122
真赤道面座標系　　　　122

索引

シンボル　　　　　　　　94

【す】

水素メーザ　　　　　　117
スイングバイ　　　　1, 134
ステップトラック方式
　　　　　　　　　　103
ストラップダウン　　　223
スネルの法則　　　　　15
スペース VLBI　　　　110
スペースデブリ　　　　2, 6

【せ】

世界時　　　　　　　　118
整合フィルタ　　　　　42
静止衛星　　　　　88, 201
静止衛星形衛星航法補強
　システム　　　　　201
整数値バイアス　　　　185
精度劣化係数　　　　　191
精密農法　　　　　　　235
精密暦　　　　　　　　166
世界測地系 WGS 84　　170
赤道面座標系　　　　　120
赤道面平均半径　　　　173
積分ドップラー
　　　　　　102, 170, 190
セシウム発振器　　　　117
接触軌道要素　　126, 162
絶対測位　　　　　　　214
絶対航法　　　　　　　144
摂　動　　　　　　　　124
全世界測位衛星システム
　　　　　　　　　　146
全世界測位システム　　3

【そ】

相関積分　　　　　　　92
双曲線航法　　　　　　149
相互相関　　　　　　　169

送受分離管　　　　　　90
送信電力増幅　　　　　130
相対 VLBI　　　　　　 88
相対航法　　　　　　　144
相対測位　　　　　　　214
相補符号　　　　　　　26
側帯波　　　　　　　　99
測地座標　　　　　　　173
測距信号　　　　　　　92

【た】

太陽風プラズマ　　　　114
大気屈折率の高度依存性
　モデル　　　　　　111
大気圏　　　　　　　　111
体積反射率　　　　　　18
太陽輻射圧　　　　　　125
対流圏遅延　　　　　　176
楕円体高　　　　　　　174
楕円偏波　　　　　　　14
ターゲット　　　　　　142
多重伝搬　　　　　　　178
縦電子密度　　　　　　113
多ホーン形　　　　　　105
探索空間　　　　　　　210
探索立方体　　　　　　210
短時間フーリエ変換法　36
短周期項　　　　　　　125
単独測位　　　　　　　214

【ち】

チェイサ　　　　　　　142
遅延分解関数　　　　　109
地球観測衛星　　　　　88
地球固定座標系　　　　122
地球周回衛星　　　　　95
地球大気の抵抗　　　　125
地球の重力ポテンシャル
　　　　　　　　　　125
地上制御部分　　153, 166

地心重力定数　　　　　118
チップ　　　　　　　　94
地方恒星時　　　　　　119
チャネル　　　　　　　167
チャープ方式　　　　　24
中間周波数　　　　　　98
中高度地球軌道　　　　234
中性大気　　　　　　　182
長周期項　　　　　　　125
超長基線干渉計　　2, 110
超長基線電波干渉法　　173
直線偏波　　　　　　　14

【つ】

月・太陽の引力　　　　125

【て】

ディジタルビームフォー
　ミングアンテナ　　58
ディファレンシャル GPS
　　　　　　144, 187, 197
ディレイロックループ
　　　　　　　　168, 175
低雑音増幅器　　　97, 130
デカルト軌道要素　　　123
敵対形レーダ　　　　　2
データ中継・追跡衛星　88
デッカ　　　　　　　　149
デブリフラックス　　　8
デューティ比　　　　　22
デルタレンジ　　170, 190
テレメトリー　　　　　97
電圧制御発振器　　　　115
電磁気学的長さ　　　　112
電子含有量　　　　　　180
天体暦　　　　　　　　162
電波干渉計　　　　　　106
電波干渉計法　　　　　86
天文単位　　　　　　　114
電離圏　　　　　　　　111

250 索引

電離層遅延　157, 176
電離層モデル　182

【と】

等価雑音帯域幅　92
同時受信　167
道路交通情報通信システム　217
特殊相対論的効果　177
特別摂動法　129
ドップラーエード　92
ドップラー効果　100
ドップラーシャープニング　67
ドップラー周波数　101, 151, 170, 189
ドップラー速度　27
ドップラー偏移　86
ドップラーDORIS　220
トラッキングフィルタ　92
トランスポンダ　2
トランスレータ方式　198
トーン波　89
トーン波法　94

【な】

ナビゲーション　146
ナローレーン　215

【に】

二行軌道要素　125
二重差　188
二次レーダ　2, 45
二体問題　117, 123, 162
日本測地系　174, 217

【の】

のぞみ火星探査機　134
上り回線　101
ノンコヒーレント積分　34

【は】

バイスタティックレーダ　49
排他的論理和　96
バーカー符号　25
バッチ推定　128
波動方程式　12
パラボナアンテナ　53
はるか人工衛星　110
パルス圧縮　23
パルスレーダ　89
パルスレーダ方式　46
バンガード　87
搬送波　88, 92, 159
搬送波位相DGPS　198
搬送波位相　170
搬送波位相二重差　202
搬送波再生　98
半値ビーム全幅　52, 106

【ひ】

ビート　183
ビーム幅　105

【ふ】

フェーズドアレー　103
フェーズドアレーアンテナ　55
複素相関検出器　91
副搬送波　88
符号化レーダ　97
プラズマ周波数　15
フリンジ関数　109
ブロックI型衛星　154
ブロックII型衛星　154

【へ】

平滑化　209
平均軌道要素　125, 163
平均近点離角　124
平均恒星時　119
平均自転速度　173
平均春分点　121
平均赤道面座標系　122
平均太陽日　119
変調指数　137
変調損失　137
偏平率　173

【ほ】

ボアサイト　104
ボイジャー2号　1
放送暦　167

【ま】

マイクロロック　87
マクスウェルの方程式　10
マグネトロン　63
マリーナ　87
マルチスタティックレーダ　50
マルチパス　178

【み】

ミニトラック　86

【め】

メインローブ　52

【も】

モニタ局MS　166
モノスタティックレーダ　49
モノパルス法　60, 103

【ゆ】

有効開口面積　16

索　引

【ら】

ライス分布	*31*
ランデブードッキング	*141*
ランデブーレーダ	*144*

【り】

リアルタイム軌道推定	*128*
力学時	*119*
離心率	*123*
利用者等価測距誤差	*193*
利用者部分	*153*
利用性	*152*

【る】

ルビジウム発振器	*117*

【れ】

レイリー分布	*31*
暦表時	*119*
レーダ散乱断面積	*16*
レーダトランスポンダ	*45*
レーダ方程式	*17*
レンジ	*169*
レンジエリアシング	*21*
レンジサイドローブ	*24*
レンジレート	*170*
連続性	*151*

【ろ】

ロラン C	*149*
ロラン	*89*

【わ】

ワイドレーン	*215*

【A】

AOS	*85*
AS	*156*
Az-El マウント	*129*

【B】

BPSK 方式	*159*

【C】

CAPPI	*21*
C/A コード	*158*
CEP	*193*
CFAR	*32*
CFA	*63*
COHO	*62*
CTRS	*171*
CW 方式	*4*
CW レーダ	*97*

【D】

DGPS 補正情報	*201*
DME	*147*
DoD	*159*
drms	*193*

【E】

ECEF 系	*177*
EGNOS	*201, 233*
ET	*119*

【F】

FFT	*37*
FM-CW 方式	*47*

【G】

Galileo 計画	*234*
GIC	*221*
GLONASS	*152*
GNSS	*152, 233*
GPS Week	*171*
GPS	*3, 146*
GPS オーバレイ	*222*
GPS 時	*170*
GPS 受信機	*143*
GPS タイム	*175*

【H】

Helmert 変換	*175*
HEMT	*65*

【I】

ICAO	*147, 232*
InSAR	*68*
INS	*223*
ISAR	*69*
ISS	*142*

【J】

JJY	*89*

【L】

LAAS	*201*
LADGPS	*201*
LCS	*80*
LEO	*219*
LNA	*97, 130*
LOS	*85*
LSM	*211*

【M】

mean of 2000.0	*121*
MEO	*234*
Microlock	*87*
Minitrak	*86*
MMIC	*65*

MSAS	201, 233	
MTI	34	
MU レーダ	76	
M-系列符号	50	

【N】

NNSS	151
N サイクルカウント方式	134

【O】

$O-C$ 値	141
OTF	205

【P】

PHI	21
PIN ダイオード	64
PLL 受信機	87
PM	97
PN 符号法	94
PPI	21
PPS	195
PRN	157
PRN コード	159
PRN 番号	154
PSK 変調	99

P コード	158

【R】

RAIM	222
RDI	69
RTLT	98

【S】

SAR	66
SA	156
SBAS	201
SEP	193
SLR	89
spectrogram	36
SPS	195
SRDI	71
STALO	62
STFT	36

【T】

TACAN	147
TAI	118, 171
TEM 波	113
Tokyo Datum	174
TR 管	65
TR スイッチ	63

【U】

USB	100
UTC	119, 171

【V】

VCO	93, 115
VICS	217
VOR	147
VSOP システム	111

【W】

WAAS	201, 233
WADGPS	201
WGS 84 準拠楕円体	173

【X】

X-Y 角	126
X-Y マウント	129

【Y】

Y コード	158
χ^2 検定	212

―― 著者略歴 ――

髙野　忠（たかの　ただし）
1967年　東京大学工学部電気工学科卒業
1972年　東京大学大学院博士課程修了
　　　　（電子工学専攻）
1972年　工学博士（東京大学）
1972年
～84年　日本電信電話公社電気通信研究所勤務
1984年　文部省宇宙科学研究所助教授
1991年　文部省宇宙科学研究所教授
1992年　東京大学教授（併任）
2003年　組織改革により宇宙航空研究開発機構
　　　　（JAXA）・宇宙科学研究本部教授
　　　　現在に至る

柏本　昌美（かしもと　まさみ）
1968年　東京電機大学工学部電子工学科卒業
1968年
～74年　東京大学生産技術研究所勤務
1974年　宇宙開発事業団勤務
2003年　組織改革により宇宙航空研究開発機構
　　　　（JAXA）勤務
　　　　現在に至る

佐藤　亨（さとう　とおる）
1976年　京都大学工学部電気工学第二学科卒業
1981年　京都大学大学院工学研究科博士課程研究
　　　　指導認定退学（電気工学第二専攻）
1982年　工学博士（京都大学）
1994年　京都大学助教授
1998年　京都大学教授
　　　　現在に至る

村田　正秋（むらた　まさあき）
1967年　京都大学工学部数理工学科卒業
1969年　京都大学大学院工学研究科修士課程修了
　　　　（数理工学専攻）
1969年　科学技術庁航空宇宙技術研究所入所
1982年　米国テキサス大学大学院博士課程修了
　　　　（宇宙工学専攻）
1982年　Ph. D.（米国テキサス大学）
1995年
～2002年　電気通信大学大学院客員教授（併任）
2003年　防衛大学校教授
　　　　現在に至る

宇宙における電波計測と電波航法
Radio Instrumentation and Navigation in Space
　　　　　　　© Takano, Sato, Kashimoto, Murata 2000

2000年9月28日　初版第1刷発行
2005年3月15日　初版第2刷発行

|検印省略|

著　者　髙　野　　　忠
　　　　佐　藤　　　亨
　　　　柏　本　昌　美
　　　　村　田　正　秋
発行者　株式会社　コロナ社
　　　　代表者　牛来辰巳
印刷所　壮光舎印刷株式会社

112-0011　東京都文京区千石 4-46-10
発行所　株式会社　コロナ社
CORONA PUBLISHING CO., LTD.
Tokyo　Japan
振替 00140-8-14844・電話 (03) 3941-3131 (代)
ホームページ　http://www.coronasha.co.jp

ISBN 4-339-01221-1　　（新井）　（製本：染野製本所）
Printed in Japan

無断複写・転載を禁ずる
落丁・乱丁本はお取替えいたします

宇宙工学シリーズ

(各巻A5判)

■編集委員長　髙野　忠
■編集委員　狼　嘉彰・木田　隆・柴藤羊二

		頁	定価
1. 宇宙における電波計測と電波航法	髙野・佐藤 柏本・村田 共著	266	3990円
2. ロケット工学	松尾 弘 毅監修 柴藤 羊 二 渡辺 篤太郎 共著	254	3675円
3. 人工衛星と宇宙探査機	木田　隆 小松 敬治 共著 川口 淳一郎	276	3990円
4. 宇宙通信および衛星放送	髙野・小川・坂庭 小林・外山・有本 共著	286	4200円
5. 宇宙環境利用の基礎と応用	東　久　雄編著	242	3465円
6. 気球工学 　成層圏および惑星大気に 　浮かぶ科学気球の技術	矢島・井筒 今村・阿部 共著	222	3150円
7. 宇宙ステーションと支援技術	狼　・冨田 堀川・白木 共著	260	3990円
宇宙からのリモートセンシング	高木　幹　雄監修 増子・川田 共著		

定価は本体価格+税5%です。
定価は変更されることがありますのでご了承下さい。

◆図書目録進呈◆